国家社科基金重大项目东欧马克思主义美学文献整理与
研究阶段性成果（15ZDB022）
教育部人文社会科学规划项目（12YJC720007）最终成果

傅其林 等 著

东欧新马克思主义
美学研究

商务印书馆
2016年·北京

图书在版编目(CIP)数据

东欧新马克思主义美学研究/傅其林等著.—北京：商务印书馆，2016
ISBN 978-7-100-12737-0

Ⅰ.①东… Ⅱ.①傅… Ⅲ.①新马克思主义—马克思主义美学—研究—东欧 Ⅳ.①B83

中国版本图书馆 CIP 数据核字(2016)第 282113 号

所有权利保留。
未经许可，不得以任何方式使用。

东欧新马克思主义美学研究
傅其林 等 著

商 务 印 书 馆 出 版
（北京王府井大街36号 邮政编码100710）
商 务 印 书 馆 发 行
北京市松源印刷有限公司印刷
ISBN 978-7-100-12737-0

2016年11月第1版　　开本787×960 1/16
2016年11月北京第1次印刷　印张18¾
定价：48.00元

目　录

导　论 ·· 1

第一章　南斯拉夫实践派美学 ·· 5
　　第一节　隐匿与在场："实践"的审美之维 ························ 13
　　第二节　设计与想象：新人道主义文化观念 ···················· 32
　　第三节　艺术的人道性 ··· 37
　　第四节　作为桥梁的文化 ··· 40
　　第五节　总体性的文化 ··· 43
　　第六节　割裂与还原：批判性的文化理论 ······················ 46

第二章　匈牙利布达佩斯学派的新马克思主义美学 ············ 58
　　第一节　赫勒新世纪的美学转向 ····································· 63
　　第二节　赫勒新世纪的政治美学思想 ····························· 76
　　第三节　喜剧的审美政治学 ··· 88
　　第四节　赫勒的后现代主义美学的意义 ························ 98

第三章　捷克存在人类学派美学 ··· 104
　　第一节　科西克的美学理论及其文艺批评实践 ·········· 104
　　第二节　斯维塔克文艺理论思想 ·································· 147
　　小　结 ··· 161

第四章　波兰哲学人文学派美学 ··· 200
　　第一节　亚当·沙夫的文化异化理论研究 ···················· 200

第二节　科拉科夫斯基艺术与文化理论研究 …………………… 237
结语：东欧新马克思主义美学对中国马克思主义美学建设的意义 …… 285
参考文献 ………………………………………………………… 289

导　论

本书在已有的布达佩斯学派文艺理论和美学研究的基础上推进当代东欧新马克思主义美学探讨，主要定位于对二战以来东欧新马克思主义美学。按照国内外学界的普遍看法，东欧新马克思主义主要是指前南斯拉夫、匈牙利、波兰、捷克等国家的新马克思主义，因此本书主要涉及匈牙利的布达佩斯学派（Budapest School）、南斯拉夫的实践派（Praxis' Group）、捷克的科西克（Karel Kosik）、斯维塔克（Ivan Sviták）、波兰的科拉考斯基（Leszek Kolakowski）、沙夫（Adam Schaff）等人的新马克思主义美学思想。

东欧新马克思主义具有丰富的、深刻的美学研究著述，初步统计，著述数以万计。前南斯拉夫实践派对美学问题颇为关注，1963年出版两卷本《人道主义和社会主义》论文集，其中第一部分就是"人道主义、哲学和艺术"，并且举办专题研讨会探讨"技术时代的艺术"（1965）"创造性与物化"（1967）"哲学、历史与文学"（1973）"现代世界中的艺术"（1974）等问题。主要成员之一格尔里奇1960年代发表了《艺术和哲学》《自律或者社会控制下的音乐》《哲学与音乐》《何为艺术》《尼采的反审美主义》等系列著述，在1970年代出版《美学》四卷本（1974—1979），发表了《作为艺术回归的平等之永恒回归》《社会组织和舞台》《资产阶级的艺术和社会主义的艺术存在吗？》等论文，1986年出版《否定性的挑战：阿多诺的美学》，对马克思主义文学、音乐、电影等艺术理论进行了深入探讨，成为实践派文艺理论的重要代表。达米尼扬诺维奇、苏佩克、坎格尔加、马尔科维奇、日沃基奇等都发表了有关文艺理论方面的著述。布达佩斯学派作为一支具有世界性影响的新马克思主义流派，其美学和文艺理论思想异常丰富，主要哲学家赫勒1950年发表论文《别林斯基美学研究》之后，发表了《奥尼尔与美国戏剧》《克尔凯郭尔的美学与音乐》《卢卡奇美学》《美学的必然性与不可改革》《不为人知的杰作》《奥斯维辛之后能写诗吗？》《一个正直人的伦理与审美的生活形式》《友谊之美》等论文，其《文艺复兴时期的人》《日常生活》《激进哲学》《情感理论》等专著都涉及重要的美学问题，1990年代后期以来赫勒思想开始了美学与艺术转向，发表了《美的概念》《人格伦理学》《时间是断裂的：作为历史哲学家的莎士比亚》《永恒的喜剧》《当代历史小说》等著述；费赫尔发表了《卢卡奇海德堡艺术哲学中对康德问题的转型》《悖论的诗人：陀思妥耶夫斯基与个体性危机》《小说是充满问题的吗？》《魏玛时期的卢卡奇》《超越艺术是什么：论后现代性理论》《否定性音乐哲学》《卢卡奇与本雅明》等美学理论与文艺批评著述；马尔库斯发表了《马克思主义与人类学》《生活与心灵》《文化与现代性》《黑格尔与艺术的终结》《论意识形态批判》《文化的悖论统一》《阿多诺的瓦格纳》《语言与生产》等著述；瓦伊达发表了《绘画中的审美判断与世界观》《后现代的海德格尔》等著述。捷克存在人类学派的科西克在《具体的辩证法》中直接涉及文学艺术问题，波兰新马克思主义哲学人文学派也有关于文化和文艺理论的研究，科拉考斯基展开了神话理论与文化拜物教批判，沙夫的著作《作为社会现象的异化》《历史与真理》等论述了艺术与异化这一重要问题。东欧新马克思主义美学思想几乎不为中国学界所知晓，本书试图研究马克思主义美学在当代东欧提出的核心问题以及发展嬗变，试图填补国内马克思主义美学研究领域的学术空白。

国内外学术界日益重视对东欧新马克思主义的研究，虽然主要集中于哲学、政治学、社会学层面，但也有一些研究其文艺理论与美学的文献。

第一，国外学术界对东欧新马克思主义的研究开始于20世纪50年代末，主要针对布达佩斯学派最重要成员阿格妮丝·赫勒的伦理修正主义的批判。

乔治在1966年发表了关于东欧新马克思主义的伦理学、道德性等方面的论文,1968年出版了《新马克思主义:1956年以来的苏联与东欧马克思主义》一书。1978年拉考斯基出版的《走向东欧马克思主义》关注东欧新马克思主义哲学对个体性、社会主义的理解。1980年丹戈洛出版了《当代东欧马克思主义》一书,涉及东欧新马克思主义哲学、经济理论、社会理论等重要问题。奥勒斯朱克1982年发表了《东欧的异端马克思主义》一文,这实质上是研究东欧的新马克思主义。国外还出现了东欧具体的新马克思主义流派与学者的研究,尤其是南斯拉夫的实践派、波兰的科拉考斯基和布达佩斯学派的研究。匈牙利最重要的新马克思主义流派布达佩斯学派在20世纪60年代就已经产生了影响,既有对布达佩斯学派的整体性研究,如布朗的《走向激进民主:布达佩斯学派的政治经济学》,又有对此派的单个成员的思想研究,其中关于赫勒的需要理论、社会哲学、现代性理论与伦理学研究专著颇多,如卡塔纳的《改革与需要》,伊巴雷兹的《阿格妮丝·赫勒:激进需要的满足》,托米的《阿格妮丝·赫勒:社会主义、自律与后现代》,等等。

第二,在国外研究中也出现了文艺理论与美学方面的研究,1967年米莉柯丁撰写的《南斯拉夫马克思主义美学的修正》一文,涉及南斯拉夫传统的马克思主义文艺理论与批评和实践派等新马克思主义文艺理论,尤其对格尔里奇、考斯、卢基奇、坎格尔加的文艺理论给予了重视。马尔科维奇编著的《南斯拉夫"实践派"的历史和理论》一书,梳理了实践派的历史发展及其基本的理论问题,其中涉及文艺理论问题,尤其是集中于文艺的辩证法、文艺的人学特征、文艺功能等方面。1988年苏佩齐齐在文章《美学与音乐艺术》一文中强调了格尔里奇文艺理论的重要性。2005年格鲁姆雷出版了专著《阿格妮丝·赫勒:历史漩涡中的道德家》涉及文艺理论、文化现代性理论,2010年澳大利亚学者鲁恩德尔编辑出版了《现代性和美学:阿格妮丝·赫勒论文集》,集中于赫勒美学现代性思想。

第三,在国内,学界日益重视对东欧新马克思主义的研究。1982年贾泽林的专著《南斯拉夫当代哲学》以扎实的第一手文献研究了前南斯拉夫马克思主义哲学发展及其核心问题，其中重点涉及实践派的哲学观，也涉及新马克思主义文艺理论与美学问题。近年来以衣俊卿为主要研究主力的东欧马克思主义研究团队逐步形成，出版了《人道主义批判——东欧马克思主义述评》等系列专著，但是主要侧重哲学研究，近年日益出现一些学者关于布达佩斯学派的文艺理论与美学研究。总体看，国内外对东欧新马克思主义的哲学（其中涉及到政治哲学、伦理哲学、社会哲学）的研究取得了一些有价值的成果，但是其文艺理论与美学没有得到系统而全面的研究，这就是本书所试图完成的工作。

本研究以东欧新马克思主义美学的核心问题为旨归，探究代表性文艺理论家与美学家的重要命题。从宏观上把握东欧新马克思主义美学的基本特征与核心问题，探讨其产生的社会文化基础。第一部分重点研究南斯拉夫主要新马克思主义者的美学思想，以实践哲学为基础，分析其实践性文艺理论思想以及实践美学的问题。第二部分主要探询匈牙利的新马克思主义文艺美学思想，探究晚年卢卡奇美学与布达佩斯学派的发展与超越，分析他们对文化现代性的重视与对文艺批评的政治性诉求以及与新的历史哲学观念和多元性的政治哲学理念的内在联系。第三部分以捷克的著名新马克思主义者科西克、斯维塔克为代表探究具体辩证法与文艺理论的密切关系，透视存在人类学维度。第四部分研究波兰新马克思主义文艺理论，重点以拉夫的文化异化理论和科拉考斯基的文化批判理论为代表，发掘其对异化的丰富而深刻的阐释以及对当代文化现象的思考。本书最后反思东欧新马克思主义文艺理论思想的积极价值，探讨其对中国马克思主义文艺理论建设的意义，同时也对其缺失进行批判。在课题负责人的组织下，参与本书撰写的人员有黑磊磊、彭磊、何晓云、田雯雯、曾贞、孙静等。

第一章　南斯拉夫实践派美学

1949年到1950年间，一批青年社会理论家和哲学家毕业并在贝尔格莱德和萨格勒布的大学中任教，他们中大多数是马克思主义者并参加过解放战争（1941—1945），并强调学术自由、人道主义，重视文化和科学的讨论。在1950年到1960年期间，南斯拉夫哲学联合会组织的理论问题讨论会上形成了两派：以辩证唯物主义为框架的正统派和以理论和实践相结合的人道主义派，而后者便是南斯拉夫实践派的雏形。

作为"东欧新马克思主义"的重要流派之一的"南斯拉夫实践派"的最终成形可以追溯到1964年，围绕科尔丘拉夏令学园（the Korčula Summer School）和《实践》、《哲学》等杂志进行理论探讨和交流是其成形的标志。科尔丘拉夏令学园的任务是培养研究生，邀请知名政治家解读政治纲领和当前趋势，开办有价值的课程和讲座，讨论哲学和社会主义的问题，最为可贵的是，学园鼓励非教条主义的自由讨论，尊重各种不同的声音，实践派被归为"新马克思主义"某种程度上得益于这种自由的讨论氛围，此外"'真正的马克思主义'因其坚持辩证的马克思主义哲学，成为'创造性的解释者'以及拥有批判力而进入'新马克思主义'的行列。"[①]学园成立之初与除了苏联之外

---

① Rudi Supek, "Explanation Supporting the Request for a Subsidy for the Korčula Summer School". *Open Society Archive.* 1977.

的东欧和西欧社会主义国家的马克思主义者进行了开放性的讨论和合作，尽管在长达十多年的时间中，各种会议论文集层出不穷，但其在国际上的理论地位和意义并没有被完全挖掘出来，直到杂志停刊、学园活动停止之后，"实践派"的两位主将米·马尔科维奇（Mihailo Markovic）和加·彼得诺维奇（Gajo Petrovic）主编的《实践——南斯拉夫哲学社会科学方法论文集》才为众多学者了解"实践派"的理论打开了一扇窗。

"实践派"阵营巨大，除了马尔科维奇和彼得诺维奇之外，还有格鲁博维奇、波什尼亚克、科西奇、坎格尔加、斯托扬诺维奇、米利奇等成员。在成形之后实践派的路途充满了曲折，由于实践派对于官僚主义和现有的自治形式等方面进行了强烈的批判，从而引起了国内一些理论家的不满。1968年，南斯拉夫当局担心批判理论会刺激和推动群众运动，通过政治强压和解除实践派成员相关职务等方式来迫使实践派解散和停刊。尽管一直坚持批判，但迫于国内的政治压力，创办于1964年的《实践》刊物，在1975年在国内停刊。为了继续坚持其理论方向并保持该派的影响，实践派成员开始思考转战国外，创办《实践》（国际版）刊物，来延续实践派对于马克思主义人道主义和南斯拉夫现存诸多问题的研究和探讨。1975—1977年，关于刊物海外出版的会议几次召开，在随后两年，海外创刊的倡议又得到了深入的讨论，会议认为国际的、批判的、马克思人道主义的期刊在当时有着巨大的存在必要，并认为实践派的理论方向不能因国内的政治环境而改变，这一点也使得实践派的批判性特征得以保留。由于担心处于对新的发表地可能会带来刊物特征变化，国外刊物没有使用原《实践》刊物的名称，但保留了原有理论方向和特征。最终1979年6月2日，实践派在海外创刊的决议获得通过，大多数成员接受了该决议，1981年4月1日，《实践》（国际版）第一篇文章见诸报端。

开辟海外领地对于实践派而言意义重大，围绕在海外刊物的理论家可以继续发表研究成果，延续影响。由此，实践派又拥有了一块相对自由的言论领土，尽管1977年以来，围绕刊物的讨论出现过不同意见，甚至在刊物发表后，一些成员的理论分析差异较大，但是包括格鲁波维奇、马尔科维奇、斯

第一章 南斯拉夫实践派美学

托扬诺维奇、苏佩克等海外编辑部成员都对这种差异性的、自由的理论表达进行了鼓励。"实践派鼓励在共同目标和宗旨范围内的个人差异性的表达。1977—1982 年间不同意见的发展是由于实践派成员众多，他们的不同分析和对于处境的评估，以及在实现共同目标的行动上多种可能性的结果。"① 鼓励不同意见的存在可以吸纳更多的理论家投入到"实践"阵营中，但是分歧的长期存在显然也不利于实践派的发展，因此编委成员渐渐注意到了这一点。"需要尽快地，努力减少分歧，提高友好合作的各种形式，以此来加强非教条的马克思主义思想在南斯拉夫和全世界的力量。"②

尽管意识到了分歧的存在，并试图改变这种情况，但是"贝尔格莱德实践派成员正在变化着的地位反映在个人经验世界的发展和矛盾，并且更加强烈的反映在南斯拉夫和塞尔维亚的政治和精神文化上。"③ 无论是成员变化着的地位还是时局所产生的矛盾，都使得 1980 年到 1995 年期间的实践派在意见上难以统一，甚至有成员迫于官方的压力而部分放弃立场，返回大学任教。是舍弃理想还是坚持不同信念，实践派一直面临着选择。来自官方和非官方的压力，影响着他们对社会和政治问题的看法，理论的方向也在这种情况下变得不一，但是有一点始终不变，那就是他们依然保持着强烈的批判力。20 世纪 80 年代前期，几位主将对于保障人的基本权利的呼声十分强烈，并与保障言论自由的委员会进行了合作。这一时期他们关注的焦点聚集在保障人的基本权利和发展社会主义民主问题上。马尔科维奇认为在社会组织的各方面，人们自己能够承担管理的全部责任。他在保障南斯拉夫自治的同时也亲自参与到民主化进程中。与此同时，格鲁波维奇从 70 年代就一直坚持将人的权利作为一切社会的首要权利，她批判当局未兑现自治管理，漠视大众的

---

① Rudi Supek. "Statement by the Yugoslav Members of the International Editorial Board of Praxis International" in Rudi Supek, eds. *PRAXIS International*（*PRAXIS International*）. Central and Eastern European Online Library, 1982. p. 227.
② 同上书。
③ Tea Sindbaek. "Praxis and Political Priorities: Political Participation and Ideological Priorities Among the Belgrade Praxis Philosophers from 1980 to 1995". *School of Slavonic & East European Study*. University College London, 2007.

普遍不满。此外塔迪奇也断言公民自由权利和人的权利是公正社会的必要基础。在人权问题上极为热衷的是斯托扬诺维奇，他在提倡个人权利的同时，提出有限、渐进、多元化的政治改革，沿此方向，他开始从个人权利转向民主社会主义的关注。这一时期几位成员在追求公民权利的问题上持有共同立场，具体方法虽然不尽相同，但是大致的理论方向较为一致。

20世纪80年代中期，由于科索沃爆发危机，知识界对于个人权利问题的关注被民族主义所取代。包括格鲁波维奇、马尔科维奇在内的约200名贝尔格莱德知识分子向国会提交了请愿书，他们指出科索沃地区的塞尔维亚人正经历着前所未有的艰难时刻，该地区人民被暴力、强奸等事件所骚扰，知识分子们断言在该地区即将发生的事情都被充满民族仇恨和种族灭绝的面具所掩盖。对于科索沃问题的探究已经体现出实践派从关注个人权利的理论方向逐步向国家权利框架的转变。这一时期，对于民族主义的关注甚于对人权和政治自由的关注。

20世纪80年代后期，实践派迎来转折点。前塞尔维亚共和国总统斯洛博丹·米洛舍维奇（Slobodan Milošević）发起了反官僚革命，他引进多元化的少数党构建政治框架，此举和马尔科维奇当初的旨意相投。米洛舍维奇和所有支持他的人合作，包括实践派的马尔科维奇等，在新的政治关系下，实践派八位重要成员重新获得了大学教授的职位。这一时期，八位主将在社会主义还是自由主义、民族主义或普世主义的问题上产生了异议。塔迪奇认为个人权利应该被整合进民主中，他加入了以资产阶级民主作为平台的民主党，该党倡导建立资产阶级的自由，倡导议会民主和尊重人权，对社会和市场经济负责。马尔科维奇则极力倡导无党派民主的社会主义，他认为适当的民主对于社会权利和经济公平的贡献具有保障作用。马尔科维奇支持米洛舍维奇政权的改革，并相信当局正在重建和恢复真实的、传统的社会民主。与马尔科维奇极力坚持建设无党派民主社会主义不同，其余实践派成员则倾向于进行自由民主改革。格鲁波维奇强调资产阶级民主和人权，并断言当局如果不重视上述内容，政权将是官僚的、极权的，同时也难以被民众所接受。

第一章 南斯拉夫实践派美学

在民族主义和普世主义问题上，实践派内部也出现过分歧。马尔科维奇和塔迪奇在科索沃问题上都持彻底的民族主义的立场，与之相比，斯托扬诺维奇和米奇诺维奇则有所节制，斯托扬诺维奇强调区域自治的好处，并提倡自治的扩大化，而米奇诺维奇则从国家困境的角度出发，平衡考虑民主原则后认为宣称民主党是塞尔维亚和爱国的党，是调节性和民主性的党，他同时不愿意有人为此党派贴上国家的标签。反对民族主义，坚持普世主义的是格鲁波维奇和波波夫，他们认为当局领导层倡导民族主义，只不过是要从中获取权力。

尽管在坚持实践理想和政治优先问题上，实践派内部出现了分歧，尤其是80年代初到90年代初的十年中，在哲学和政治的观点上始终没有实现统一，但是在民主改革、人权问题以及人道主义文化方面内部成员在理论方向上大致一致。更为重要的是他们在历史哲学、辩证法、社会政治和革命、文化思想和宗教以及社会主义自治等方面均有精彩的论述。例如马尔科维奇在《今天的辩证法》一文中对辩证法作为历史实践意义的挖掘，对于辩证法所具有的调动主体的积极性、革命的实践性以及辩证法应被视作一切批判思维基础的论调，反映了实践派的基本方向。在辩证法的基础上衍生出人类实践活动的讨论以及历史哲学的讨论，对"新马克思主义"理论贡献巨大。彼得诺维奇则从人类学角度和本体论层面讨论了革命的概念。对于革命概念的原则限定，将革命概念转化为哲学概念的举措更加有利于思考如何才能介入和探究革命。另外，格鲁波维奇从总体性角度对文化做出了解释，她认为文化并不是天生"被赋予的"，而是体现出一种变化的可能性。由于南斯拉夫实践派的理论是基于一定的语境和国情而建构的，因此它少了空泛、教条的谈论，更多的是关注本国社会主义中的各种问题，体现出一定的"问题意识"。例如对于极权文化、官僚主义文化的批判，以及对社会共同体、社会主义自治的分析，都具有当下性，其个中人物不仅是理论的设计者而且还是社会主义改革的亲历者和参与者，所以从中也给了我们很大的启示，那就是理论的研究不应固守传统，尤其是马克思主义本身就是发展着的马克思主义，我们在研究的同时要立足国情，理论为国情所用，唯有如此，理论才能发挥其应有的作用。

作为"新马克思主义"的重要支流，实践派一方面具有传统马克思主义的理论特色，另一方面对传统理论又有全面而系统的批判性，由于其理论建构及其反思性的解读与其所处的语境密切相关，因此在理论建树和实践中都具有很强的说服力和影响力，因而在近些年来，我国学者也对该学派颇有兴趣，陆续有一些理论书籍和论文集被翻译成中文。例如衣俊卿主编的"东欧新马克思主义译丛"，徐崇温的"国外马克思主义和社会主义研究丛书"等，均大大地丰富了我们对于实践派的认识和理解。另外，对于南斯拉夫实践派在文化、革命以及人道主义方面的论文也散落在不同刊物。

从笔者收集的书目和资料来看，对于实践派的研究主要集中在四个方面：

（1）研究该派形成、发展的历史脉络。

衣俊卿等所著的《20世纪的新马克思主义》对整个东欧新马克思主义的发展脉络和主要观点都进行了介绍和论述。衣俊卿将实践派的历史概括为三个阶段：50年代人本主义立场时期；60年代初理论交锋时期；60年代中期到70年代中期的全面发展时期。[①] 该书对实践派前20年的概括准确，但是对于之后《实践》刊物停刊后的实践派历史并没有涉及，实际上，《实践》在受到当局叫停而转战海外后，实践派成员和西方知名学者进行了广泛的交流，期间的影响力依旧很大。除此之外，该书对实践派的理论框架进行了梳理，但是受制于篇幅，无法详细探讨，理论框架的介绍虽准确但不详实。

黄继锋所著《东欧新马克思主义》也对南斯拉夫的兴衰进行了介绍，该书补充了杂志停刊后在海外复刊的历史。作者从马克思主义理论本质观点和实践派实践、异化、社会主义观点四个方面对实践派的观点进行了概括，关注到了人道主义的社会批判理论，但未具体涉及文化和美学的内容。

另外，笔者在写作时常参考的书目，如《南斯拉夫"实践派"的历史和理

---

① 衣俊卿：《20世纪的新马克思主义》，中央编译出版社，2001年版，第522-526页。

论》《实践—南斯拉夫哲学和社会科学方法论文集》中的序言部分也对该派的历史和发展脉络进行了介绍。

与国内学者略有差异的是，国外学者对于实践派历史发展的研究更加贴合语境。理查德·乔治（Richard T. De George）在《东欧马克思主义和宗教》中对实践派的历史介绍就与当时南斯拉夫的国内政治环境密切相关。在历史语境中见出人道主义的马克思主义，并对马尔科维奇进行详细介绍是其重要贡献之一。

总的来说，关于实践派的历史，国内外研究基本已经达成一致，只不过国内对于实践派停刊之后的研究涉及较少。也许是国情不同的缘故，国内学者较之国外学者更难进入当时语境。

（2）实践派理论的研究。

辩证法是马克思主义哲学中的重要一环，实践派进一步解释了马克思的辩证法，形成了实践辩证法的原则。国内在实践派关于辩证法的研究上已经取得了较大发展。早在80年代，柴方国就对实践派的辩证法进行了探讨，他在《南斯拉夫实践派哲学家观点评述》一文中就已经注意到了辩证法对于实践派的重要性。他从实践派对于辩证法的解释和运用中看到了该派对于人的主体性的重视。衣俊卿则对自然辩证法表示出怀疑。宋铁毅以马尔科维奇的辩证法为个例，对于实践一词的来源问题进行了探讨。

实践问题的研究近年来也得到了长足的发展，从本体论、人类学等角度的思考已经涌现出来。而实践派的美学意义渐渐被发掘。冯宪光、傅其林等学者均看到了实践的审美性特征。总之，厘清实践的概念和实践的由来十分重要，而挖掘出实践的审美性则更令人欣喜。

在辩证法问题上，各家分析不尽相同，但实践辩证法注重人的在场性这一点是不可否认的共识，各家均对自然辩证法进行了质疑，以突显人的在场性和能动性。实践派以实践为核心，而辩证法是其主要的框架和方法论，所以对于辩证法的探究，更应该注意其对于文学、艺术、文化等的现实意义，而这一点国内涉及较少。

此外，实践派理论中强烈的批判性在国内并没有被完全重视。从实践派的发展历史来看，正是他们理论中彻底和强烈的批判性使得当局下令停止了《实践》刊物的出版，所以批判性是其重要的原则和方法。国内学者对于有关批判异化的理论研究较多，但是对于异化的具体形式的批判，如极权主义和享乐主义的批判，只有冯宪光、傅其林等学者有过研究。国外学者对于批判关注较多，例如汉纳克（Tibor Hanak）在《东欧新马克思主义》①中对于实践派的批判性进行了论述，认为对现实的强烈批判伴随着从民主自治到民主社会转变的理想。

（3）对于重要成员基本理论框架的研究。

由于实践派成员众多，成员的加入形式简单，只要具有共同人道主义宗旨便可加入，所以汇聚了诸多学者，而且学术讨论氛围比较自由，时常出现观点不一、意见分歧的情况，所以实质上，要找出实践派共同的理论特征有一定的难度，因此便出现了一些学者对于重要成员的研究趋热的情况。尤其以马尔科维奇的思想为主要的研究对象。

对于马尔科维奇的研究主要集中在人道主义、辩证法及其成因等上面，马尔科维奇作为《实践》主编影响巨大，思想也成体系，包括郑一明等国内学者对其思想均有研究。

另外，80年代吴仕康对实践派另一位成员弗兰尼茨基的研究则更多的是个人历史经历的介绍。研究重要成员的主要思想可以窥见实践派总体的理论方向，但不能涵盖所有成员的主要理论方向。所以要基本把握实践派的理论方向需要对八位主将的思想进行分析和研究，在充分比较的情况下才能研究其基本的理论框架。

（4）哲学研究丰富，文化、美学等挖掘较少。

无论是实践观、革命观还是辩证法的讨论相关作者更多的是注重哲学层面的思考。而笔者认为，在实践派对于马克思主义哲学分析的基础上建立的

---

① 详细请参见 Tibor Hanak, "Neo-Marxism in Eastern Central Europe", *Studies in Soviet Thought*, Vol. 30, No. 4, Garmisch 80（Nov., 1985）, pp. 379–385.

文化理论、美学理论同样是我们窥见实践派本质特征的重要方面。因此，本书拟从实践的审美、人道主义文化观念以及文化批判性三个大的方面，紧扣该派的"实践"特色，挖掘其理论的根源以及不同于其他马克思主义流派的理论特点，把握其特殊语境中的理论意义，力争将实践派"实践"的审美性、文化理论建构的当下性、非人道文化的批判性呈现出来。

第一节 隐匿与在场："实践"的审美之维

一、"实践"的概念及其范畴

"实践"（Praxis）一词在实践派的哲学理论中具有重要的意义，也是我们把握该派的关键。在马克思主义的语境中，理论不仅仅是一种阐释，更重要的是实践，以实践的态度去关切人的改造、发展和消除异化。离开了实践去讨论理论只会造成理论的另一种真空，实践活动使得哲学的、科学的、道德和艺术的活动成为可能并相互渗透，它消除了个人生活和公共生活，理想与现实，语言和行动之间的沟壑，使得艺术活动成为可能。而实践活动的提出得益于辩证理论的预设，这种预设是对实践活动的全面信奉，"辩证的实践寻求的是超越那种片面的、残缺的和狭隘的存在模式的对立两极"，"它是自由的，因为它不屈从于盲目的外部力量，而是立足于最佳的客观可能性选择之上的。"[①] 所以马尔科维奇在讨论辩证法时明确提出，"即使辩证法是一种一般的哲学方法，它也不能仅仅被理解为一种获得知识的方法，一种建构一幅一般的图景的方法。它还必须被理解为一种研究和解决人道主义问题的方法，归根到底，被理解为一种决定人类行动的目标与适当手段的方法。这就预设了辩证法作为历史实践之一定结构的基本意义。"[②] 辩证法本身是一种方法论，所以不同于方法，它需要有效的假定，即本体论、认识论、价值论的假

---

① 〔南〕马尔科维奇、彼得诺维奇：《南斯拉夫"实践派"的历史和理论》，郑一明、曲跃厚译，重庆出版社，1994年版，第7页。
② 同上书，第4页。

定，在此基础上才能够去思考抽象事物在实际条件下的运用和结果。与实证主义竭力指向一定生活领域的研究，纯粹描述、解释、分析知识不同，实践派对辩证法的理解则更趋同于对一种全面的实践活动的信奉，思考实践作为一种总体的可能性。由于深受卢卡奇总体性哲学的影响，他们批判地继承了卢卡奇的总体性哲学，承认世界由彼此限制的相对独立的系统组成，但根本上显示为总体，而作为主体的人和作为人所要改造的客体环境，都要在这一总体世界中进行实践和被改造。唯有如此，才能够打通个人和社会生活，思想、语言和艺术等方面的通道，使其实现互通。

辩证法不仅具有获取知识和理论上建构图景的功用，更为重要的是辩证法本身所具有的超越性和解决人道主义问题的现实性，它体现出实践活动在改造世界中的重要性。在讨论辩证法问题上，马尔科维奇对于辩证法的理解是较为宽泛的，不仅仅包括辩证理论和方法，关于事物本身的辩证法，还包括更为重要的辩证实践。

辩证实践中一个重要的问题是，人的隐匿与在场问题以及人的因素在辩证法中居于何种地位。恩格斯曾在《反杜林论》中将辩证法运用到了自然界中，此举遭到了卢卡奇的批判。卢卡奇认为将辩证方法扩大到认识自然，那么对自然界的认识就应该在历史之外，人是隐匿的。马尔科维奇从自然辩证法和社会辩证法的层面论证了人的在场性。他认为人在对自然的认识过程中，并且在建构自然理论时，人是在场的，因为这个人是在特定时代、特定环境的存在，他是一个具体的、历史的社会成员。这无疑否定了卢卡奇认为的自然辩证法只能运用于自然的说法，而再一次肯定了无论是自然现象问题还是社会现象问题都包含了主观因素，因为即便是自然现象的"现实的本质"也是"在人类实践的认识中永恒地、客观地被赋予和设定的，并通过人类的语言和人类的概念结构得到"[①]，这一点可以在恩格斯对希腊哲学的论述中有

---

① 〔南〕马尔科维奇、彼得诺维奇：《南斯拉夫"实践派"的历史和理论》，郑一明、曲跃厚译，重庆出版社，1994年版，第20页。

第一章 南斯拉夫实践派美学

所印证,恩格斯认为早期的希腊哲学单纯到还不能用分析自然和解剖自然的方法去认识自然,自然现象的总联系是通过人的观察得到的,这种浑然一体的宇宙观也证实了自然哲学在建立之初就有了人的痕迹。因此在确定了人在自然辩证法中的存在之后,一切都变得容易确立了,即"真正的人的本质已经出现在人类历史中,自然界就是人的科学的直接对象,正如人就是自然科学的直接对象一样。自然科学和人的科学都属于一门统一的科学,所以,自然辩证法和社会历史辩证法是同一种辩证法。"[1]由此,辩证法便被打上了具有主体和客体、理论和实践的烙印,实践派便可以在此基础上确立主体的实践来改造自然和实现个人自我完善的能力,实践哲学便得以确立。

那么实践的概念是什么呢?实践的观点如何成为批判和评价的标准呢?

首先,实践(Praxis)不同于实践(Practice),后者泛指主体对客体的一切活动,这种实践活动是可以出现异化的,异化便意味着此种劳动的强迫性,同时也贬低了人的本性。相较而言,"'实践'(Praxis)则是一个规范概念,它指的是一种人类特有的理想活动,这种活动就是目的本身并有其基本的价值过程,同时又是其他一切活动形式的批判标准。"[2]

其次,实践是提供给人自我实现和完善的自足活动,只有满足上诉条件的劳动才能称作实践。它是人有目的、自觉的投身其中的活动。

再次,实践具有明确的审美性、自足性和完满性。实践是"服从美的法则"的活动,"当美变成目的本身时,活动就达到了实践的水平。"[3]由于实践注重的是活动的过程,是目的本身而不是手段。它在满足自身真正的需要的同时也满足了他人的需要,所以实践具有自足性和完满性。

最后,"实践"最为明显的特征是艺术活动。"在一定意义上,辩证法是

---

[1] 〔南〕马尔科维奇、彼得诺维奇:《南斯拉夫"实践派"的历史和理论》,郑一明、曲跃厚译,重庆出版社,1994年版,第7页。
[2] 〔南〕米哈伊洛·马尔科维奇、加约·彼得洛维奇:《实践——南斯拉夫哲学和社会科学方法论文集》,郑一明、曲跃厚译,黑龙江大学出版社,2010年版,第19页。
[3] 中国社会科学院哲学研究所《哲学译丛》编辑部编译:《南斯拉夫哲学论文集》,三联书店,1979年7月第1版,第269页。

根据一种人类活动的理想形式——这种理想形式具有艺术创造的许多本质特征——的观点,对作为一个整体的生活的批判。"[1]艺术是绝对自由的活动,这与"实践"的旨趣是一致的。而艺术的绝对自由和社会总体生活的不自由的矛盾,造成了艺术自律性的易动,所以富有人道主义的思想才能巩固艺术的自律性。

不同于传统的马克思主义者将研究的焦点集中在自然科学的哲学研究,新马克思主义者正在着力进行这一种辩证法的尝试,那就是探究是否存在一种批判力,这种批判将有助于创立一种可能性:引导实践的社会力量,实现人的普遍解放。要建立这种可能性就要回归马克思主义经典著作,并注重批判理论的客观性,使之非神秘化。除此之外,在哲学上要承认"人是实践的存在",并将共产主义看作是克服异化的人类共同体。这样马克思主义便成为一种全面的批判社会理论。

实践辩证法所具有的批判力运用在语言、艺术的评价时有着显著的效力。例如运用于表述的通用语言,便是人类实践经验的结晶。日常生活中所涉及的概念,也只有在达到实践目的时才称得上被创造。从现代性的历史性原则来,现代主义艺术家对传统艺术的创作手法和创作形式上的拒斥,不仅丰富了现代艺术也使得现代艺术的表现手法更加的细腻。总之,实践是一种规定性的人类活动,以注重实践的辩证法有了批判性和评价艺术作品的可能性。不仅如此,实践的诸多特征还具有了美学的意义,正如马克思主义者卢那察尔斯基(Anatol Lunacharsky)所说,"人类实践才是唯一真实的世界……唯一确切了解的事物就是人类——我们自身可以感觉到生命、心跳以及绷紧的精力。对我们而言,那是创造一切的力量,是鼓舞我们的源泉,是追求真、善、美及其根基的力量。"[2]

---

[1] 〔南〕米哈伊洛·马尔科维奇、加约·彼得洛维奇:《实践——南斯拉夫哲学和社会科学方法论文集》,郑一明、曲跃厚译,黑龙江大学出版社,2010年版,第31页。
[2] From Spinoza to Marx (org. 1925). 引自波兰版 Pisma Wybrane. Vol. 1, Warsaw, Ksiazkai Wiedza, 1963, p. 110.

二、人是实践的、历史的存在

世界的本质问题——存在,是传统哲学重要的问题。古希腊时期,泰勒斯提出了事物之间差异再大,也有相似之处,且由某种元素相互关联,这种物质就是"水";阿纳克西曼德则认为原初的事物是无限定、无限制的。尽管他们关于事物存在是假说没有涉及到人类精神和事物之间的关系,但第一次提出事物最终本性的问题,给了后世哲学家沉思的空间。首先站出来的是德谟克利特,他在关注自然结构的同时,也提出了人类行为问题,他认为生活最令人向往的目标是快乐。

在此之后,古希腊智者派和苏格拉底都将焦点转到了对人的研究。他们开始思考如何为人类本性开辟道路,普罗泰戈拉关于人与万物关系的论述最有影响,他说"人是万物的尺度,是存在者存在的尺度,也是不存在者不存在的尺度。"[①] 苏格拉底则将人的本性和善作为重要的关注点,更多地关注人的内在生活,内在生活导致了实践活动即行为,他还提出,一个理性的人,其功能就是理性地行事并为灵魂追求幸福生活。在经过中世纪神学对于哲学的长期统治之后,人的地位在文艺复兴时期得到了提高。航海发现、市场扩张、殖民地原料采集等现象的出现使得经济得到了较大的发展,随之而来的是精神的解放,反封建和反教会斗争日益凸显,人开始发觉其个性自由、全面发展的潜能。在此之后,以人为核心的哲学体系渐渐发展起来。在20世纪五六十年代南斯拉夫实践派再次对人的本质问题进行讨论。与苏格拉底通过理性行为的追求人的灵魂的完善不同,而实践派关注的焦点是人在实践基础上的自我完善。尽管都是要实现对人的改造,但实践派更加明确地指出了这种改造方式就是通过"实践",因为人就是实践的存在。归根究底,"人既不是一个'理性动物',也不是'制造工具的动物',人是实践。而'人是实践'就意味着人是存在于社会、自然、历史和未来之中的。"[②] 弗兰尼茨基也表

---

① 转引自《西方哲学史:从苏格拉底到萨特及其后》,世界图书出版公司北京公司,2009年2月第一版,第26页。
② 罗国杰主编:《人道主义思想论库》,华夏出版社,1993年8月第1版,第237页。

示,"人不仅仅是实践的生物,不仅仅是需要的生物,而且是有无限可能性的生物。人是有多方面关系和这种多方面关系可能性的生物。人是内心丰富和表现、创造和实现自己这种复杂结构可能性的生物。"① 同时"人在本质上是一种实践的存在,即一种能从事自由的创造活动并通过这种活动改造世界、实现其特殊的潜能、满足其他人的需要的存在。"② 这种自由创造的活动以人为主体,在改造世界的过程中实现自我的完善。

人的实践是消除异化的重要途径,是自我确证的必由之路。马克思曾在《1844年经济学哲学手稿》中提到,人是对象性的、感性的和受动的存在物,因为是受动的,所以人有强烈追求自己的对象的本质力量;此外,人还是自为的类存在物,因此他需要在存在中和知识中去自我确证并表现自身。③ 实践派的成员更加明确了人的存在方式,以及如何确证的问题,那就是以实践的方式存在,在能动的实践中去完善自我,实现自我。把人看作是自由选择的主体,并具有创造潜力,这一观点具有人道主义美学的特征。人道主义的实践是克服政治异化和经济异化的关键,人之创造性、特殊性、自由的选择性是否得以实现和人道主义实践对于社会状况和现实异化现象的改造是否顺畅密切关联。在强调对他者的改造中实现自我这一点上,实践派和西方马克思主义者葛兰西在《实践哲学》中对人的定义是相吻合的,葛兰西将人看作是一系列能动关系的组合,构成个体的三个因素是人、其他人和自然界,个体与自然界的关系不是隶属关系,而是人能动的通过技术和劳动进入自然界,他强调在变更他人和自然界的过程中去实现自我的变更,只有在有意识地指导其他人的过程中才能实现人性。东欧新马克思主义者科西克同样认为人是客观、历史性的个体,人是在与他人和自然的关系中进行实践,实现自我的个体。人的实践和思维的可贵之处就在于能

---

① 罗国杰主编:《人道主义思想论库》,华夏出版社,1993年8月第1版,第237页,第238页。
② 〔南〕米哈伊洛·马尔科维奇、加约·彼得洛维奇:《实践——南斯拉夫哲学和社会科学方法论文集》,郑一明、曲跃厚译,黑龙江大学出版社,2010年版,第18页。
③ 〔德〕马克思:《1844年经济学哲学手稿》,人民出版社,2000年5月版,第107页。

分离现象，从而揭露出真理和本质。由于拜物教化的实践而产生的世界充满了虚假的图像，它通过给人以自然的感觉而伪装成具体的存在，阻碍了"物自体"的发现，所以要摧毁为具体只有通过三种方式才能探究真理、本质和"物自体"，即"革命——批判实践，辩证思维以及通过真理的实现和个体发生过程中人类实在的形成来摧毁。"[①]科西克的实践哲学十分明确，人构造了人类实在，只有在实践的范围内，人才能对实在进行认识和探究。反过来，人类认识水平和占有客体的方式又都是在实践中给予的。无论是实践派提倡的人道主义的人类存在方式还是科西克革命——批判的实践，前者是要克服经济和政治的异化实现自我，后者同样是要去伪存真体现人的本质和创造性，同为东欧新马克思主义流派，两者无论在目的还是本质上都有共同之处。

既然人是实践的存在，那么从社会历史辩证法的角度来看，历史的形成过程也离不开人。世界的历史，实际上都是人的实践活动改造并经过一定历史时期的人类文化的积淀而成的，它不是偶发事件而是涉及人自身的活动，确切地说是人对客观事物的对象化过程产生了历史，作为社会生产关系中的人通过对自然、艺术和文化形式的作用形成了历史。"实践派"摈弃了传统抽象主客二元论以及主体与历史无关的观点，而是认为，客体的意义由主体赋予，主体能对尚不存在的历史有设计功能。这种设计功能其实就是人的创造性。波兰新马克思主义者沙夫对个人的创造作用问题进行了深入的探究，他认为人的创造性问题可以有两种方式来解释：一是人可以在不消灭客观现实规律的基础上改变客体，并创造自身的生存条件和创造自己的生活，而另外一种方式是客观因素消解到主体中，人取代甚至超过上帝，创造现实和规律，这是主观主义的哲学。实践派关于主体的创造性应归于第一种解释，因为创造性过程是人化自然和通过生产和艺术等方式占有自然的过程，这一过

---

① 袁贵仁、杨耕总主编：《当代学者视野中的马克思主义哲学：东欧和苏联学者卷》，北京师范大学出版社，2007年版，第142，143页。

程是在没有消灭客观现实的规律的基础上,通过实践活动的过程完成对现实和人的改造。因此普雷德拉格·弗莱尼茨基说,"深入的考察表明,历史主体、社会的人以无数方式对象化于其自身的历史实践:通过生产、通过表达其愿望和需求的客体、通过艺术和其他不同形式的创造,对象化于生产工具之中"①。从历史实践的角度来看,正是人对于客观事物,例如艺术形式的创造和创新形成了历史。

人不仅以实践为特征存在着,而且在社会历史中存在,他在历史中的自我实现也是辩证法作为批判理论成型的基础。"历史是对理想潜能的超越,是对人之环境的不断的实践改造,同时也是人之不断的创造和自我创造。"② 因此我们可以看到"人的本质是一种历史的产物,是未来历史进程的基础。"③ 人在历史中是一种开放的、动态的存在、有目的的存在,现在的历史和未来的历史除了取决于现实的实际状况外,还不能忽略人的素质和主体因素。科西克说,"人在历史中实现了他自身。在历史之先或在历史之外,人不知道自己是谁,甚至根本不能成为人。人实现自身,在历史中人化自身。"④ 离开了历史的人,便无从探究其本性和创造性。人在历史中最重要的创造性活动就是"革命",人能创造历史,也能通过革命使历史的连续性间断,革命的过程也是人的历史性的实现,这一过程否定了现有秩序、规则的非人道和非历史性,因而革命本身便是人道的和历史的。

三、作为革命的实践

(一)革命的规定性定义

革命是历史的,也是实践的。革命的实践性是马克思理论关于人本身以及人的活动的实践性所决定的。出于对欧洲革命的观察,马克思意识到了造

---

① 〔南〕米哈伊洛·马尔科维奇、加约·彼得洛维奇:《实践——南斯拉夫哲学和社会科学方法论文集》,郑一明、曲跃厚译,黑龙江大学出版社,2010年版,第219页。
② 同上书,第27页。
③ 同上。
④ 袁贵仁、杨耕总主编:《当代学者视野中的马克思主义哲学:东欧和苏联学者卷》,北京师范大学出版社,2007年版,第176页。

成市民阶层分裂的本因在于人的活动的异化和由此带来的自我异化。表面上是私有制和阶级对立造成了市民阶层的矛盾,而实质是背后的人类活动。因此,消除异化才能恢复人的自由自主的创造性潜能。在此基础上,马克思建立了实践性的革命学说。

从实践性革命基于现实的建立背景可以看出,革命是一种积极的思考。加约·彼得洛维奇从革命的实质以及概念的规定性将其归结为:革命是权力从一个阶级到另一个阶级的进步转变,这一过程中伴随着一种新的、更高的社会制度"结构"的转变,社会主义革命由于废除了一切剥削形式,实现了人的变革而变得最为深刻和完整。此外,革命是一种创造性最发达的、自由度最高的存在形式,将革命的思考上升到革命的思想,哲学才能介入对革命概念的思考。彼得洛维奇对于革命的概念做出的定义是形而上学的,对革命的定义的诸多限定是为了突出革命一词的理想化状态,综合彼得洛维奇的革命概念,我们发现他所谓的革命更多的是一种可能性。但是这种可能性由于和人的活动以及人的创造性密切关联,又具有实践的可能性。首先,只有同时改造了人生活的社会和他自身的活动,才有可能称得上革命。其次,只有人类集体的创造性得到最鲜明的体现,才是革命。最后,革命的最终目标是要实现更好的人性。尽管异化等因素会阻碍人性的实现,追求彻底消除暴力和流血,并实现人类创造力的发展也存在诸多现实的局限。但是,革命之思更多的是变更现存世界和追求自由人性的可能性思想,将其上升到哲学的思考,形成哲学的思想便是为革命介入现实提供了基础。此外,革命对于人的创造性的追求和人是实践的存在的关注,也强烈地反映出实践派对于"人是什么"、"人应该是什么"等问题的迫切关注。

(二)革命与实践的关系

尽管革命的范畴不同于实践的范畴,但却和实践关系密切,无论是革命还是实践,在马克思的学说中都占有重要的地位,革命的思考赋予了人实现自由和创造力潜能的可能性,这一点与实践的目的是一致的,对于非暴力的革命的表述更是赋予了革命以新的内涵。纵观历史上的革命,多数都是武装、暴力的革命，并且多注重对于客体的改造，民族解放的战争亦或是内部战争最终都是寻求经济和政治的改革，而伴随着客体变化的主体完善问题却常常被忽视，随着经济政治和意识形态领域的改进，物质、精神的发达使得人的主观因素得到重视，实践派对于革命的思考重新厘清了主体在革命中的本质实现的重要性问题。即探求人的自由和创造力问题，从这个宽泛的意义来说，人类的教育、社会民主化进程、艺术的创造性都可以归于现实的革命，尤其是艺术的创造性更是为我们提供了宽广的视角，使得我们可以从艺术创造性和整体生活批判的角度对艺术作品进行批判和再思考。现代工业革命带来的最大好处就是为人类提供了创造力极大发挥的平台，而在艺术上，主体意识的广泛参与、创造性的自由发挥。以19世纪后期延伸到20世纪的现代艺术作为例证。利用光学和光效应进行心理实验的光效应艺术（OP Art）、突显数学精确性的极少主义艺术（Minimalism）、还有"动态雕塑"（Kinetic Soulpture）、灯光雕塑（Light Soulpture）等艺术，这些艺术无不体现出艺术家追求纯粹和个性解放的自由创造力，此类例子不胜枚举，总之关于革命的思考，尤其是人的创造性的实现在艺术实践中有很好的印证。

（三）人的自我实现的美学意义

革命是要使人进入一种更高、更新的生活形式，思考培育新人的可能性问题。革命的"新"不是简单的对"旧"有错误和低效率的扬弃，在科西克看来，更为重要的是开辟一条完全不同的路线，来创造新的政治关系、新的思维方式、新的政治取向。

阻碍"新人"形成的罪魁祸首便是异化，包括客观异化和主观异化。主观异化在客观异化的基础上产生，在实际活动中，异化不仅违背了人的愿望和自发的社会活动，而且异化了人的情感感知、态度等要素。革命就是要思考消除非人道化的可能性，从而挖掘人的创造力潜能，实现人对于事物的心理和情感的感知。由于要按照这个目的才能够使得革命的实践活动和实际结果协和一致，因此，从这一点来说，革命具有合目的性的美学意义，要形成一个满足人的愿望和自由的社会，那么作为表象的这个人道主义社会由于注入

第一章　南斯拉夫实践派美学

了主观因素，所以它可以被看作一种审美表象，而一个人道主义的社会在给予人自由实现的可能性的同时，也和人的愉快情感紧密联系，在一个能满足个人创造力、遵循自身发展自由的社会，人是可以感知愉悦的，所以这样的人道主义社会是合目的性的审美表象。这一表象是经验性的设想，因为也具有感性的特征，同时，由于在向人道主义社会变革的过程中，人通过主体自身的感知感受到了自由，这一过程是基于感性的。人道主义社会体现出的表象由于契合了主体的自由而显得合理，并与主体紧密关联，所以，按照康德标准，"如果这些给予的表象完全是合理的，但在一个判断中却只是与主体（即它的情感）相关的话，那么它们就此而言就总是感性的[审美的]。"① 革命是一种关于实践活动的可能性和人的自由实现的可能性思考，这种可能性由于能带来主观的快感和满足感，并且是饶有兴致的，因此能激发人的审美旨趣。

（四）人的创造性在艺术作品中的显现

革命关于人的创造性的实现也在艺术作品中很好的体现出来，"每一种艺术形象，都是对外部世界某些个别方面的选择和简化，都要经受内部世界运动规律的制约和限定，当外部世界中的各个方面被人类逐一选择和注意到的时候，艺术便产生了。每一种艺术都有自己独特的再现外部现实的想象，然而这些形象都是为了将内在现实即主观经验和情感的对象化而服务的。"② 艺术是创造而不是制造，是因为艺术作品内含了"生命形式"，"创造出来的形式是供我们的感官去知觉或供我们想象的，而它所表现的东西就是人类情感。"③ 他认为"艺术品表现的是关于生命、情感和内在现实的概念。"④ 苏珊·朗格认同艺术作品与生命结构内在一致性，生命结构包含了人从低级生物结构向情感、本性的过渡，而情感和本性也是高级艺术所要表达的意义。

---

① 〔德〕康德：《判断力批判》，邓晓芒译，杨祖陶校，人民出版社，2005年版，第38页。
② 〔美〕苏珊·朗格：《艺术问题》，滕守尧等译，中国社会科学出版社，1983年版，第11页。
③ 同上书，第14页。
④ 同上书，第25页。

所以无论是艺术作品还是人的生命结构都要求从一个低层次向高级层次的跃进,人在一个高级的层次,他的机能的能动性、不可侵犯性、统一性和不断成长性才能够展现出来,而从这一点来说,实践派对于革命的思考也正是要消除个体自由成长阻碍,实现人的创造性潜能。

实践派对于革命观的再思考意义重大。首先,它是顺应真理的革命观。传统的革命观隐匿着一种社会变革和人的变革分离的危险性,事实上,两者是同一过程,人在社会的变革中完成自我的变革,应该说,人的在场才是革命的关键。其次,它是彻底的、批判的革命观,它是能解释自身的人道主义,是寻求现存世界和人的变更的可能性思想。

四、具体的批判实践与艺术活动

辩证法作为批判方法的确立能将多维性引入到具体的辩证实践。该方法具有整合人类自我实现和创造力实现的总体性,又有阐明历史和现实意义以及现存形式的历时性,实践作为一种对人类生活的设计早已经存在于人类历史之中,这种对人类生活理想形式的设计与人类的艺术创造的许多本质特征十分相似,因而实践派可以从历史的角度出发对于艺术进行批判。实践派对于艺术的见解主要有以下几点:其一,"实践最明显的特征便是艺术的活动。"[①] 其二,通过对传统艺术的拒斥,现代艺术能够获得新的表现形式和技法,整合人类在不同条件不同历史传统中发现的成分;最后,人与人之间、人与世界之间的矛盾是大多数艺术的主题,艺术有解决这些矛盾的使命。

(一)艺术是实践最明显的特征

艺术的活动之所以是实践最明显的特征是因为艺术活动体现了实践活动的自足性和完满性。实践是自由的普遍活动,它的本质是要完成自我的确证,因此具有自足性。同时,由于在实践过程中不仅能完善自身,还能满足

---

① 〔南〕米哈伊洛·马尔科维奇、加约·彼得洛维奇:《实践——南斯拉夫哲学和社会科学方法论文集》郑一明、曲跃厚译,黑龙江大学出版社,2010年版,第31页。

第一章　南斯拉夫实践派美学

对他人的真正需要，因而又具有完满性。无论是物质劳动还是精神劳动都是实现人的自我，都是与人的本质联系紧密的活动，艺术活动也不例外。这种本质活动在马克思看来是一种感性爆发，是激情。他说，"对象性的本质在我身上的统治，我的本质活动的感性爆发，是激情，从而激情在这里就成了我的本质的活动。"① 艺术活动作为一种劳动，作为一种本质活动，主体的"感性"和"激情"常常体现在艺术活动中，所以艺术活动拥有同实践一致的自由特征。当然这里的自由是针对具有五官感觉、精神感觉和实践感觉的社会人而言的，人能够感知到艺术作品中的美感，必须要有自身的感知力，没有这些感觉的非社会人是无法获得自由的，更谈不上在艺术作品中自我确证。正如马克思所说，"社会的人的感觉不同于非社会的人的感觉。只是由于人的本质客观地展开的丰富性，主体的、人的感性的丰富性，如有音乐感的耳朵、能感受形式美的眼睛，总之那些能成为人的享受的感觉，即确证自己是人的本质力量的感觉，才一部分发展起来，一部分产生出来。"② 艺术作品实际上是人对于现实的对象化的产物。社会现实对实践的主体而言成为了人的本质力量的现实，一切现实的对象都成为了确证和实现主体个性的对象，而艺术活动就是这一对象化过程的一种表现。从这一点来说艺术活动的性质由于契合了人的本质力量的性质而作为人自身的对象化结果，因此在艺术活动中，人可以完成自我的确证，可以对对象进行审美。

实践的本质之一是自我的确证，同时在自我确证的过程中又能满足他人的真正需要。即能使他人重新认识和发展人的基本能力的需要。在东欧马克思主义者阿格妮丝·赫勒看来，艺术是人类知识和自我知识的类的对象化，而这些知识都是实践的组成部分，所以艺术和实践本身就关系密切。艺术能够满足人重新认识和发展的需要，不过艺术本身并不是把这种需要的满足当作目的，而是一种在表达人的自我知识过程中起到的必然作用。"艺术凭借自

---

① 〔德〕马克思：《1844 年经济学哲学手稿》，中共中央马克思列宁恩格斯斯大林著作编译局译，人民出版社，2000 年 5 月第 3 版，第 90 页。
② 同上书，第 87 页。

己所产生的净化作用,也能对我们的生活产生构造影响,在同样意义上,它也能'进行教育'。"① 艺术将实践思考的世界融入作品中,"它把世界描绘成人的世界,描绘成人所创造的世界。它的价值尺度反映了人类的价值发展,在艺术价值尺度的顶峰,我们发现了那些最充分地进人类本质繁殖过程的个体(个体的情感、个体的态度)。"② 正是艺术作品中涵盖了人类本质情感,所以人能在艺术作品中感受到各种记忆和冲突,艺术与人的日常生活密切相关,人的情感可以在艺术中得到宣泄,人的想象的美和神圣也可以通过艺术的表达而实现。所以作为实践部分的艺术活动因为能引起人的震颤和共鸣而使其重新认识和发展自身。

(二)"拒斥说"促成艺术创新

实践辩证法是批判的辩证法,该方法运用于艺术的批判体现在:一、艺术并不是积累的,是对现有规则的拒斥促成了艺术的创新。二、从人之全面的自我实现的观点评价艺术发展。三、对艺术"末世说"的批判。历史是开放的人的活动,未来的生活有多种可能性,由于这些可能性不可预测,因此艺术也有多种可能性,它不可能只有一种情况,即走向末世。四、人与人、人与世界的矛盾是艺术的永恒主题。艺术的使命是解决这些矛盾。

"在科学中,对真理之每一次创造性的接近,都被作为一个特例被纳入后来的、更完善的、更一般的理论和体系之中,另一方面,艺术则通过对许多已经建立起来的规则和成就的拒斥,通过对全新的表现形式的探索而获得进步。古典的形式,如透视画法、复调音乐、十四行诗、三幕剧等等,便似乎是与现代艺术形式完全无关的。"③

上述这段话很明确的指出,艺术不是积累,它是对已有规则的拒斥。现代艺术的形式和古典艺术形式差别巨大,现代艺术创造着自己的表现形式,

---

① 〔匈〕阿格妮丝·赫勒:《日常生活》衣俊卿译,重庆出版社,1990年7月第一版,第107页。
② 同上书,第114、115页。
③ 〔南〕米哈伊洛·马尔科维奇、加约·彼得洛维奇:《实践——南斯拉夫哲学和社会科学方法论文集》,郑一明、曲跃厚译,黑龙江大学出版社,2010年版,第36、37页。

第一章 南斯拉夫实践派美学

它不是对原有艺术形式的继承，而是一种在拒斥的基础上的创新。如果从实践派"人是实践存在"的观念来看的话，艺术的拒斥首先指涉的是主体，源于主体即知识分子或者艺术家对现有规则和范式的拒斥，然后再通过创作的手法和形式表现出来。

首先，从"现代文化"的定义的角度，我们可以看出，现代生活是一种不稳定、不确定的状态，齐美尔认为现代是以一种特殊的永不停息的生活力量为标志，因此现代文化背后存在着否定力量，这种否定力量被鲍曼解释为文化悖论，即文化作品既存在于自我保存的稳定秩序之中，又暗含了寻求新秩序的破坏力。在他看来文化作品并不是以结果作为存在，而是存在于确保下一步的实验和变革的条件之中，因此，文化在寻求新秩序的这一过程，使得原有的秩序变得岌岌可危，变得易变和脆弱，艺术作品的创新在这种情况下才变得可能。

其次，从知识分子的处境来看，他需要对现状拒斥。在鲍曼看来，知识分子本身具有矛盾性。一方面知识分子必须属于自足的知识界，尊重知识界的特殊规则，独立于权利；另一方面他又不得不获得以政治行为需要的某种能力和权威，因此他的独立性受到限制。在后现代状况下，知识分子对真理、道德判断和美学鉴赏的权威解答已经失效，知识分子的合法地位被"诱惑"和"压制"机制抹杀，知识分子的影响和控制被"资本家"和"官僚"取代，知识分子启蒙独立性消失，随之而来的是经济判断成为审美判断，总体性知识分子被局部知识分子取代，现代国家已经不需要知识分子为其提供合法化依据，某种意义上，启蒙知识分子已经被市场、经济带来的变化征服，面对这种困境，知识分子必须拒斥从而获得新的身份，因此一种新的知识分子出现——作为阐释者的知识分子，仅此还不够，鲍曼认为知识分子还需要扮演"话语救赎"的角色，他必须具备对社会进行质疑和批判的能力，同时要让民众看到自治和民主附属于工业和商业的情况并非是永恒的。可以说知识在反叛中找到了新的定位，获得了新的生机。

再次，关于知识分子的定义问题，可以见出知识分子内在的反叛力。只有涉及艺术创作的知识分子的定义中包含了一种反叛、对抗意识，他才可能在作品中变现出这种意识。两个著名的知识分子定义来自葛兰西和班达。葛兰西认为所有人都是知识分子，只不过有些人发挥了知识分子作用，而发挥作用的知识分子又可以分为传统知识分子（traditional intellectuals）和有机知识分子（organic intellectuals），前者世代从事同样的事情，如老师；后者与阶级和企业积极关联，主动参与社会。葛兰西的知识分子定义过于宽泛，尽管贴近现实，但是定义的效力不足，班达则将知识分子的定义狭窄化了。他认为的知识分子是精英阶层，是才智出众、道德高超的小群体，真正的知识分子是要在艺术、科学和形而上学中寻找乐趣。强调艺术在知识分子世界的重要性，同样引起了赛义德的重视。他认为，"知识分子是以代表艺术（the art of representing）为业的个人，不管那是演说、写作、教学或上电视。而那个行业之重要在于那是大众认可的，而且涉及奉献与冒险，勇敢与易遭攻击。"[①] 赛义德十分强调反常规，他认为知识分子应该要"令人尴尬"，而不是讨好阅听大众，他应该要处于对立，甚至造成不快。他列举了乔伊斯笔下的戴德勒斯在教会、教书业等体制诱惑和知识分子自我之间的抗争，从而认为只有发展出一种抗拒意识，才能成为艺术家。尽管知识分子被权势收编的情况有所发生，但总的来说知识分子的活动还是自由的，偏离行规的行为时常发生。知识分子的活动也是为了增进人类的自由和知识，从这个层面来说拒斥是一种进步，"进步不过是创造一种广泛的可能性，不过是增进人的自由。"[②]

由于作为知识分子的艺术家身上所具有的抗拒意识，所以拒斥才成为可能，拒斥促成了艺术的创新。当然这种抗拒意识也并不是每位艺术家都能体现出来，由于受外部条件等因素的影响，这种拒斥程度强弱不一，而尤以现代艺术表现的最为强烈。发端于19世纪末的"新艺术运动"（Art Nouveau）

---

① 〔美〕赛义德：《知识分子论》，单德兴译，生活·读书·新知三联书店，2002年版，第17页。
② 〔南〕米哈伊洛·马尔科维奇、加约·彼得洛维奇：《实践——南斯拉夫哲学和社会科学方法论文集》，郑一明、曲跃厚译，黑龙江大学出版社，2010年版，第36、37页。

就是现代艺术对传统和主流艺术的一次"拒斥"。新艺术运动是一场在欧洲大陆、美国、东亚及中亚部分地区掀起的声势浩大的艺术实践运动,新艺术的"新"是在重视审视固有艺术传统上,用新精神对旧事物进行改造,甚至背离传统和主流艺术的革新运动。创作理念上,新艺术运动的实践者信奉王尔德"创造"、"自由"、"理想"三者合一的信条,他们依次规划出全新的生活理念:积极行动,在生活中提炼出艺术之美。在创作对象上,他们摒弃了高雅的传统绘画,而将注意力集中到装饰艺术。技法上,大量采用线条和色彩平涂。新艺术运动是近代以来第一次宣称普通民众作为主体受众的艺术实践活动。它的拒斥对于传统艺术理念和美学范式提出了挑战,"它是以艺术的方式对当时的主流时代精神的一种反射,它的目的是突破传统的艺术理念和美学规范,试图寻找一种能契合于当时人们的精神取向的新的美学原则。"①

(三)实践辩证法对艺术活动的批判

实践派强调"人之全面的自我实现"的观点,认为艺术发现了人类存在新的不同,并且取得了不断的成功。虽然现代艺术作品由于膨胀而变得参差不齐,"然而,最优秀和最富有创造性的现代艺术却证明了在古典艺术中未被发现的一种极为精致的敏感性以及思想、感情和冲动的丰富性。现代艺术已经构造了大量新形式,创造了一种如此丰富并充满了细微差别的语言,以至任何人都可以以一种更为个别、更为精细的方式表达任何事物。进步不过是创造一种广泛的可能性,不过是增进人的自由。"② 由于现代艺术发现了新的东西,例如人的更为精致和细微的情感、冲动等,这些是旧有艺术所没有挖掘的,因此它使得艺术更全面,也使得人发现了自身更多的成分。艺术不仅要体现人的自由和自我实现,同时还要表现人自身所发掘出来的新的成分,这样艺术才能更进一步。"艺术进步只能意味着自由的增长程度和各种有效

---

① 高兵强:《新艺术运动》,上海辞书出版社,2010年12月第一版,第244页。
② 〔南〕米哈伊洛·马尔科维奇、加约·彼得洛维奇:《实践——南斯拉夫哲学和社会科学方法论文集》,郑一明、曲跃厚译,黑龙江大学出版社,2010年版,第37页。

的表现形式的增长。因此,提高人类艺术表现的可能性将变得更为普遍,并将整合人在自身及其不同条件和不同环境影响下的环境中已经发现的无数成分。"①

实践派还对艺术"末世说"提出了批判。基于历史的开放性和实践活动人的在场性。辩证法认为人可以超越自身,创造生活的多种可能性。我们无法预测未来进程也不能完备解释过去。实践派在批判机械决定论的基础上认为,从人的自我实现和满足真正人类需要的目标而言,人类控制和改变社会进程方向的能力已经大大加强。所以人可以创造多种可能性,体现在艺术中,现实生活的多种可能性和人的自决特征决定了艺术不但不会进入"末世",反而会因为挖掘并表现人的新东西而更加进步。

最后,实践辩证法的矛盾原则对于理解和批判地分析艺术作品很有意义。马尔科维奇认为,"人与人之间的内部矛盾以及人与世界之间的矛盾关系是大多数艺术的永恒主题。理智与情感、自由与责任、人所寻求的意义与世界的荒谬、自觉的意志与盲目的机会、人的意向与命运、主观的价值与客观的社会规范之间的冲突,是艺术之永恒的主题。从根本上说,这些主题就是矛盾。艺术家的使命就是解决这些矛盾。"②

诸多的艺术家和艺术作品中都体现出各种各样的矛盾主体,如陀思妥耶夫斯基的"犯罪"小说、孤独小说。前者是"善"与"恶"的人性的本质矛盾冲突,后者则是在陀思妥耶夫斯基所处时代造就了人的孤独,由于处在封建农奴向资本主义过渡时期,人的物化和贬值,以及各种关系都已经让人难以承受,物化和异化使得人与人之间的矛盾加剧,难以进行言语的沟通和交流,陀思妥耶夫斯基通过"对话艺术"来弥合这种冲突和矛盾,这种对话艺术一方面可以表现出人物的孤独心境,另一方面又起到了沟通和缓解孤独的作用。《穷人》中,杰符什金孤零零的哀叹,《少年》中阿尔卡季对于人的分离的

---

① 〔南〕米哈伊洛·马尔科维奇、加约·彼得洛维奇:《实践——南斯拉夫哲学和社会科学方法论文集》,郑一明、曲跃厚译,黑龙江大学出版社,2010年版,第37页。
② 同上书,第37、38页。

第一章　南斯拉夫实践派美学

孤寂，陀思妥耶夫斯基通过人物语言透露自我孤独和封闭性，而另一方面在他小说中塑造的地位卑微的"地下人"角色在小说中经过挣扎终于走出地下室，与外界进行交流，这一过程可以被视为是陀思妥耶夫斯基对于解决人物生存的矛盾冲突的一种艺术实践的尝试。充满矛盾的还有卡夫卡，不仅在他的作品主题中，同样在他的生活姿态中。与陀思妥耶夫斯基一样，他笔下的小人物同样弥漫着焦虑、迷惘与精神探索的矛盾。而在他的生活中两次与菲莉斯结婚又离婚的举动与其说是充满了矛盾，不如说是他在现实生活中对作品中体现出来的矛盾的化解，他想要将自己身体的恶，即女人菲莉斯作为一种挑战、搏斗，想要用脆弱的意志去克服意识中的恶的努力同样可以被看作是艺术家对于解决矛盾的一种尝试。身体和灵魂同样是艺术作品中时常表现的主题。米兰·昆德拉在《生命不能承受之轻》中塑造了萨宾娜和特丽莎两个女人之间的身体伦理矛盾冲突，萨宾娜要求身体服从于自身，而特丽莎要求身体服从于灵魂，灵魂与肉体之间的矛盾冲突构成了小说的主题。而在两人之间抉择的托马斯更像是作家设置的一个体验对象，让读者像托马斯一样在小说中去体验这种生命之重的来源：灵魂和肉体的相互寻找从而感受到生命的沉重。悟到这种沉重，感受到人的命运是"幸运"和"不幸"的交织，并寻求和摆脱这种沉重，米兰·昆德拉肩负着并很好地完成了解决矛盾的使命。

总之，从实践辩证法的结构原则可以看出，艺术是动态和开放的，人的创造性造就了历史的多种可能性和未知性，所以艺术不会走向末世。另外，现代艺术一反传统古典艺术，创造了新的形式和细腻的表现手法，它发现了人的"新成分"。最后矛盾原则在艺术上的运用使我们发现，艺术作品中的诸多主题都是由人与人、人与世界的各种矛盾构成的，艺术家肩负着解决这些矛盾的使命，而解决这些矛盾就要进行一种人道化的尝试，这种尝试将有利于人的自由发展和人类的自我实现，消除阻挠理想发展的可能性的实现。

第二节　设计与想象：新人道主义文化观念

　　人道主义思潮兴起于 14 世纪欧洲文艺复兴时期，15—16 世纪在欧洲广泛传播，该思潮冲破教会统治，打破以神为中心的思想，注重人的尊严、价值、自由和平等。到了启蒙主义时期"平等、博爱、自由"，成为人道主义主题。从美学层面来说，1750 年，鲍姆嘉通发表了《美学》一书，书中涉及到"人性"的观念，并且拓展了人的感性和创造性冲动。关于"人"的美学层面的发现，在之后的两百年中成为一个焦点。人们开始将现有世界看成是人的创造，它不再是固定不变和永恒的上帝存在，它是人的创造力的体现，人的创造力的不确定性和世界变幻莫测更加合拍。而到了 20 世纪，东欧学者从马克思主义经典著作出发以人道主义为尺度对社会主义的思想和文化做出了分析和批评。在实践派的 M.南科维奇看来，"人道"不同于"人性"，"人性"中也包含了非人道的因素，而只有人性中合乎人道的一般东西才能称得上人道，而随着社会主义社会力量的不断发展，人的物质水平的提高，争取人道化的斗争就越演越烈。在文化方面，实践派推崇人道化的文化观念，它探讨的是人及社会人道化实现的过程。实践派对于文化的定义十分强调人改造自己的环境并使之适合于自身这一特征。同时它还强调生活和创造性的意义问题。在成立之初，实践派的得名不仅源于其发表的《实践》刊物，更主要的是提出了新的人道主义文化观，以南斯拉夫马克思人道主义作为实践的中心，以实践指向人。他们认为"正统马克思主义必须建立在人道主义化的基础上，它必须关注作为个体的人，关注人类的自由行动和创造的需要。"[1] 新人道主义的文化观体现出现实性和超越性，它不仅提供现实生活的设计，更为重要的是要对未来进行想象，"以实践指向人的创造性活动，不断致力于创

---

[1] Tea Sindbaek, "Praxis and Political Priorities: Politicalticipation and Ideological Priorities Among the Belgrade Praxis Philosophers from 1980 to 1995". *School of Slavonic & East European Study*. University College London, 2007.

造和实现——从而实现自我。"①

一、文化与人道化

（一）文化定义的批判与确立

文化的用法起初是针对对象的教化而言的，后来衍伸出心灵普遍状态、社会智性发展的状态以及艺术的整体状况，到了19世纪末，文化被定义为"包括物质、智性、精神等各个层面的整体生活方式"。②文化的诸多定义折射出工业革命以来，人们对于社会、经济和生活领域所发生的变化，雷蒙·威廉斯是要将文化的形成过程视为"抽象物"和"绝对物"展现出来，随着与整体生活方式的融入，文化的含义不仅包括了心灵状态、智性和道德活动，同时囊括了整个生活方式。可以知晓的是，无论文化怎样定义，它都无法和人的日常生活割裂，每一种文化的解释都改变着我们对于日常生活的共同体验。

由于文化同人的日常生活的紧密关系，实践派也从人的角度来定义文化的过程。扎戈尔·哥鲁波维奇从文化的人道化功能角度给文化下了定义："文化是这样一种过程和结果，即通过人对一种更人道的生活的设计而转变为一个新的世界来实现人的人道化。在创造文化的过程中，人能更好地决定其存在的问题，不断地发展其新的生活方面，以满足其基本的需要，丰富其动机，并发展为一个更全面的人。"③这一定义强调超越性。"只有通过超越既定的、已经构造和确定了的制度，文化才能实现其人道化功能。"④超越现实解放人类能量，文化才能回到"自由王国"。格鲁波维奇批判了列维-斯特劳斯将语言系统视为典型文化现象的说法，因为将文化的本质视为语言结构缺

---

① Tea Sindbaek, "Praxis and Political Priorities: Political Participation and Ideological Priorities Among the Belgrade Praxis Philosophers from 1980 to 1995". *School of Slavonic & East European Study*. University College London, 2007.
② 〔英〕雷蒙·威廉斯：《文化与社会：1780—1950》，吉林出版集团有限责任公司，2011年8月第1版，第4页。
③ 〔南〕米哈伊洛·马尔科维奇、加约·彼得洛维奇：《实践——南斯拉夫哲学和社会科学方法论文集》，郑一明、曲跃厚译，黑龙江大学出版社，2010年版，第162页。
④ 同上书，第160页。

乏实践的因素。而从功能上来说，文化首先具有现实的设计功能，这种设计功能更多的是对社会制度的内聚力服务，但是仅仅从"生存设计"的角度定义文化会忽略文化的其他功能，文化更重要的是对于理想的追求和想象，这一看似乌托邦层面的功能更为重要。

（二）文化与人道化实现

人道主义早在文艺复兴时期便已兴起。尽管要求个性自由、理性至上和人的全面发展，但当时的人道主义者代表的是新兴资产阶级的利益，文艺复兴萌发的追求个人成功、个人自由的意识和个性冲动以及由此衍生的人文主义关怀更多的是权势和富裕上层的特权，它并没有渗入到广大民众中去，也无法实现所有社会成员的个体自由和发展。到了工业社会时期，技术在带给社会极大的物质财富的同时，也带来了大规模的战争和社会精神病症。法兰克福学派主将弗洛姆将这样的社会称作"不健全的社会"。他认为整个社会出现了精神错乱，许多人遭受着心理的疾病的折磨。就拿自由而言，上层有权阶级以追求更大的权力和财富来获取自由感，他利用肉体和精神摧残等手段控制群众，打压阶级对手来实现自由，但牺牲了人际关系自由的同时，认同感的消失又给他孤独感。在下层阶级中同样存在着这种矛盾性，一方面人如果摆脱外在权威会获得独立感；另一方面又意味着自身由于力量微弱，无能为力而变得孤独。在对现代社会进行辛辣批判后，弗洛姆提出了解决人与世界关系的方案："人积极地与他人发生联系，以及人自发地活动——爱与劳动，借此而不是借始发纽带，把作为自由独立的个体的人重新与世界联系起来。"[①] 弗洛姆从正面展示人的解放、自由、个性解放的可能性，同时也看到了现实的阻碍因素，尤其是只有人类才特有的需求和情感的满足，例如交往、超越、身份认同等方面的需求的满足，这些需求的满足取决于现实社会的组织方式以及此种组织方式所带来的人际关系结果。尽管弗洛姆是用社会心理分析的方法为社会和个人把脉，并从人性的普遍性建立的人道主义伦理学，

---

① 〔美〕埃里希·弗洛姆：《逃避自由》，刘林海译，国际文化出版公司，2000年10月第1版，第28页。

以此来建立伦理规范,但以心理分析为基础的科学方法在阐释人性和辨别善恶上有其实用性,但在实践运用方面却显得力不从心。

(三)文化定义的美学意义

与弗洛姆不同的是,实践派明确地提出了一种不仅具有美学意义,同时也具有实际应用意义的人道主义文化。由于"后工业社会",人丧失了自由选择的机会,人被逼迫从事例行的技术活动,一切活动都以追求成功为主要动机,这样一来人的主动性和创造性便处于被支配的地位,人便失去了审美力。因此推崇人道主义文化观念就是要重拾艺术的审美性,使人的存在对象化。所以实践派认为追求成功不应该处于支配地位,人的活动最重要的"就是真正的创造活动(无论是在科学、艺术、政治中,还是在人的关系中),即根据'美的规律'使我们的存在对象化,满足另一个人的需要,通过我们的活动的结果和其他人构成一个真正的共同体。"① 这种满足需要的过程实质上就是人道化的过程,在萨特看来存在是先于本质的,因此人道主义只有在满足人的真实、完善的需要时才有意义。由于存在先于本质,所以预示着人不是现成的,他需要自己造就自己,一方面他将自己抛向自身之外而存在,这时他需要为自己抉择,成为自我的立法者;另一方面,他要以超越作为目的存在,所以他必须追求自身的自由同时也为追求他人的自由而努力,这也同实践派提出的通过自我活动的结果和他人构成一个共同体的观点殊途同归。

人道主义思想是要确定并修正人的行为以及潜在气质中所存在的否定性特征,例如侵略性、权力欲、贪婪等。不难看出,实践派是要在挖掘造成这些否定性特征的社会根源是什么,并试图创造出具有乌托邦理想的非否定性特征,"通过实际地创造并带给生活一种可能的未来,我们同时就能改变我们自己的本性——通过鼓励我们的某些气质的发展,通过压制并修正其他一些气质,通过创造某些全新的态度、需要、动力、渴望和价值。"② "压制"和"修

---

① 〔南〕米哈依洛·马尔科维奇:《当代的马克思——论人道主义共产主义》,曲跃厚译,黑龙江大学出版社,2011年2月第1版,第94页。
② 同上书,第92页。

正"的最好途径就是最大限度地发挥革命行动的力量,得益于革命行动的展开,乌托邦理想的最大效力才能显现,人道主义的美学特征才能最大程度的体现。正如苏佩克所提到的,"长久以来,当革命行动如火如荼时,乌托邦开始接近现实,不可能事物在可能性范围内开始显现。……当革命行动如火如荼的时候,人与人之间关系密切,非人道的东西被视为敌意的而抛弃,'我'开始合并为'我们',并且个人欲望变为集体奋斗。一定程度上,自发性处在高峰期。个人自由和他人自由通过'公正的'、'民主的'、'立法的'机构来调解变得流于表面。"① 可以看出,革命在修正人的行为和压制非人道事物起到了催化剂的作用,革命和乌托邦理想的结合,可以创造出一个自主的集体,实现自主管理的可能。

不可否认,人道主义的进程必然是困难的,"压制"和"修正"必然涉及到当时官僚制度弊端的改革,统治精英手中的经济权利和政治权利对改革都是极大的阻碍,而创造全新的人和全新的环境,即在一个消除了异化的社会环境中实现人的人道化,不断挖掘人自身的潜能。同时要在新社会模式创造出来之后避免又回到对人的统治,才能称作真正的人道主义。但是从反"斯大林主义"的角度出发,实践派极力批判人是"理性"的和"制造工具"的观点,人道主义就是要重新发现人,人是存在于社会、历史、自由和未来之中的。尽管想要依靠人道主义救世的难度颇大,但是人在科学技术极度进步带来人的分离的烦恼和痛苦时,提出人的创造性的可能性思考,对于文化领域的实践意义十分重要。

在文化领域,"新左派"为艺术创造性的自由而奋斗可视为人道主义的复兴的体现。他们拒斥官僚社会主义、资本主义,反对所有剥削;拒斥权威,创造出诸多的否定性概念:反权威、反组织、反文化、反大学。这些概念的提出与其追求的生活意义密切相关:生活意味着存在,人必将重新开发其充分的潜能、创造性、爱、知识、协同性和享受。

---

① Rudi Supek, "Utopia and Reality". *Open Society Archive*. 1971.

第一章 南斯拉夫实践派美学

第三节 艺术的人道性

　　人道的艺术观念是实践派极力提倡，并尝试将其用于解决现实生活问题的一个途径。实践派认为艺术作品的内容主体取材于非审美的现实，艺术家需要凭借自身对于人道的理解和个性感受打破非审美现实的本质构成，并在此基础上创造出新的具有审美现实的内容结构。这样的艺术作品具有巨大的艺术价值并体现了一种人道关系，而在读者接受过程中，接受者的审美感受便是一次人道过程。因此拥有巨大艺术价值的艺术作品引起了欣赏者的审美感受，并产生共鸣，所以间接地参与了主体的人道过程。

　　实践派是在较为广泛和普遍的前提下来谈论艺术的人道性。"人道主义"基于人的内心生活以及个体之间的相互关系，并以这层关系来对于社会生活进行理论预测，它着重为实践提供一定的理论支撑，从这个概念理解，它与艺术关系紧密联系，"它能够使艺术暗示地向人提出的各种基本要求成为人类向自己提出的那些最有抱负的和最深刻的人道要求的一种特殊形式。"[①]也就是说艺术暗合了人道主义的要求，由此而形成一种人道化的形式，而这一形式的形成又是人道化过程的一种完成。所谓"人道"，并不同于"人道主义"，人道更加符合"人化"前景的活动。因此艺术的人道性是不可割裂的，并与"人道主义"在有所区别的前提下存在。

　　人道之所以在艺术作品中地位重要首先在于人道价值的稳定性。人道价值体系相对于道德价值体系来讲更加的稳定，每一个时代、每一种制度背景后的道德价值体系并不相同，它与统治者的诉求相关，而人道价值体系在每一时代都是要力求合乎人性，促成人的自由发展。由于稳定性的缘故，实践派将人道价值作为评判艺术作品好坏的标尺。M.兰科维奇认为，"任何一

[①] 原载于：南斯拉夫《社会主义》杂志，1963年第2-3期，林南庆译，引自《人道主义、人性论研究资料》第四辑，商务印书馆出版，1965年1月，第128页。

部真正有意义的艺术作品本身总是包含着一整套的人道价值；这些价值都是合乎一般人性的"。① 另外，艺术还对将来的人的人道性具有一种预测的可能性。"任何一部伟大的艺术作品都是先提出一种可能的、迫切需要的有最高价值的，即理想的但又是潜伏地真正可以实现的人的人道本质，同时为它进行批判，暗中把它同一切非人性的具体表现对立起来，为反对这种表现而斗争。"② 所以艺术作品中的人道价值既重要又有其特有的标准。首先，作品中是否包含了人道化过程的多种可能性；其次，作品有没有反映出实现人道本质的要求，有没有将非人性表现对立起来；最后，从审美角度讲，这部作品的审美作用能在多大的程度上为人道化过程带来积极的作用。可见，作品中所存在的人道价值与人化过程息息相关，并且在人化过程中具有能动性和不可替代性。它的能动性体现在：艺术是人化的因素，艺术表现为实际的改变人以及世界的一个重要因素；同时，艺术在人化过程中的作用又是其他社会因素所无法比拟的，因此它具有不可替代性。

人道价值可以作为艺术评判的标准，反之，艺术也是人道现实的体现。M.兰科维奇从人道事实、审美创造的层面对"艺术是人道的人为体现"的说法进行了批判。因为这种说法认为，人由于在自己的历史中不能实现自己的人道理想，而在艺术作品中却可以认为预测自我的历史，所以艺术成为人道的人为体现。这一说法类似于弗洛伊德关于梦的解析的说法，弗洛伊德将梦看作是"愿望的满足"，马尔库塞也认为由于需要不可能完全满足，所以快乐原则被"现实原则"所压制，甚至是改变了快乐原则的质。但是艺术作品中的人道并不适用于上述解释。首先，就"人道不能在现实生活中"这一点，兰科维奇认为，尽管现实条件的限制，异化形式对于现实生活的占有都阻碍了人道的实现，但是不可否认的是，人道的某些具体的形式在现代生活中不断

---

① 原载于：南斯拉夫《社会主义》杂志，1963年第2—3期，林南庆译，引自《人道主义、人性论研究资料》第四辑，商务印书馆出版，1965年1月，第131页。
② 同上书，第134页。

的显现出来，而人道主义作家或者艺术家是社会的人，"人作为其整个社会存在的一个机能的审美创造的潜力——现实的体现"[①]。他对于现实有着深入的了解和观察，在此基础上进行创作，因而他的作品是对于现实中人道事实的见证。另外，艺术作为特殊的审美方式有其现实的审美功用，它与现实是不能割裂的，甚至于直接参与到现实中突显其作用。"艺术就是通过它作为作品借以发挥作用的本身这些方面，以特殊的方式来创设人的本质的内心感受，并使自己局部的每一个方面向前发展，从而成为人的人道性在世界存在的一个不可重复的和不能代替的一部分。"[②]这一点可以从艺术接受和审美感受的角度来理解。审美感受常常被具体化和客观化在作品之中，由于作品直接涉及现实，因此欣赏者能从中体会到人道的美，从而为现实人的人道化过程提供可能性，例如作为模仿现实生活的电影，它将人们现实生活中的内容和问题浓缩其中，并且不受时间和空间的限制再现人类生活，取材现实生活的电影被艺术家改造为包含人道要求的作品，欣赏者在观影过程中和观影之后经历了两次人道化过程。在观影过程中，欣赏者首先从感性层面去感受人道化过程，而在观影过后，欣赏者将初次的审美感受具体化，将内容美化并融入到现实生活中，实现第二次人道化过程。

人道性在艺术作品中的美学韵味基于人道价值和艺术价值的辩证关系。在艺术的人道活动中，人道价值是艺术价值的重要组成部分，它与作品中的其余价值不可分割；艺术作品特殊的审美结构特性和规律性又为人道化提供前提和可能性。因此，只有人道和艺术紧密结合、合二为一的情况下，才能够令欣赏者在接受过程中感受到生命力。实践派一方面肯定了人道价值在艺术中的重要地位，即它是艺术作品中特殊审美本质和人道活动的源泉和中心；另一方面又坚持了总体性原则，既承认了艺术作品中具有的除人道价值之外的

[①] 原载于：南斯拉夫《社会主义》杂志，1963年第2—3期，林南庆译，引自《人道主义、人性论研究资料》第四辑，商务印书馆出版，1965年1月，第137页。
[②] 同上书，第136页。

其余价值,例如伦理学和道德的价值,同时又肯定了作品中诸种价值的不可割裂性,也正是这些价值之间的相互作品才促成了艺术作品的独特魅力。

总的来说,艺术是人道现实的体现,人道在作品中是人道化过程具体的体现而不是理想的体现。实践派将人道性作为艺术评判的一个标准,丰富了艺术理论,对于现实主义作品的评价起到了一定的功用。

第四节 作为桥梁的文化

在实践派看来,文化并不是游离、脱离于人的日常生活,而是以人的存在要求根植于生活中。它是连接一个单一人类现实的"两个世界"的桥梁。人类世界中的历史文化和现有社会制度以及关于未来的想象、幻想以及设计是密不可分的。

长久以来,文化的现实作用一直被强调,它更多的被定义为一定的社会制度和某种社会功能,这样定义的结果所反映出的是"现实"和"乌托邦"之间的矛盾。最直接的体现在文化和政治上是政治实用主义和革命人道主义的矛盾。尽管政治实用主义也尝试用乌托邦的理想融入现实,但是其缺陷是单一和独断的决定方式,没有经过人民的讨论,也未征求专家和知识分子的意见,并且试图通过强制的法令来达成巩固地位的目的,而革命的人道主义则具有诸多优势。"一方面,政治实用主义声称具有现实的感受,考虑历史局限,使具体的和客观情景的满足适应政治行动;另一方面,革命人道主义从乌托邦中获得美德和力量,革命的手段和目标处于和谐状态,革命人道主义坚信社会意识的构建远比社会基础的构建要重要得多,因为人际关系先于各种机构和宪法。"[①] 因此,忽略乌托邦的理想作用的本质上忽视了文化的本质特征,阻碍了对"自由王国"的实现,对既定的、现有制度的超越,以及人道化功能的实现之路。因此对于现实的超越、解放和释放人类新能量才是最为

---

① Rudi Supek, "Utopia and Reality". *Open Society Archive*. 1971.

第一章 南斯拉夫实践派美学

重要的文化功能,而寻求通过乌托邦理想解决历史、社会机构以及人际关系所引发的诸多矛盾,实现人的自由权利、自由意识和意志,以及社会的自治管理和交往也是新人道主义文化的重要特征。

在马克思主义的经典文献中,"文化"一词常常被"上层建筑"代替,尤其是在19世纪到一次世界大战前,"庸俗马克思主义者"将"物质基础"和"上层建筑"简单理解为"决定"和"反映"的关系,然而基础并不是唯一决定上层建筑的因素,反过来,上层建筑的诸多因素相互作用影响了历史。因此,从简单因果论来分析马克思经济基础—上层建筑会造成"基础"和"上层建筑"两个领域的分裂,更为严重的是,按照这种理解文化、艺术和文学处于上层基础的层面,这样在文化、思想和现实之间便存在着割裂,文化、思想并没有渗入现实,它仅仅是单一地被经济基础决定,并被动地反映现实,在这一过程中物质性的现实处于支配地位,而思想只是其显现和反映而已。基于以上的批判,实践派认为文化是人类生活的一个不可分割的部分,它被融合进人类生活。

强调文化的桥梁作用是实践派竭力要将文化客观化的表现。由于文化没有现实性和功能性的意义,它常常被概括为"乌托邦",而实践派并不认可这种说法,因为人类世界的构成是由现有的制度、组织结构和未来的各种想象和方案构成的,无论是前者还是后者都有现实的意义,而文化作为调节器是连接两者的中介,其功能也有着现实的意义。无论是格鲁波维奇还是苏佩克都看到了"现实"和"乌托邦"之间的紧密联系。在苏佩克看来,割裂现实和乌托邦的后果是极为严重的,它将导致政治实用主义的泛滥。现实和乌托邦的关系及其紧密。在平稳时期,乌托邦理想隐匿于现实之中,而在革命时期乌托邦的作用开始显现。由于革命本质特征是一种创新性行为,由此所带来的一系列创新性的文化需要乌托邦理想来构想,同时也需要乌托邦理想来对现实进行判断和估量,因此,在革命时期,现实和乌托邦彼此成为条件,也相互制约。一方面,乌托邦以现实作为基础构建理想远景,另一方面,乌托邦由于契合了革命的创新性要求而向现实转变,它不再是难以达到的虚幻目标,而转变为一种高度存在的现实感,具有转变为现实的可能性。所以,文化是沟通现实和乌托邦理想的桥梁,具有客观性。它一方面调节了生物存在和社会性的关系,另一方面也调节了人的存在、现实的存在和可能性之间的关系,它作为连接两个方面的结合点,是现实的组成部分。

另外,从个人生活的层面来看,文化同样是现实的组成部分。首先,文化作为符号形式以及各种方案的形式,促成了人类通过实践去创造尚未出现的事物形式。原初的一些历史文化物件一开始并不承载文化的功能,而更多的是涉及实用的功能,例如中国殷周的青铜器,又如欧洲中世纪教堂建筑,其创造一开始就是为了宗教、伦理和政治等实用目的而服务的,然后当这些物件和建筑灌注进人的情感并被作为审美对象时,它们成了反映一定时期社会特征的文化,而作为一种文化符号,人们在此基础上加以创新和借鉴,创造出新的事物形式,例如源起于11世纪下半叶的法国哥特式建筑,直接影响到了世俗的建筑,意大利、德国等国更是纷纷效仿,一时间哥特式建筑形式风靡欧洲。可以见出一种文化的符号影响了现实的实践。其次,借助于经验,通过接受和学习以及积累,促进了个别生物有机体的人道化。这其中最明显的体现在人对于需求的满足,为了不断探索未知的事物,人们不断实践,而文化在个体内部的调节扩展着这一多层次的需求系统。当然,实践派并没有忽视并非所有人都会自发地去追求和构建属于自身的生活,因此"只有那些把文化体验为一种'生命本质'的人,才能用文化去建构其自身的生活,而且其环境作为人的世界将在现实和乌托邦之间架起一座文化之桥。"① 这就要求主体必须要有一定的感知力,因为人并不是一种无意识的文化存在,只有预设了精神能力和思想能力,人才可能创造精神和物质的进步,才能作为文化的存在。

从文化的功能上来看,文化只能在技术和规范方面部分地符合一定的社会制度目标,这使得人们常常感觉不到文化是现实的存在。然而,更为重要的是文化对于任何一种特殊社会制度的超越,"例如,科学、艺术、哲学、人类理

---

① 〔南〕米哈伊洛·马尔科维奇、加约·彼得洛维奇:《实践——南斯拉夫哲学和社会科学方法论文集》,郑一明、曲跃厚译,黑龙江大学出版社,2010年版,第167页。

想和一般的人类价值必然具有真正的普遍性,即与一定社会制度相联系的非功能性和非实用性。"① 由此看来,文化的非功能性和非实用性意义更大,由于它与一定的社会制度相联系,因此它并不是脱离现实的虚幻奇想,而是具有现实性。此外,尽管文化会受到民族传统的一定影响,但却不会完全受制于传统的局限,传统能够影响文化的形式和实质,却无法改变文化的基本性质。文化的基本性质既要符合一般人性标准又要符合特殊人性标准,而这些标准是科学、哲学、美学的诸多因素决定的,它不能从传统和制度中推演和还原,基于这一特性,文化在现实通往乌托邦和乌托邦通往现实之间打通了桥梁。

实践派的新人道主义文化观念是在南斯拉夫自治共同体的背景下提出的,因此他们试图创造一个整合了政治、经济、艺术等各个领域的自由联合体。将文化置于这个自由共同体中考虑,则使得生活更加的丰富,避免了制度化带来的生活僵化、保守的形式,由此带来的是对于生活的全新审视,即对生活中存在的跳跃、流动的生命体验的重视及人性的强调,这也是实践派处处强调的文化在现实中的人道主义功能的重要体现。

第五节 总体性的文化

一、马克思总体性文化含义与实践派之间的关系

20世纪五六十年代,南斯拉夫国内交织着极权主义文化(Author-itarian Culture)和享乐主义—功利主义文化(Hedonistic-ultilitarian culture)。前者是以非自治的规范为主的文化,其中人是一种自觉适应现有环境和生活条件的理性动物;后一种文化的基本价值被导向消费,是对极权主义文化的一种不恰当升华,它完全背离了人类存在的总体性形式。

因此,在上述背景下,对于极权主义文化和享乐主义文化的批判,对于总体性文化的推崇显得尤为重要。而马克思提出的总体性概念和卢卡奇对于

---

① 〔南〕米哈伊洛·马尔科维奇、加约·彼得洛维奇:《实践——南斯拉夫哲学和社会科学方法论文集》,郑一明、曲跃厚译,黑龙江大学出版社,2010年版,第164页。

马克思的总体性概念的继承和发展又为实践派重提总体性文化提供了条件。

马克思的总体性概念包含了两个层面的意思,一个是方法论意义上的总体性,在这一层面上,马克思试图寻找一种一般的理论来整合社会有机体。卢卡奇也认为将社会作为总体来辩证的认识也是马克思主义区别于资产阶级科学的重要方面,他指出"不是经济动机在历史解释中的首要地位,而是总体的观点,使马克思主义同资产阶级科学有决定性的区别。总体范畴,整体对各个部分的全面的、决定性的统治地位,是马克思取之黑格尔并独创性地改造为一门全新科学的基础的方法的本质。而无产阶级科学的彻底革命性不仅仅在于它以革命的内容同资产阶级社会相对立,而且首先在于方法本身的革命本质。总体范畴的统治地位,是科学中的革命原则的支柱。"[1] 第二个层面的总体性是现实存在的社会总体性过程。由人所构成的社会有机体是一个不断指向完满、全面的有机整体发展的总体性过程。在这个过程中,人的主体性作用至关重要,主体在推动世界向总体性方向转变时贡献力量,反过来,主体在这一个过程中也实现了自我的完善、肯定和全面的发展。个体促成社会有机体的整合过程是辩证的,主体与社会有机体一定程度上相互独立而又融会贯通。将总体性的概念纳入社会总进程有助于窥见资本主义内部产生的矛盾,以及由此衍生出的破碎化镜像,因此推崇总体性文化,促成社会有机体向总体化转变过程中实现个体的全面发展变得至关重要。如果说第一个层面更加偏重于"解释世界"的话,第二个层面则更倾向于"改变世界"。

实践派的总体性是马克思总体性的继承和发展。在批判的辩证方法的结构中,实践派明确提出了总体性原则,辩证法批判和反对一切片面性和单一论,从方法论层面看,他们认为辩证法本质上以整体性和总体性原则为特征;从社会历史进程看,他们则认为全部历史可以设想为一个总体化过程。对于马克思总体性的发展体现在实践派在方法论的基础上提倡真正的、具体的和普遍的总体性,推及至人,则是要在人类自我实现的统一设计中整合全面的

---

[1] 卢卡奇:《历史与阶级意识》,商务印书馆,1992年版,第76页。

创造性。实践派批判的是空洞的、抽象的和"恶"的总体性，这几类总体性都是虚假的，而只有在不牺牲部分的前提下，通过人的实践活动创造出来的总体性才具有意义。

二、总体性文化对于现实主义文学的批判力

作为新马克思主义阵营中的一部分，实践派主张以"总体性的眼光"来观察一切存在着的东西，科西奇在讨论文化和革命时指出，在自由的前提下，在社会主义的基础上，能够产生一种无论是在内容还是主题上都具有划时代意义的艺术，他认为这种艺术存在于人类悲惨状况的综合中。所以揭开悲惨的表象，在隐匿的面纱之后我们能发现总体性的艺术。而《社会主义》杂志编辑 M. 兰科维奇则以电影为例，认为像电影这种高度综合的艺术，全面、直接、生动地概括了人的存在。同时他还从人道作用的总体性来评价莎士比亚的巨作和托尔斯泰、巴尔扎克的小说。由于他们的作品都涵盖了广泛的社会和个人问题，综合了个性命运、情感激情以及社会历史过程交织的各方面的问题，并在此基础上通过审美组织的创作力来改造问题，使其符合人道要求而具有总体的审美力。

按照实践派"真实"总体性的标准，文学作品应该通过社会生活反映和揭示时代精神。如果将马克思恩格斯对于文学和艺术的观点按照一定的历史线索来分析，我们不难发现：一类是以艺术产生的时代背景为主要论述方向；一类是以文学的基本特征为阐述关键。前者是总体性在文学艺术上的一个反映，正如卢卡奇所认为的在孤立的社会生活中将一系列的社会生活整合、提升为真实的整体，由此卢卡奇开创了他的"伟大的现实主义"，在谈论社会主义、现实主义和批判现实主义时，卢卡奇认为，除了主题之外，两者之间不应该有区别，并由此提出一部完整的、成功的艺术作品应该囊括现实的图景，在这幅图景中溶解了一切对立的要素，成为一个"自然而然的整体"，从这个整体中，读者既能提取到现象本身，同时也能够获取其内在意义。卢卡奇反对一味复制的自然主义，他反对对于现实的照相式录入，而认为能够在隐匿的表象之下，发觉现实的本质才是最为重要，因此他认为巴尔扎克是伟大的

现实主义作家,是因为他能够把握总体的时代历史的倾向。同时,他也反对对于本质过于迷恋的表现主义和蒙太奇手法,因为这些手法虽然注意到了事物的本质却忽略了表象。可以明显的看出,卢卡奇从总体性角度来阐述文学是对马克思恩格斯文学和艺术观念的继承和发展。

第六节 割裂与还原:批判性的文化理论

实践派成立后的前十年在哲学和政治上的观点没能完全统一,但是在强调社会主义自治形式和批判国家社会主义模式上达成了一致。实践派对斯大林模式割裂实践和理论的联系的现象进行了深入的批判,国家主导的极权文化给社会主义国家带来了错误的示范,在这样的情况下,南斯拉夫自治文化也受到了影响。因此,还原真正的马克思主义,重新构建理论和实践结合的文化,对于斯大林模式影响下产生的异化现象进行批判,对于当时南斯拉夫国内存在的极权文化、享乐文化和社会主义文化进行反思变得异常重要。

一、实践活动与文化概念的不可割裂性

实践派首先肯定人是实践的存在,实践是人类所特有的理想活动,当劳动成为个体的自由选择并成为个人的自我表现和自我完善时,才能够称之为实践。因此建立在实践基础上的文化具有了以下几个特征:1.人在改造自己环境并使之适合于自身的活动,在这种活动过程中,自然环境和社会环境都得到了改造。[①] 扎戈尔·格鲁波维奇对于林顿和米德的文化定义提出了批判,因为他们的文化忽视了人对于自然环境的能动作用,而仅仅将文化定义为人对于现有环境的适应,具有社会片面性。2.文化具有生活和创造性的重要意义。无论是克拉克洪、还是凯里的文化定义都忽视了文化的创造问题和创新问题。3.文化是物对人的有意义的东西,文化内化于人格之中,与人关系紧密。4.文化与实践密切相关。鲍曼和萨特均批判了列维·斯特劳斯的文化观

---

① 〔南〕米哈伊洛·马尔科维奇、加约·彼得洛维奇:《实践——南斯拉夫哲学和社会科学方法论文集》,郑一明、曲跃厚译,黑龙江大学出版社,2010年版,第158页。

点，斯特劳斯试图从人类共有的语言结构来定义文化的特征，这样就忽视了文化重要的实践特征和人道化功能，与"结构"而言，人的"内在性"，所谓的"精神"更加的贴近于文化。

长久以来，文化的上述特征常常被忽视，而最为严重的是在马克思主义文献中，"文化"被看作上层建筑，表面上看似唯物的解释，其实质是割裂了物质文化和精神文化。因此，这一割裂的解释被格鲁波维奇强烈批判，他认为文化是现实生活的一部分，它不能被割裂开来，隔离开的上层建筑只是对物质基础的一种映射，它只能偶尔在人类历史发挥作用。在对物质基础和上层建筑割裂进行批判的基础上，格氏提出，"文化不能与活动着的个人的历史相分离"①，实践活动不能与文化割裂，人类实践是"有目的的活动"，也正是这种富有创造力、有目的活动的实践活动才指向了人的意义和价值，人的实践活动才具有审美性。

与格鲁波维奇一样，鲍曼同样将文化的定义与实践紧密结合。在比较了英国人类学家"社会结构论"的文化、美国人类学家"规范论"的文化、"精神论"文化以及卡迪纳"人格结构论"、兹娜涅茨"文化数据"后，鲍曼将文化的概念归属为"人类实践术语的家族"。②他认为文化既是主观上有意义的经验的客观基础，也是其他非人类的异化世界的主观"占用"。"文化概念是被客观化的主观性，它试图理解一个个体行动如何能拥有一种超个体的有效性，以及坚固的现实如何通过众多个体的互动而存在。"③这种文化互动的功能不仅仅只是人类生存状况的反映，更重要的是文化的旨趣要与人类自我完善和自我实现的旨趣融为一体。文化要为人类提供意义，它需要不断质疑现实的权威，文化需要保持立场并承认现实的多样性，而人类的旨趣也是要在反抗现实不合理成分过程中实现并制造自己的价值。这和人道主义文化拒绝异化并成为异化的敌人的目标一致，应该说文化与具有实践能力个体的人的

---

① 〔南〕米哈伊洛·马尔科维奇、加约·彼得洛维奇：《实践——南斯拉夫哲学和社会科学方法论文集》，郑一明、曲跃厚译，黑龙江大学出版社，2010年版，第173页。
② 〔英〕齐格蒙特·鲍曼：《作为实践的文化》，郑丽译，2009年4月第1版，第216页。
③ 同上书，第217页。

结合，才促成了实践的可能性。

二、异化和非人道主义文化的批判

"异化"一词本身起源与经济和法律相关，在拉丁文中它含有"卖出"和"让渡"的意思，从词源上来说，异化本身就有将属于自己的东西让渡出去的意思。异化概念在马克思之前已经经历了长久的历史演变[①]，在《1844年经济学哲学手稿》中，马克思对于异化概念进行了详细的阐述。《手稿》中提到，"劳动所产生的对象，即劳动的产品，作为一种异己的存在物，作为不依赖于生产者的力量，同劳动相对立。劳动的产品是固定在某个对象中的、物化的劳动，这就是劳动的对象化。劳动的现实化就是劳动的对象化。在国民经济学假定的状况中，劳动的这种现实化表现为工人的非现实化，对象化表现为对象的丧失和被对象奴役，占有表现为异化、外化。"[②] 从上述这段话中可以看到，固定在某个对象中的、物化的劳动只是劳动的对象化，因此可以看出并不是所有劳动都是异化，只有在资本、私有制统治的前提下，占有"现实化"、"对象化"才是异化。马克思的异化概念首先表现在劳动产品上，劳动产品作为一个异己的对象，工人在创造它的过程中耗费越多，亲手创造出来的异己力量就会更加强大，工人反而更加贫乏；其次是对象化中的异化，自然界给了工人生活资料和感性的外部世界，但是外部世界却不能给予他以供劳动和获取直接意义的生活资料；再次，异化还表现在生产行为上，劳动对于工人是外在的东西，为了创造异己的东西而使自己承受肉体和精神折磨，所以工人并不是自主的劳动，工人只有在劳动之外才感觉自在。本该属于工人人性最集中体现的劳动，变成了疏远了本质的劳动，随之而来的是个人的异化，人的内在的创造力和追求美好生活的愿望被压制。最后，这种异化的

---

① 中世纪时，"异化"表示同上帝相疏离，在英国经济学中表示货物卖出，而在法国它表示自由向契约社会的让渡，在德国则出现了异化和外化两个词，并在德国古典哲学中频频出现，费希特的外化包括客体建立来自主体外化，"外化了的"理性，黑格尔将外化或异化作为自己哲学的中心概念，费尔巴哈等人也对异化概念有所发展，具体请参考王齐建《外国文学研究》1984年04期载《现代主义与异化》14—15页一文。

② 〔德〕马克思：《1844年经济学哲学手稿》，中共中央马克思恩格斯列宁斯大林著作编译局译，人民出版社，2000年5月第3版，第52页。

第一章 南斯拉夫实践派美学

痛苦还体现在"他人",工人所生产的产品供他人享受,也就是说在背后的本质是工人痛苦的生产造就了他人愉悦的享受。综上,马克思从产品、产品生产行为、自然界和他人对异化进行了具体的阐述,从而确立了马克思的异化概念。总的来说,异化是一个过程,"在这个过程中,人本身的创造力量及其在经济、政治和文化等等领域的创造同人异化了,并且作为一种外在的、异己的力量同人对立起来,使人的意识及其活动从属于它。"①

在未异化的劳动中,人体现出整体性和普遍性,显露出人性,而在异化劳动中,他的"类生活"被剥夺,他的自由活动、自由意识被降低为一种维持生存的手段,单一化劳动使他厌恶了劳动却不得不劳动,这不仅仅体现经济层面,同时也体现在政治和文化上。实践派对于异化和非人道文化的批判实质主要是对于苏联"斯大林主义"的意识形态的批判上。作为一种意识形态,斯大林主义在本质上成了政治问题、文化问题、艺术问题的决策者和审判者,在这种意识形态的控制下,人的生活、劳动还有艺术风格都具有唯一和共同特征,它不允许新的形式对于现有规范的冲击和挑战,这一点严重违背了马克思历史实践的观点。马克思认为人是社会的人,他是创造历史的主体,也是历史的客体,历史是人通过实践对于自然、艺术和各种文化形式创造的产物,因此,历史具有不确定性和可能性,而斯大林主义的意识形态割裂了人作为历史主体参与到历史创造的过程中的规则,它是在现有历史结构的基础上,将现有意识形态赋予给主体,使得主体可能性和客观可能性相一致,这样就使得主体被当成生产和政治操纵的工具,形成官僚机构的异化组织,从而构成政治异化,主体不能在自由的状态下参与到自身甚至历史的创造过程中,同样也不能创造出新的文化形式。这种异化不仅仅是资本主义经济上的异化,它更是斯大林对于"人是实践的存在"缺乏洞见产生的政治异化,这种异化是人的碎片化实践和人之分裂的表现。人的分裂症状的背后是因果关系

---

① 〔南〕B. 泽赫尔:《论人的异化或自我异化》,载于《人道主义、人性论研究资料》第四辑,商务印书馆出版,1965年版,第14页。

未能成为一个整体所引发的。在科西克看来,任何东西都应该有其基础,一旦失去基础一切就会变得不稳定,并且显得肤浅和空泛。对人而言,这样的基础是原因和结果两者合一作为整体而存在,只有以这样的存在方式,原因才能够把握、综合事物,才能拥有事物、人、现象的意义,结果也才能成为人的骨干、堡垒、屏障和不可剥夺的部分。原因和结果是构成人的存在的重要内容,失去基础意味着他失去了原因和结果,也意味着他失去了存在的根据。现代人的危机就是因为因果关系的断裂,没有了原因的存在,人从属于技术逻辑,沦为虚无主义者,而结果也会随着原因的变化而发生转变,陷入无助和虚荣之中。

政治异化是将"因"和"果"割裂开来的最好体现。"现代政治得益于绝对需求和寻求对于一切的支配,它不是科学,但却决定科学及其结果,它不是诗,却唤起人们恐惧和隐藏的激情,它不是宗教,却有偶像和大祭司的光辉。对于现代人而言,政治成为现代人的命运,每个人,在一定程度上,他(她)的自身存在的意义被政治手段所澄清。"[1] 政治对于各领域的垄断,使得人的自主性收到较为严重的压制,而割裂人的实践和历史的关系问题,从政治思想和指令强制创造出的文化无疑是一场巨大的灾难。

政治异化不仅让新的文化形式难以产生,同时也使得人的个性全面发展捉襟见肘。实践派从马克思历史实践范畴来研究政治异化对于文化形式产生的巨大影响,并结合南斯拉夫国内现状认为,在政治异化的背景下,个体被拒绝参与到社会共同体的管理当中,特权阶级对于权力的掌控,使得工人阶级永远是群众,应该说基于当时的现状,文化的单一形式、人性的残缺不全是和当时异化的历史背景相一致的。

与政治异化带来的艺术、文化的单一化一样影响巨大的是技术异化。现代社会,消费品的大量生产给人造成一种幻想,即我们生活在舒适、奢侈的环境当中,然而背后的社会控制和技术控制带来的商品的极大丰盛却使得文

---

[1] Karel Kosik. *The Crisis of Modernity: Essays and Observations from the 1968 Era*. Boston: Rowman and Littlefield Publishers, Inc., 1995. p. 17.

第一章　南斯拉夫实践派美学

化出现缺失和偏转,"这种控制表现为偏重技术和实证科学,而不重视理论思维与批判思维的力量及其重大意义,而且仍然以脱离人的真正需求的大量商品生产本身作为目标,作为交换价值的象征而加以保护。"① 实践派的柳鲍米尔·塔迪齐认为,尽管马克斯·韦伯对于现代技术合理化是现代文明的重要特征持肯定态度,但是技术化背后的人所具有的"理性"源自于"可计算性",官僚机构是这种可计算性的背后支撑,它在一味提高效率,节省时间的同时,取消了人的个性,造成了个体精神的匮乏。而在 Z. 尤科维奇看来由于技术设备的控制,知识分子没有了个性价值,他没有了具体的个性标志,成为了历史的见证者而不是历史的承担者。同样,艺术家无力通过艺术了解现在,也无法展现未来的可能性,与直接涉及技术的领域相比,艺术已经遇到了信任危机。而一种主要依靠技术优势和代表制而存在的机构——官僚机构的出现更是威胁着人性。在技术优势下,官僚机构将合理性作为基本原则,形成没有理性的合理性,人在极端合理性的情况下失去了追求理性和自由的渴望。而代表制的出现使得官僚机构成为个人主权和意志的代表,并在公共事务中以组织的名义出现,使得个体参与到组织的机会化为泡影。在官僚机构的控制下,人成了马克思所说的"非人格化"和"异化"的机器附件。实践派认为技术造成了人的异化,归根结底在于掌控技术的社会关系和机构,官僚主义的反民主极端倾向以及异化的行政管理压制了人的个性,阻碍了文化的创新,造成了个人行为的刻板化和艺术创作中个性化的消失和终结。

实践派对于技术的批判集中在使用技术的组织关系和社会形式,而不是否认技术成果和技术进步。他们既看到了技术发展所带来的积极作用,同时也看到了由于使用方式不当所造成的技术异化和对人道主义文化的威胁。出现不同的作用源于使用技术的组织关系和社会形式不同。在技术不发达国家,技术发挥着人道主义作用,例如消灭不平等、消除殖民统治、促进创造性

---

① 〔南〕米哈伊洛·马尔科维奇、加约·彼得洛维奇:《实践——南斯拉夫哲学和社会科学方法论文集》,郑一明、曲跃厚译,黑龙江大学出版社,2010年版,第266页。

文化等；而在资产阶级上升期的国家，人们对于技术的控制和滥用使得艺术出现自动化的情况。艺术不是在实践基础上表达人类情感的东西，而是对技术的崇尚，例如"即兴艺术"，表演者在其中没有事先的创作计划，只是凭借机械的无意识来支配自己进行自动化的创作。又如利用工厂嘈杂声，机器生产时产生的声音录制的"实验性音乐"更是把技术化因素作为目的，为了音效而不是情感刻意使用电子技术，造成了对于技术的依赖症。

总之，对于技术异化的批判只是集中在使用方式的批判。不将实践基础上产生的各种价值形式——例如哲学、艺术作为评价技术及其使用方式的标准，而是让这些价值形式被技术所压制，必然带来人道主义文化的丧失。因此必须以人道主义的目标和理想为出发点，以克服现代技术危机为途径，才能将人从繁重的劳动中解放出来，并自由发挥个人创造性。

三、极权文化、享乐文化的批判

西方资本主义精神中的精确化核算和筹划、理性的劳动组织方式，理性化（rationalization）的、系统的、专门化的科学方法使得资产阶级聚敛财富的方式变得正当，对财富的追逐、对权力的向往是资产阶级区别于清教徒的重要特征。随之而来的现代技术分工的明晰化将人抛向了日常生活，充满了商品的消费社会。在海德格尔看来，主体人在与世界物化、与技术齐一化的过程中，与世界分离，人成了"非本真"的"常人"[①]，庸碌无为成了现代"常人"的病症。实践派的米拉丁·日沃基齐认为这种现代人的双重性分裂源于思想、意识和现实生活的分裂，这种分裂的文化表征就是极权主义和享乐主义文化。两者都对人具有压抑性。

极权主义文化体现在人的不平等与人对人的统治方面，其限制和压抑性在文化价值上表现为对人的行为和活动自由的限制、对个体自主积极性的剥夺，它通过特定的社会机构、大众传媒进行宣传和运作，企图控制和导向个人行为，平衡和调节个人利益冲突，使个人成为社会功能化产物，以其达到其文

---

① 〔德〕海德格尔：《存在与时间》，三联书店，1999年版，第127页。

化统治,由此带来的是无个性个体的大量产生,个人生活在空泛的社会生活之中,刻板、自私因为极权文化的调和而被掩饰起来,却没有被超越,个体对于日常生活的感知变得迟钝而麻木,因此,实践派认为在私人空间和公共领域中,个体是被驯化的存在,而不是人化的存在。从个人层面来讲,个人自私利己的行为只不过是被极权压制,但并没有被解决,而极权文化的产生完全打破了一种状态,即感性和理性、美德和幸福之间的和谐状态。在一种混乱不堪的状态中,人为了突显个人局部利益而牺牲其余方面,他不断和周围的人产生冲突,不断在寻求自我需要、自我利益时受到挫折,更谈不上人的自我实现。

另外,极权主义文化更是不惜动用思想的控制功能,通过对权力、信息媒介的垄断试图控制人的肉体和灵魂,新的思想和意识形态被严格控制而成为一种无意识状态,个体只能听命于他人,个体被打上了刻板、规范的深深烙印。极权主义文化表面上以促进现有秩序更好发展的思想,其实质阻碍了个体思想的发展。

享乐主义文化是作为极权主义文化的补充,后者的控制性、压抑性,通过前者进行转移,人的基本价值被转向了消费,个体对于新事物、新观点、新价值的需要和关注,还未产生便已然转移到了对商品的膜拜,通过感官的满足来弥补精神的缺失,在无忧无虑的消遣中,个体完成了自弃的过程。而反过来,享乐主义文化也是极权文化的具体体现,"通过消费的方式,通过风格,他与众不同,独树一帜。从炫耀到审慎(过分炫耀),从量的炫耀到高雅出众,从金钱到文化,他绝对地维系着特权。"[1]鲍德里亚认为在消费社会,当代人越来越多地对物占有而不是生产,通过对自身需求的满足来被动地表现他的持续主动性,否则他将被社会抛弃,在这一过程中,当代人没有了理性选择的意识。此外,在消费社会中金钱和享乐转换为权力、特权的趋势更加明显,人在向追求商品显示地位的过渡中,通过差异性符号的消费区分出社会特权,个体之间的等级差异变得明显。

---

[1] 〔法〕鲍德里亚:《消费社会》刘成富,全志钢译,南京大学出版社,2008年10月第3版,第34页。

上述两种文化现象充斥着南斯拉夫，无论是极权主义文化还是享乐主义文化都是现代技术催生的产物。鲍曼认为"现代"作为一个连续体，由于其两端不能固定下来而产生了一种不断协调的斗争，因此现代个体的命运在极权主义文化和享乐主义文化中摇摆不定，他们不能摆脱一种充满矛盾的状态，哲学家尚且不能在思想上解决生活中的这些矛盾，而文化必须要承担起这样的责任，毕竟它拥有哲学动力的标志。因此，人道主义文化需要被提倡，它颂扬人类普遍具有的文化形式，它坚持任何不同的民族文化。只有推崇人道主义文化观，才能重新审视现代人的生活状态和境遇，才能弥合现代社会的脆弱矛盾之间的裂痕。人道主义文化的目的就是要克服生活中的各种矛盾，实现个体的超越。

四、社会主义文化的再审视

社会主义的文化危机出现在斯大林主义控制下的文化领域。斯大林主义将个人与社会从属于至高无上的政治意志，所以在文化创作方面，政治意志与自由创作之间形成了对立，从而文化创作对政治意志屈服，形成非人道的社会主义文化。

要对斯大林时期的社会主义文化进行批判需要注意几点：一、斯大林主义是一种历史可能性，它不是必然的结果，换句话说，斯大林主义是个人意志对于社会整体意识的僭越，而作为历史创造者的个人应当对这一文化屈从现象负责。由于斯大林主义的文化是历史可能性的结果，因此打破个人集权的政治统治，死板的文化形态是可以在今后的社会主义文化中避免的。二、消除个人崇拜的余毒。对于斯大林主义文化的批判常常出现理论的软弱化，归根结底在于一些理论家对于个人崇拜所产生的危害不够重视。尽管表面上，斯大林主义实现了社会生活的政治化和国家化，但实质上，它并不是实践的一种结果，而更像是政治异化的结果，在文化创造中的体现是：文化屈从于唯意识形态，这种文化屈从的背后是个性对于政治意识形态的服从。三、要摆脱生产技术对于文化领域的奴役。斯大林主义通过工业化来掩盖社会问题，并以此为政治权势的工具。正统的知识分子已经开始转向，他们开始从文化核心领域转向倚重精密计算的科学领域和生产领域，并且成了"立法者"，形成文化领域的空白，即便是坚守文化领域的知识分子也渐渐被技术性知识分子所湮灭。在社会构型中，技术知识分子同官僚机构合作稳固了其地位。通过权势和立法机构来管理国家已经令秩序变得易碎。苏佩克将这种易碎的原因归结为革命行动的衰退，更深层地讲是由于革命行动的衰退，导致文化中乌托邦成分所起作用的削弱，人的自发性下降，使得人与人之间的关系变得破碎，集体的利益已经不再受到重视。"牢固的社会结构开始变得易碎：之前动态的和活跃的事物开始转变为静态和僵化的事物。人际关系转变为权力关系，革命先锋队员也变成了独裁者。"①

所以，只有对斯大林主义的社会主义文化的批判，才有助于形成社会主义新文化：一种表现人道主义的文化，体现具有多种人类发展可能性的新文化，描绘对自由的追求和探索的文化，唯有此才能重构人的社会价值和个性化特征。

实践派将马克思主义哲学，尤其是实践辩证法和政治经济学整合到文化、艺术、美学的批判之中，将实践辩证法作为其批判理论构建的基石，在此基础上关注人的主体自由意识和意志、创造性潜能，形成以人为主体的实践、革命理论和新人道主义美学理论。而从政治经济学的角度出发，对于社会主义国家所存在的技术异化和政治异化进行了强有力的批判，为社会主义国家的文化改革提供了丰富的理论支撑。

首先，实践派认为人是实践的存在。实践是涉及理想的目的性活动，具有审美性。实践派将实践辩证法作为方法论预设，挖掘人在实践活动中的主体性作用和创造性作用，强调实践在人类活动中的重要性，并将人看作是实践的存在，这也是整个实践派运用实践观点评判艺术活动的基础。这里的实践已经不是简单的对世界的劳动改造，而是具有美学特征和美学意义的实践。它是一个规范性的概念，是人类特有的一种理想活动，是涉及目的本身，

---

① Rudi Supek, "Utopia and Reality". *Open Society Archive*. 1971.

达成人的自我实现目的的活动。由于涉及人的创造性潜能和自我完善的目的，这一实践活动又具有合目的性的美学特征。不仅如此，在最能体现实践特征的艺术活动中，艺术家的实践又具有人道主义的美学特征，艺术家将生活中存在的人与人、人与世界的矛盾作为创作的主题，运用个人感受和个性打破非审美的现实，创造具有人道主义特征的作品。实践派认为只有那些体现出人道化过程的艺术作品才是伟大的作品。

其次，革命的理论追求人的自我实现、创造性潜能及自主意识。除了实践范畴之外，革命范畴也是马克思主义哲学中极为重要的范畴。不同于历史上的革命注重于客体的改造，实践派的革命理论更加关注的是主体的改造问题。实践派的革命理论主要围绕人的创造性潜能和自由自主管理两个问题展开。从创造性角度讲，每一种新的艺术形式都是对原有艺术形式的拒斥和反叛。在这里需要指出的是，实践派认为新的艺术形式并不是对旧有艺术形式的抛弃，而是在拒斥的基础上创造出更新、更高的形式，唯有如此才能称得上是艺术的革命，也才符合革命的规定性。如果说人的创造性潜能的发现是革命关于个人的问题，那么自由自主问题则已经转向了群体。实践派认为只有人类集体创造性得到鲜明的体现才是革命，它应该体现最高的人性。结合南斯拉夫自治可以看到，实践派的八位主将极力主张人的自治管理，借助于革命行动，依靠群体的自由意识来进行自治管理才具有可能性。实质上，革命在达成自治管理过程中起到了催化剂的作用，革命越强烈，集体的凝聚力和集体感越强，非人道的力量就会被削弱。实行自治是基于南斯拉夫当时的环境，一方面削弱机构、立法等对人的控制，另一方面人自身要对自己和他人负责。自治的思考是基于现实基础上的乌托邦理想体现，实践派想要在革命的催化剂下，完成乌托邦向现实的转换、权利关系向人际关系的转换，利用人的自主意识来进行管理。

再次，实践派的文化理论具有实践特性，调节并参与人道化过程。将实践所具有的超越性融入文化中，在格鲁波维奇和苏佩克的理论中体现得十分明显。格鲁波维奇批判了仅仅从现实角度对文化定义的做法，他更注重文化中的乌托邦成分，因为乌托邦的构想具有超越性，是连接现实和理想的桥梁。苏佩克也看到了文化中的乌托邦成分的重要性，并认为现实和乌托邦两者紧密相连，缺一不可，尤其是革命时期这种关系更加明显。乌托邦作为现实的参照和评判，它可以在革命时期完成向现实的转变。除此之外，苏佩克还认为人道主义从乌托邦中获得了美德和理想。

最后，实践派建立了批判性的文化理论。苏佩克曾经在科尔丘拉夏令学园开营仪式上对逝去的卢卡奇和戈德曼进行了极高的评价，认为二人在社会主义问题上的批判性思维令人崇敬。与两人一样，实践派成员大多具有较强的批判精神。在关注社会主义未来图景，以及社会主义问题时都能保持理性和批判性。实践派对于割裂实践活动和文化概念的文化定义行为，以及社会主义国家中存在的极权文化和享乐文化进行了彻底地批判，如今我国正在寻求发展和改革，尊重人民首创精神，尊重实践，尊重创新，"两会"提出的改革蓝图已经开启。如何发挥艺术家、理论家的创造性潜能，尊重人民好的意见和建议，避免文化建设、发展过程中的僵化和死板现象，通过对实践派理论的分析，或许会对我国的社会主义文化理论建设提供一些借鉴和启示。

第二章 匈牙利布达佩斯学派的新马克思主义美学

布达佩斯学派是围绕卢卡奇而形成的匈牙利新马克思主义流派，在 20 世纪 50 年代开始登上学术舞台，至今仍然活跃在思想界，影响深远。阿格妮丝·赫勒（Agnes Heller）是布达佩斯学派的主要成员，她集哲学家、伦理学家、政治哲学家、社会哲学家于一身，也是东欧新马克思主义的重要代表人物之一。东欧新马克思主义者特别关注人的问题，赫勒也不例外，她本着这样的角度来考察现代性和审美现代性。本书从赫勒的美学转向为出发点：初期她主要经由本能、情感、需要、道德、人格、历史等六个方面的钻研而创立"社会人类学"，提出并创立了"以第二本性"为核心的本能论、人类需要论、日常生活革命论等等；后来她转向了政治哲学，对于现代性和后现代性、后现代的政治状况等做了广泛的探讨。本书通过对她新世纪的三本著作《时间是断裂的》[①]、《永恒的喜剧》[②]、《美学与现代性》[③]进行细读，从而提出喜剧文化政治学的概念，分析艺术、文学和日常生活中的喜剧现象。此外，赫勒在著作中表明了对宏大叙事哲学的不满，她把自己对历史哲学的理解与她对现代性的反思结合在一起，提出了一种碎片化的历史哲学，从而对现代性的诸多问题进行了分析和批评，通过这种批判来反思现代社会中人类面临的困

[①] Agnes Heller. *The Time Is Out of Joint*. Rowman & Littlefield Publishers, Inc., 2002.
[②] Agnes Heller. *The Immortal Comedy*: Rowman & Littlefield Publishers, Inc., 2005.
[③] Agnes Heller, John Rundell. *Anesthetics and Modernity: Essays*. Lexington Books. 2011.

第二章　匈牙利布达佩斯学派的新马克思主义美学

境。达到她以及整个东欧新马克思主义对人的关注这一理念。具体来说，这一选题具有以下意义：

第一，现代性和后现代性是整个文艺学领域关注的重要问题，从文化和美学角度讨论政治，是马克思主义文学批评的新发展，注入了新的血液。

第二，赫勒历史哲学的变化，把喜剧纳入现代性和哲学中来考察，丰富了喜剧的理论意义，也是解决人的存在困境和价值的一种方法；这对长期以来以悲剧探讨哲学的理论是一个补充。

国外学界，美学理论研究界涉及赫勒理论思想的研究专著与论文开始于20世纪90年代。此中比较有代表性的研究专著是：约翰·伯恩海姆编辑出版的（*The Social Philosophy of Agnes Heller*/Bumheim, John. ed., 1994），该著作中对赫勒关于日常生活的理论、哲学政治学、现代性理论、道德哲学等问题都进行了深入的研究；西蒙·托米的（*Agnes Heller: Socialism, Autonomy and the Postmodern*/Simon Tormey, 2001）；约翰·格鲁姆雷的（*Agnes Heller: A Moralist in the Vortex of History*/John Grumley, 2005）；米采尔·E.加蒂纳（*Critiques of Everyday Life*/Michael E. Gardiner, 2000）等等著作都对赫勒的日常生活理论进行了具体的研究和梳理，对于赫勒日常生活理论进行了非常有价值的总结；其中涉及到赫勒出版和发表的相关著作也开始逐渐增多，其中有代表性的著作有：*A Theory of History*（1982）；*James Wickham. Radical Philosophy*（1984）；*General Ethics*（1989）；*Can Modernity Survive?*（1990）；*An Ethics of Personality*（1996）；有代表性的论文有：*Marx and the liberation of Human Kind*（1982）；*The Beauty of Friendship*（1998）；*Unknown Masterpiece*（1989）；*The Complexity of Justice*（1996）；*A Tentative Answer to the Guestion-Has Civil Society Cultural Memory?*（2001）；*Five Approaches to the Phenomenon of Shame*（2003）。这些著作和文献都是赫勒90年代及其末期最具代表性的作品，这些作品为后续国外学者进行赫勒思想理论体系的研究都奠定了好的基础，后期关于赫勒研究的代表性作品还有：Manue Bastias Urra 的博士论文《从沉默到行动：阿格妮丝·赫勒的政治理论》（1990），

Reiner Ruffing 的博士论文《阿格妮丝·赫勒：多元化与道德》(1992)，Robert J. Imre 以及 Anthony Kammas *Reconciling Radical Philosophy and Democratic Politics: The Work of Agnes Heller and the Budapest School* (2007)；Roberts, David 的 *Between Home and World: Agnes Heller's the Concept of the Beautiful*(1999)；Marios Constantinou 的 *Agnes Heller's Ecce Homo: A Neomodern Vision of Moral Anthropology*(1999)；John Grumley 的 *Heller's Paradoxical Cultural Modernity*(2001)；Csaba Polony 的 *The Essence is Good but All the Appearance is Evil*(1997)等多篇论文。

综上来看，西方的美学研究界的学者应用了多种学科和研究方法对赫勒的美学理论思想进行了研究和分析。此中也提出了一些颇有价值的结论。这些学者基于赫勒美学理论的研究是在西方社会宏观背景下进行的。较为侧重以社会学视角以及个体日常生活自律性方面对赫勒的现代性理论以及审美现代性美学思想进行展开。对于我们研究赫勒美学理论及其思想奠定了很好的基础，但现实中，国外基于审美维度进行深入研究赫勒理论思想的相关研究寥寥无几，一些学者逐渐认识到了赫勒美学理论在研究现代性理论总体思想中的必要性。如同西蒙·托米曾所言[①]：不了解赫勒的美学思想及其观点，我们将很难从历史基础上探析赫勒政治学和社会学理论思想的真谛。

国内研究现状：

我国学者对于赫勒学术思想的研究与西方学者的研究属于同步进行，我国最早基于赫勒美学理论体系的研究由衣俊卿教授率先展开。1990年，衣俊卿教授翻译并出版了赫勒著作《日常生活》。衣俊卿教授的《人的需要及其革命——布达佩斯学派"人类需要论"述评》等著作，将赫勒著作中关于日常生活批判和后现代人文主义思想紧密地联系起来，试图通过对赫勒美学思想的总体把握去总结赫勒思想的理性特征；后来我国学者对赫勒关于日常生活、政治学、社会学方面的研究逐渐开始增多，尤其是政治学和日常生活理

---

① Simon Tormey, Agnes Heller. *Socialism, autonomy and the Postmodern*. 2001.

第二章 匈牙利布达佩斯学派的新马克思主义美学

论方面的研究,直到傅其林教授的专著《阿格妮丝·赫勒审美现代性思想研究》出版后,以傅其林教授为代表的国内学者逐渐将对赫勒思想研究的重点转移到对赫勒美学理论思想的研究上。傅其林教授后来陆续发表了很多基于赫勒美学理论思想的研究著作。傅其林教授的作品基于赫勒围绕现代性美学的视角对其赫勒美学思想进行了重点研究,多方面的对赫勒美学与现代性关系进行分析,并进一步梳理赫勒对于美学现代性特征、矛盾以及危机的意识。为学者开展后续理论研究工作奠定了很好的基础。傅其林教授的其他代表性作品还有:《美学与政治意识形态》(2002)在该文献中傅其林教授基于伊格尔顿的美学理论和政治学进行了深入的探究和分析,将伊格尔顿美学与政治学的关系及其意识形态进行了梳理;《论布达佩斯学派的重构美学思想》(2004)中对赫勒基于老师卢卡奇的美学理论基础上如何对现代性美学体系进行分析,从而建构了具有赫勒特征的现代性美学体系;《论布达佩斯学派对艺术制度理论的批判》(2005)以及《阿格妮丝·赫勒的美学现代性思想》(2007)中重点对赫勒基于文艺复兴时期对于莎士比亚喜剧作品的研究进行深入的探究,这个时期也是作为赫勒美学体系形成的关键时期,为此,赫勒在研究艺术相关体系中投入了大量的精力;《赫勒论市场体制对文化传播的影响》(2007)以及《对后现代艺术的反思》(2007)再到《艺术概念的重构及其对后现代艺术现象的阐释——阿格妮丝·赫勒的后马克思主义美学思想》(2008),这些著作都从这个关键时期探讨了赫勒美学理论形成和促成观点关键过程进行了必要的研究,其代表论文《普遍性和差异性视野中的美学与人类学》(2008)以及后来的《论布达佩斯学派对黑格尔历史哲学的美学批判》(2011)都对赫勒关于艺术理论的研究进行了必要的梳理,这些研究最大的核心价值在于对赫勒《永恒的喜剧》进行了必要的解析,从而让我们更加清晰地了解赫勒美学理论形成的一些成因;另外,国内学者的一些其他文献也为本书工作提供了很好的素材,其中包括:《论东欧新马克思主义的实践存在论美学》(2013),阿格妮丝·赫勒:《布达佩斯学派美学——阿格妮丝·赫勒访谈录》(东方丛刊 2007.4)等梳理和阐释了赫勒的美学思想;李晓晴,《阿格妮丝·赫勒的激进需要理论探析》(2013);王海洋、陈喜贵《重建多元性的统一：在宏大叙事和极端相对主义之间——〈后现代政治状况〉解读》(2012);范为《赫勒的历史意识理论评析》(《求是学刊》,2012);李央《阿格妮丝·赫勒"交往"理念概述》(《北方文学[中旬刊]》,2012);何宝峰《好人存在,好人何以可能——阿格妮丝·赫勒论道德哲学的基本问题》(2012);蒋成贵《日常生活的界定——读阿格妮丝·赫勒的〈日常生活〉》(2012);方云《赫勒日常生活革命理论及其启示》(2012);王秀敏、张国启《阿格妮丝·赫勒的道德理论诉求》(2009)、《现代社会的个性道德探寻——阿格妮丝·赫勒道德理论研究》(2010)、《阿格妮丝·赫勒的生存选择理论及当代意义》(2011);赵司空《社会主义与后现代的乌托邦——论阿格妮丝·赫勒的后马克思主义》、《论阿格妮丝·赫勒后马克思主义的内在逻辑》(2010);朱周斌《赫勒的日常生活基本观及其启示》(2011);李霞《个性化的日常生活如何可能——赫勒日常生活理论研究》2010;王静《作为文化批判的审美——赫勒美学思想研究》(2011);李响《赫勒日常生活批判理论研究》(2012);李央《阿格妮丝·赫勒的交往理论研究》(2013)。

从国内学者当前的研究状况来看,对赫勒美学理论研究的著作有傅其林教授的专著《阿格妮丝·赫勒审美现代性思想研究》以及他的多篇关于赫勒关于审美现代性、道德美学以及布达佩斯学派美学现代性理论思想的论文。傅其林教授的作品大都基于赫勒围绕现代性美学的视角对赫勒美学思想进行研究,重点对赫勒美学与现代性关系进行分析,并进一步梳理赫勒对于美学现代性特征、矛盾以及危机的意识。探寻赫勒对于美学研究过程中出现困境时,建构的思路提出了一些较为有价值的观点。基于傅其林教授对赫勒美学理论的梳理和阐释对进一步研究赫勒美学思想的深入性都提供了积极的参考依据和启迪作用。赫勒作为东欧新马克思主义的主要代表人物,不仅受到文艺学领域专家的关注,也受到马克思主义研究者的关注,尤其是后期赫勒思想的转变,给合相关美学理论和学界研究者带来了新的视野,赫勒不断地从老师卢卡奇的理论中挖掘新的东西。虽然研究阿格妮丝·赫勒的著作不少,

第二章 匈牙利布达佩斯学派的新马克思主义美学

但是从新世纪的理论著作,还完全没有译本的情况下分析她最新思想的相关论文比较少,但是也成为关注东欧新马克思主义的一个新的趋势。而她的历史哲学和美学转向,却成为研究中的重心。

本书主要以赫勒新世纪以来的三部著作《时间是断裂的》、《永恒的喜剧》、《美学与现代性》为研究对象,对她的美学转向问题进行了探讨:早期她主要通过本能、情感、需要、道德、人格、历史等六个方面的研究而创立"社会人类学",以第二本性为核心的本能论、人类需要论、日常生活革命论等等理论;随后她转向了政治哲学方向,并且对不同时期的政治状况做出了深刻的探讨和研究。首先,梳理赫勒的美学转向,她关注现代性美学与文化政治问题;其次,着重阐述莎士比亚文学中的喜剧现象,以及他对喜剧现象的批判,借以表明赫勒的政治哲学;最后,赫勒把喜剧的美学思考上升到对艺术观念的理解;关注喜剧与公共领域、喜剧与自由解放、喜剧与社会体制等文化政治学问题;把喜剧现象纳入现代性视野加以考察,挖掘喜剧美学的历史性特征。

第一节 赫勒新世纪的美学转向

一、赫勒的生平、作品及思想简介

阿格妮丝·赫勒(Agnes Heller)作为一位著名的马克思主义思想家,出生于匈牙利的著名城市布达佩斯,最初她的立场是自由和民主,到了后期她的职业生涯扩展到了政治和社会思想,以及黑格尔哲学,伦理学和生存主义的研究。阿格妮丝·赫勒的家庭背景对他后期的研究具有很大的影响,她成长于一个中产阶级的犹太家庭,她的父亲鲍尔·赫勒并没有一份稳定的工作,在二战期间他利用自己所学的法律知识以及在德国所受到的培训,帮助欧洲人民成功地逃脱了纳粹的控制。但是在1944年阿格妮丝的父亲不幸被捕,并且在战争结束前死在那里。幸运的是,阿格妮丝和他的母亲依靠自己的聪明才智逃过了这一追捕。这些生活经历都在阿格妮丝的心理上投射了很大的阴影，她最常问的问题就是这一切为什么会发生？我应该怎样去理解这件事呢？而且这一次的大屠杀事件，使得阿格妮丝对于集权政治留下了非常深刻的印象。到了1947年，阿格妮丝开始了对于物理和化学的学习，并且在同一时期她受到男友的影响，对马克思主义哲学产生了浓厚的兴趣，在最初阶段虽然赫勒还不能完全理解那些哲学理论的意义，但是通过以往的经历她马上受到了影响，并且对之产生了极大的兴趣和关注，当时阿格妮丝·赫勒还面对着犹太复国主义和马克思主义的抉择，但最终他选择了马克思主义也没有寻求移民以色列。

阿格妮丝·赫勒一生的著作颇多，具有代表性的著作也颇多：《卢卡奇再评价》、《马克思的需要理论》、《论本能》、《激进哲学》、《对需要的专政》、《超越正义》、《历史理论》、《日常生活》、《个性伦理学》、《现代性理论》、《羞愧的力量》、《审美哲学》、《重构美学》、《时间是断裂的》、《永恒的喜剧》、《美学与现代性》、《美的概念》等。通过上述这些具有代表性的论著我们可以看出：阿格妮丝·赫勒论著范围非常的广泛，她曾把自己所涉猎研究的多个方面，统称为社会人类学，这六方面分别为：本能、情感、道德、人格、需要和历史。

阿格妮丝·赫勒的研究著作极其精彩，她一方面致力于以人的存在和本质为基础进行了大量的研究和探讨，通过审美维度来思考如何实现人类思想自由和人类解放；同时，赫勒对现存世界进行了有力的批判，对人类存在的困境也进行了积极的反抗；而另一方面，赫勒始终关注社会主义民主体制的构建以及基于个体的权利和价值目标等，赫勒在人类思想自由和解放的方面倾注了大量精力进行学术探究，赫勒对于当代资本主义、后现代主义以及现存的社会主义体制和文化批判以及对未来的美好社会都做出了积极的构想。

赫勒的文化批判理论与她的审美观是紧紧联系在一起的，作为卢卡奇的学生，受到了老师非常大的影响，赫勒最喜欢的一本哲学书籍《判断力批判》就是当时为卢卡奇所翻译的。除了翻译这一哲学书籍外，赫勒编辑和出版了

第二章 匈牙利布达佩斯学派的新马克思主义美学

大量的布达佩斯学派的关于美学的著作,如:《卢卡奇在评价》、《重构美学》等等,赫勒基于美学理论的研究视角是独特的,她发表了很多关于美学的论文,其中很多都以老师卢卡奇的著作为基础。此外,她对于审美理论的研究以及现代性美学思想与哲学体系的研究投入了大量的精力,给予了很多的关注。

二、现代性美学与文化政治问题

关于现代性问题,很多学者都讨论过。赫勒对现代性的思考建立在前人诸如黑格尔、马克思、韦伯、海德格尔等思想家的理论基础上,并有所超越。她关于现代性三种逻辑及想象制度的阐释和分析受到海德格尔"座架"观念以及黑格尔"绝对精神"的影响。赫勒试图通过对前人思想的继承与超越,对现代性问题进行全新的理解与思考,她对于现代性理论与审美现代性美学的思想,成为了人们面临现代性美学精神危机时掀起的一股新的研究学潮!当前,无论是国内还是国外的美学研究者,都必须面临的一个问题就是:现代社会与现代精神是否已经完全耗尽,现代审美文化是否已经宣告终结?基于上述问题,我们研究和思考审美文化以及现代性美学要从根本上进行探究,才有可能深刻影响到现代人生存的可能性,因此不论答案是肯定还是否定。首先,我们都应该冷静地对审美文化以及现代性理论本身所折射出来的价值进行思考、探索和分析,从而客观、切实地领会和理解这些理论的形成、特征以及矛盾关系。要推倒一个理论就要应用能够确定它的病症的另一个理论,从根本上解决这个问题,而不能仅仅停留在充满激情的辩论上。只有这样才能对现代性与审美现代性存活的可能性做出对客观的判断。而阿格妮丝·赫勒堪称这一方面的最杰出代表。赫勒通过不同时期不同方面的研究,得出结论认为现代性并没有终结,还具有充分的潜能,她这一重构现代性与美学的思想也成为她理论思想中的一个显著的特色。

(一)现代性美学以自由为基础

现代世界以自由为基础,自由是现代世界的核心。现代性建立在自由中。在赫勒看来,讨论现代性本质,离不开现代性动力和现代性社会格局两种成分的区分。现代性动力早在现代社会格局出现之前就已出现。它质疑传统，动摇传统和信念是现代性动力的主要特征，具有破坏性。但同时它也有利于促进现代社会格局的产生，又具有建设性。其自身又有局限性。现代性动力让经受传统考验的信仰观念合法化。现代世界，一种新制度建立，公民必然质疑其正义性，但一种制度的改变却是持久的，对正义的捍卫与质疑，是自由资本主义社会值得赞扬的优势。没有现代性动力，现代社会格局就无法建立。一旦现代社会格局建立，它便会无限扩张。在现代社会格局中，自由是基础。但这种自由是相对的，有限度的。自由的矛盾不能解决。现代世界，国家制度的建立离不开公民自由权利的尊重。在现代民主制度进程中，在现代人所拥有的自由中，民主调动了公民参与政治事务的自由。民主的自由代表了大多数人的自由。一旦民主表现出极权主义的趋势，公民的自由便会受到威胁。所以现代政治制度的改革与发展都必须确保公民的自由权利，从而也是保证民主制度不会受到破坏。民主同时保证公民自由，民主与自由相互支持的同时也会发生冲突。但终究是要保证现代人的权利，自由主义的原则保护个人免受政治专制，保护少数人免受多数人的专制。自由主义的主要价值是自由，现代自由主义民主制度是自由主义与民主的结合。"现代性的生存的最佳条件是自由主义的方面与制度同民主的方面与制度之间的平衡的暂时恢复，这种暂时的平衡出现在并贯穿于现代性的动力中。"[①]

　　阿格妮丝·赫勒潜心倾注了五十余年精力的研究，向世人展示了具有赫勒特征符号的审美文化和审美现代性理论的谱系学，并最终通过不懈的努力建构了有独特视角的审美文化以及现代性理论体系，在赫勒的理论体系中涵盖了政治学、哲学、美学等多种体系。这些理论不仅形成了阿格妮丝·赫勒的独特思想，也代表着布达佩斯学派鼎盛时期主要的美学思想之一。赫勒美学理论体系是马克思主义美学在后现代主义理论发展中的一种继承和弘扬。

---

① 〔匈〕阿格尼丝·赫勒:《现代性理论》,李瑞华译,商务印书馆,2005年版,第158页。

第二章　匈牙利布达佩斯学派的新马克思主义美学

（二）文化政治学中的现代性阐释

对于阿格妮丝·赫勒来说现代美学起源于文艺复兴时期，而该时期审美文化现代性理论的形成，多源自赫勒对政治学的梳理，特别是对政治学自律领域的研究，其中个体发展和自由民主的研究使得赫勒现代性理论雏形逐渐形成。

每一个现代国家从其宪法中获得合法性。每一个现代国家从作为政治权威的最高来源的宪法中获得合法性，但宪法必须考虑历史传统，它是从历史传统中获得合法性的。历史想象既作为传统又作为意识形态出现，没有历史想象，就没有现代性。现代性的建立，现代社会制度的建立，都应归入历史想象中；每一个国家的宪法植根于特定的历史文化传统。国家政治制度是现代性的产物，赫勒认为，政治制度不能出口，出口的只是适用于所有民主政权的技术[①]，比如：投票选取。美国的制度只属于美国人民，国家政治制度从历史传统中获得合法性。一旦传统遭到破坏，国家制度就有走向极权主义的危险；比如：纳粹德国，斯大林阵营的统治；纳粹德国在第二次世界大战进行血腥的种族屠杀，这是人类进步坦途上的一次偏离，也是文明社会健康机体的一次癌变，但是为什么会出现这种极端行为？这是现代文明国家走向极权主义的现象。极权主义的出现运转以及它的意识形态最充分地表现出技术逻辑，而技术逻辑最显著的特征就是对文化和传统的淡漠。纳粹德国对犹太民族的大屠杀表现了极强的种族主义，种族主义对激起反现代主义情绪和焦虑起到了工具性的作用。纳粹德国在对犹太民族进行种族灭绝的过程中，破坏了文化传统，德国政治走向了极端专制和极权主义。为了避免极权主义危险带来的现代性危机，在国家政治体系中，发展现代自由民主制度就是非常必要的。

当艺术乐于被公民权利主动接受时，艺术同时也被赋予了一定的公民权利，艺术逐渐形成一个具有一定价值和德性的形式，此时的艺术作品就会导

[①] 〔匈〕阿格尼丝·赫勒：《现代性理论》，前引书，李瑞华译，商务印书馆，2005年版，第144页。

致接受者和艺术家之间的关系出现一些微妙的变化。为此，资产阶级开始意识到，把艺术家作为一个和他们平等的个体来看待是一个必然的趋势，并且他们只需给出任务的基本框架，艺术者自然会依据其经验或者想象力对作品进行完成。这里体现的民主思想最为显著。正是基于民主和自由的思想，艺术作品才能获得最大限度的发酵和灵感创作，最伟大的作品也才能有机会诞生。赫勒对现代性理论的这种专注是发人深省的，赫勒梳理出了现代性理论之所以存在的核心物质——自由精神和平等的民主政治。

休谟的观念被阿格妮丝·赫勒重新解释为：趣味的标准是被具有好的趣味的文化精英们不断构造的，而不是遵照艺术作品的客观标准一成不变，简言之就是说休谟的精英主义实际与自由民主是相冲突的，因为民主体现平等的基础理念，体现了超越政治的实质。为此，精英主义本身就是一个不平等社会中的产物，这种矛盾关系是显而易见的。自由民主是体现平等的最高信条，而在实质性的民主中每一个个体都应遵循平等的信条，其核心意思是指没有人比别人更好，也就是说没有人的趣味比别人更高级。举例来说，如果某人坚持自己的趣味比别人更好，那这个人就是典型的精英主义者，他就没有成为一个民主者的实质性的基础。为此，精英主义者的存在，催生了高雅艺术也界定了低级艺术，在一个民主的世界观体系中，如果每一个个体不存在这种概念和界限，我们每一个个体的判断就都是属于有价值的。为此，高雅艺术作为第一文化的属性逐渐崩溃，第一文化的概念也被瓦解。但赫勒的现代性理论思想中并没有完全推倒它，因为人人平等的实质性民主不光针对最广的人群，也同样属于少数人群，因为高雅艺术、第一文化、低级文化对于民主来说都是平等共生的，因此，阿格妮丝·赫勒并没有废除它，因为这与民主社会的思想是相悖的。

如果说每一种趣味都很重要，事实上就不会有最重要的趣味，因此，在赫勒的政治学阐释的平等之中，所谓的经营主义者也成为了实质性民主的一分子，尽管它们区分高雅和低俗艺术。其民主的实质性还表现于信赖这些有一定趣味标准界限的人，因为，人人平等才是实质性的民主平等。

（三）赫勒对康德政治美学的发展

康德的政治美学成为了阿格妮丝·赫勒的政治美学的另一个维度，在赫勒的政治美学中，赫勒引证了很多康德的政治美学观点，比如：康德对于研究政治学的方法；再如，赫勒强调康德基于非社会的社会性的批评的观点以及康德对于共通感的强调等等，赫勒与康德一致都将判断力归属于政治学的高度上，都是擅长将批判作为度量政治学的有效手段。在赫勒看来，民主、平等的表现模式，即个人做出选择和决定与作为政治团体成员做出的选择和决定之间的关系是相互独立的；该观点支撑下的人类在社会结构中都是唯一的，而这种模式才是体现直接民主的重要实质。赫勒的理论认为：以康德的理论来讨论的不是超验的主体而是共通感①，这应该是政治哲学层面的基础呈现。审美文化以及审美批判作为社会文化中重要的工具，不仅需要融合艺术带给接受者的感受，还要表现出与社会相对立的人类个体思想世界，要充分考虑人类对自由和自然想象的共生关系，在共生的体系中没有绝对的工具化②。康德美学内在展现出人类民主追求所发散出来的多元主义③，也就是说美学的多元主义是基于人类政治平等而实现或者架构起来的，如果有人说某样事物是美的，这一切判断实质上就是普遍的有效性，也就是说对于我来说是美的对于任何人来说也是美的。赫勒认为这就是真正的多元主义，也就是说一个人的观点代表了所有人的观点，如果一个人说这一次我是美的，那么多元主义就会要求他们相互尊重彼此的判断，避免自我主义。康德的午餐讨论会，以对称性互惠的多元主义形式在现代性中形成了文化话语，并且也是以判断力批判为典型的。因此阿格妮丝·赫勒的政治美学与社会、历史、道德等哲学体系紧密关联。赫勒依据这些才逐渐形成了现代性理论的基础价值范畴。如果没有民主自由也就难以形成现代性美学。赫勒极端地批判了产生

---

① 〔匈〕阿格妮丝·赫勒著，傅其林编译：《对后现代艺术的反思》，《四川大学学报（哲学社会科学版）》，2007年第5期，第5—11页。
② 傅其林、赵修翠：《艺术概念的重构及其对后现代艺术现象的阐释——阿格妮丝·赫勒的后马克思主义美学思想》，《现代哲学》，2008年第4期，第21—27页。
③ 傅其林：《普遍性和差异性视野中的美学与人类学》，《柳州师专学报》，2008年第23卷，第4期，第1—3页。

的极权主义美学。可以说阿格妮丝·赫勒美学中的多元主义是基于政治学基础而架构的,是依据批判理论和马克思主义思想观等要素构成的。

文艺复兴时期成为艺术科学和文化发展的重要时期。这个时期内艺术呈现出的动态特性成为主要的研究对象。其主要的观点有:佛罗伦萨的易变性以及威尼斯静态性之间区别的差异,从实质分析:前者是工业资本为主导的社会结构,而后者是以商业资本为主导的社会结构。佛罗伦萨观点代表者不断突破发展中的限制,工业资本存在不是保守的而是具有革命性的,赫勒则认为:人类通过对工业文化的理解展开了极具张力的艺术想象力,也基于多种艺术技能的同步发展使得艺术在现代性中的功能越来越强大。另外,赫勒在其现代性的理论中阐述了两种并存的想象制度:即历史想象和技术想象。历史想象将传统进行回顾和颠覆,使得科学性成为具有一定的支配特征的想象制度;而技术想象制度将具有一致性的思想和真理的理论推到了统治的地位上。技术想象是针对未来而侧重解决心理态度的,这种想象将事物和人以及自然的关系视为客体,尊重进化论,强化功利和效率。技术想象充分影响和带动了现代审美思想的发展,并且快速渗透到多种艺术形式中。在赫勒的著作及其观点中她应用现代阐释学解释了这种观点的同质性,赫勒认为:对于阐释实践而言,对于阐释对象的领域不断延展是基于一定意义上跟随技术的基本逻辑,人们在对古老现象进行解释的同时,更要对新的解释对象进行一定意义的探索。也就是说,某一种观点需要靠另一种观点来解释才是真正阐释实践并对理论进行推动和发展的根本,进而赫勒认为:单一的观点和理论总是会被耗尽的。

三、赫勒对喜剧理论的关注

（一）悲剧理论向喜剧理论的转向

赫勒认为:"哲学对喜剧总是保持着沉默。"[①]具体来讲哲学家经常是偶然地提及哲学,除了柏拉图、康德、克尔凯郭尔;悲剧过去却一直是哲学家

---

① Agnes Heller. *Immortal Comedy: The Comic Phenomenon in Art, Literature and Life.* Rowman & Littlefield Publishers, Inc., 2005. p. 203.

第二章 匈牙利布达佩斯学派的新马克思主义美学

最爱的选择,从亚里士多德到黑格尔再到海德格尔和卢卡奇,悲剧主人翁都是哲学真正的主人翁。喜剧现象在哲学领域中低于其他现象的标准这是为什么?赫勒做出了原初性解答,抽象的哲学关注的是最终的同质性,虽然异质性在世界中有其位置也值得被阐释,其只能充当整体的一个部分,最终屈从于同质的整体世界。众多周知,整体优于部分,而悲剧正是同质的类型,它就成为了整体,所以一直被哲学关注。傅其林教授在《喜剧的异质性存在及其哲学意义》一文中对此做了进一步的论述:悲剧一直以来在西方美学史中占据着重要的地位,悲剧既承担人类救赎的功能,同时也承载着宏大历史使命,并且悲剧在亚里士多德时期占据哲学阐述的核心。与此同时在亚里士多德时期的喜剧则是被边缘化的,直到布达佩斯学派才真正的赋予了喜剧崭新的哲学意义——也就是布达佩斯学派发言人赫勒,她于2005年出版专著《永恒的喜剧》一书,它的主要内容是以马克思主义的理论为基础,将高雅的喜剧艺术推向了哲学的中心地带,并同时揭示了喜剧的真正实质,从而得出结论"哲学已经从传统向后现代性转型"[①]。

虽然对于喜剧一词的概念没有给出明确的阐述,但是对于喜剧家族成员之间的特性还是有章可循的,喜剧在形式上分为剧场喜剧、长篇小说等,风格上又分为:荒诞喜剧、幽默喜剧、反讽喜剧等等,阿格妮丝·赫勒以不同时期的戏剧为研究对象,并且通过对不同形式和风格的喜剧作品分别进行审美经验的分析,再进行总结,最终形成了她的代表作《永恒的喜剧》。在其作品中详尽地阐释了各种喜剧的存在形式和风格演绎,如喜剧小说、舞台剧等不同的异质性以及喜剧不同形式展现出来的独特审美文化,赫勒对喜剧艺术的哲学研究撞击了喜剧长久以来不可界定的实质。

赫勒对于喜剧的探讨开始于高雅的喜剧这一类型,也就是我们传统意义上所说的舞台喜剧,在赫勒的观念里喜剧与悲剧诞生的前提都是出现于时间的断裂以及文化价值失衡的危机时代,这是它们的共同性;不同点在于悲剧

---

① 傅其林:《喜剧的异质性存在及其哲学意义》,《文艺争鸣》,2011年第17期。

经验是死亡和崇高感，其悲剧作品具有相对的独立性和不重复结构。而喜剧作品均完全来源于日常生活，喜剧作品展现的却是人类的有限性和脆弱性的特点，但喜剧由于频繁的借助生活中的人物原型，因此也会呈现出较为相似的结构特征。

（二）赫勒对喜剧戏剧作品的阐释

赫勒在对众多喜剧大师的作品进行了分析和梳理后认为，喜剧作品中的各种形式的表演，如机智展示、小丑表演、滑稽模仿、欺骗伎俩这些喜剧的结构性元素，它们有一个共同特征就是原初性以及组合构成的复杂性。

喜剧情节最基本的结构是错误母题，为了承担揭露主题、复杂化情节、提供娱乐等不同的功能，会通过阴谋诡计法、失而复得法等技巧来制造一些误会，从而彰显喜剧的诗性效果。喜剧人物的塑造与诗性结构等因素密不可分，当戏剧主人公的身份处于危机或者不稳定的状态时就会进行自我错误的辨认理解甚至是改变常态。这种特征在众多的艺术作品中都可以看到，以莎士比亚的喜剧作品为例，几乎所有的喜剧作品中的女性角色都通过男性来扮演[①]。而在悲剧作品中，尽管主人公同样也会处于各种危机中，但悲剧的处理却和喜剧人物处理有所不同。借用喜剧诗人的话：喜剧总能为观众和演员进行指引，因而我们始终知道存在可以走出迷宫的路"[②]，因此，即使有身份危机，也可以立即解决，喜剧作品中的人物也将得以进行重新塑造身份。在莎士比亚的喜剧作品中，最终主人公都会出现对身份的辨认场景同时结果也必然都是大圆满。这种处理不仅仅是喜剧作品愿望的达成，也是对日常生活的感性秩序的肯定。就像莎士比亚喜剧作品中所描述的那样，主人公终将回归到一个合理的现实世界中。

（三）喜剧长篇小说的依据——当代历史小说

喜剧长篇小说是否能成功关键是要依据原型的小说性以及小说作品的戏

[①] 傅其林：《论布达佩斯学派对黑格尔历史哲学的美学批判》，《汉语言文学研究》，2011年第2卷第1期，第62—63页。
[②] 傅其林：《美学与政治意识形态》，《文艺理论与批评》，2002年第5期，第49—50页。

第二章 匈牙利布达佩斯学派的新马克思主义美学

剧性结构。这里的小说不同于传统历史小说或者资产阶级的小说,而是具备有历史性以及接受效果差异性的小说,即当代历史小说。赫勒在卢卡奇《历史小说》一书基础上,针对历史小说结构特征的描写的转述,指出两者在结构特征上有一致性外,还出现了新的特征。一致性在于"在冲突中的有代表的两个或者多个主要历史力量中,历史小说的中心主角站在'中间'立场"[①]。中间的立场,是这些人经历在不失去他们自己的情况下,接触到时代和社会的一切巨大问题,并与它们有机结合,用一种较为全面而又理性的目光看待这些时代与历史的变化。针对"必要的不合潮流的人或物",传统历史小说中的人物是无意识的,他并不会觉察到自己与时代、社会的隔阂;而当代历史小说的人物对自己的不合潮流是有清醒的认识的,痛苦与挣扎才显得更无奈(举例喜剧作品中这样的人物)。"对所谓人民的描述,也就是,地位低的、卑贱的、边缘的阶层或阶级"[②],传统的阶层或阶级是理想化的,而当代历史小说没有了感情色彩或浪漫精神,因为它所在的当代社会层次结构并没有道德的区别,这一点也是我们经常在喜剧中遇到的。

此外,赫勒认为:"喜剧长篇小说的突出特征是持续指向当代社会所发生的事件或者直接影射当代真实发生的政治事件"[③]。这一特征就决定了,它一定不会具备历史性或者准历史性。这种历史性是传统的历史小说所具有的,当代历史小说与传统历史小说相比,表现出许多新的特征,例如赫勒所描述的对所谓世界——历史的个人的极度怀疑、对人类的不同想象、叙事的不可信等等。赫勒反复强调她并不是从审美的,而是自己的阅读经验进行分析的,但是我们仍然可以看到,当代历史小说的新的特征与当代社会审美经验的变化有其内在的一致性。当代历史小说带有强烈的时代性,与当代审美经验相联系。当代历史小说家,采用过去的碎片化的片段事件,依靠趣闻轶

---

① Agnes Heller, John Rundell. *Anesthetics and Modernity: Essays*. Lexington Books, 2011. p. 95.
② 同上书。
③ Agnes Heller. *Immortal Comedy: The Comic Phenomenon in Art, Literature and Life*. Rowman & Littlefield Publishers, Inc., 2005. p. 73.

事解释事实上只是遐想的事件,其主要手段是把幻想的推理作为事件本身的因果关系,带有非常鲜明的现代主义风格。从本质上讲,历史小说作为小说的一种特殊的类型,也是人类体验、理解、阐释世界的一种方式,是某一时代的作家们的特定的审美心理、文化结构和体验方式在文学创作中的体现。在当代社会中,审美经验是碎片化、边缘化、感官化与体验式的。这样,审美就有很大的不确定性和由此带来的意义的多元性等。这种审美经验特征与当代历史小说的特征是非常一致的。同时,赫勒指出当代历史小说并不涉及整个过去的范围,而主要关注两个历史时期:首先是从罗马共和政体建立到最后崩溃的历史时期,然后是从中世纪到启蒙运动期间,关于当代社会产生时期。并列举了大量小说来证明,当代历史小说在时间上和地点上的相似与集中。也向我们透露了当代历史小说在时间和地点上集中的原因,概括起来主要为:①这一时期内政治比较动荡,社会比较混乱。②这一时期某一事物或学科得到了发展的契机。③这一时期促进了人们思想的进步,即使他们是无意识的。从这些原因我们可以看出它提供了写作的切入点、素材,还有充分的历史想象空间,进行合理的虚构,它使历史小说书写的视角更具包容性。

相反资产阶级小说充满的是时代精神,对内心世界的冒险以及对社会及历史的关注,上述因素都会导致人物和外在世界之间的变化,并且进一步营造出风格和内容,进而会形成鲜明的艺术特征。另外,喜剧长篇小说与现实主义小说,在接受效果方面也存在着较为明显的差别,由于现实主义小说接受者虽然存在一定的差异性,但其主体接受的人的感受却是相同的。而作为同一部喜剧长片小说而言,对于天真读者以及老练的读者来说,所透视出的意义有可能是截然不同的。因此,赫勒进一步对喜剧长篇小说进行了剖析,将受众接受过程中产生的不同接受效果进行深度解析,通过对这一问题进行深刻的剖析,得出的结论是:喜剧作品的喜剧性关键在于其作品的结构性。赫勒对喜剧长篇小说的探究还表现在对喜剧小说手法反讽的探究,喜剧作品中自我反讽特征是显而易见的。也就是说作者以作品第一次宣告了"作者之死",而带来的诸多的不确定结论或者悖论,那这样的作品就没有可以直接实现真理的依据和温床,这样的作品就不具备直接的喜剧性效果。综上,在喜剧长篇小说中,最有效的解决办法,就是所谓的不可能。其主要的表现形式,就是我们经常看到的悖论,如果将喜剧长篇小说作品与传统的长篇小说进行比较,喜剧长篇小说不具备内在逻辑发展的结构性,它是随性延展出的一些趣事或者玩笑等等。通常以论辩式或游戏性为基本的基调,来呈现反讽或幽默的喜剧效果。

四、"存在喜剧"的阐释

赫勒在著作中通过自己的阅读经验命名了"存在喜剧"。因为存在喜剧形式的核心特征是荒诞,又被称为荒诞喜剧,这是把世界一切视为喜剧的现象,包含着小说、戏剧等不同的文学艺术样式。赫勒首先分析的是存在喜剧的普遍性特征,在于玩笑的对比中又突出其情感性特征。尤其通过反讽和幽默来考量其内在的结构属性,这不是调节性反讽和幽默,而是构成性反讽和幽默。并且,她还分析了存在喜剧的起源问题,通过克尔凯郭尔对反讽概念的分析,进入了古希腊苏格拉底的存在主义喜剧式生存,再反观浪漫主义者的反讽概念的存在喜剧意义,这主要体现在施莱格尔的反讽理解中。为此,存在喜剧有其自身独特的优势,一方面不仅有助于对喜剧进行延展或者让喜剧更具效果,让喜剧对于人类存在这一问题引发更加深刻的思考。另一方面,"由于存在喜剧本身存在的价值具有一定的内在结构形式,它将反讽和幽默作为主要反思和效果因素,为此存在喜剧已经不再依托具体技巧对喜剧作品进行调节了,而是依据其构成的诸多因素进行立意和展现喜剧作品"[①]。也就是说反讽和幽默作为两种典型的反思性元素,也融入成为其自身的构成性元素,因此存在喜剧的出现成功地实现了喜剧内在结构的转型。在赫勒看来,存在喜剧的内在与实质在现代社会结构中越来越显现,其根本的原因就是现代世界本身就是非同一性的世界,是一个非合理性和逻辑性的世界。在

---

① 傅其林:《喜剧的异质性存在及其哲学意义》,《文艺争鸣》,2011年第17期。

建立对这些概念理解的基础上,赫勒重点分析了卡夫卡、贝克特、尤奈斯库以及博尔赫斯等人的存在戏剧性作品,揭示了不同的喜剧特征和结构形态。如贝克特主要体现的是审美与宗教的中心地带,关注的是构成性幽默;尤奈斯库侧重于构成性反讽,突出的是伦理与审美等。总之,在赫勒看来,存在喜剧拓展了喜剧的空间领域,意味着喜剧的结构性转型,成为现代人类条件最直接和赤裸裸的再现,而不是以以往的喜剧样式间接地体现人类条件。如她的阐述:"存在喜剧的特征是把边缘性呈现为人类条件的载体,存在喜剧是荒诞的,但荒诞不是目的也不是游戏。这里的'人类条件'是通过存在的荒诞喜剧的几乎赤裸裸的直接呈现①。"

第二节　赫勒新世纪的政治美学思想

一、政治中自由的阐释

自由在政治中的体现,是赫勒花了很多文字进行论述的,这也是她的关注点。她的论述一时把暴政归结到《圣经》中的金牛犊事件的原型,一时又说成是古希腊罗马的遗产所起的作用,但是不管归结到哪个系统中,她的落脚点都在政治领域内。她认为《圣经》中的金牛犊事件可以说是一个源头,后来的政治上的悲剧一次又一次地返回这里;而同一时期,自由的雅典人民,创建了法律,来保证自我的权利。自由与法律的冲突,正是赫勒所称的两种主流叙事的冲突,对于这一观念,赫勒以史为线索,通过古代社会到现代社会的专制帷幕,论述了自由脆弱的故事,并一直关注和阐释政治的自由,立足于此来关注自由民主。

（一）马克思思想中的自由

赫勒由于受到马克思和卢卡奇思想的深刻影响,他的一生都是致力于人

---

① Agnes Heller. *Immortal Comedy: The Comic Phenomenon in Art, Literature and Life*. Rowman & Littlefield Publishers, Inc., 2005. p. 94.

第二章 匈牙利布达佩斯学派的新马克思主义美学

类解放事业的研究和分析。在马克思主义的人类解放理论之上,进行了重新的分析和审视,肯定了马克思人类解放理论的"个体向度"[①]。赫勒一直认为马克思的人类解放是在自由的意志上进行的,马克思的绝对自由和人类解放,是很难实现的,如果想真正地使人类解放,只有个体的意义上,而且在民主的自由概念的引领下才有可能实现。马克思主义理论所讨论的绝对自由的概念,还没有被人们深刻地理解。

第一,这里所说的自由并不是狭义上的自愿活动,马克思在他的代表著作《关于费尔巴哈的提纲》中对自由进行了深刻的诠释和论述。马克思思想认为:人类作为社会结构体系里的主体,通过众多的人类意志对社会发展做出了贡献。人类尽管在历史环境的限制下依旧会创造属于人类自身的历史。在这里要再次强调,马克思所有的关于志愿活动的言论,如主体性人类实践等等,都无法等同于自由,他的言论意在表明,自人类出现以来,直到马克思主义时代,人们一直在自由的片段中不自由地创造着历史。

第二,在马克思主义的言论中,自由与政治的自由是不能画上等号的,其原因在于,主体政治的发生环境局限于国家中,而国家的存在,同时就限制人的自由,所以真正的自由的国家是不存在的。并且,马克思主义认为,真正的人类解放而不应该是来源于政治解放,更确切的说前者是后者的繁体,因为,政治解放带给人们的自由是多元的自由而不是真正的自由。人类对于自由的理解是多元的,人类会依据自身所处的政治环境、权利体制、法律法规所理解的实质而表现不同。马克思主义的观念中:个体意义上追求的自由还是基于文艺复兴和宗教改革而来的,是属于现代现象[②]。另外,不同的个体思想也会对自由这一名词的理解有所不同,但是马克思主义的观点中阐述的人类的共同点确是有理可依的。马克思认为个体自由是人类生存向思想现代性转变的重要特征。

[①] 傅其林:《赫勒论市场体制对文化传播的影响》,《廊坊师范学院学报》,2007年第23卷第4期,第5—8页。
[②] 王海洋、陈喜贵:《重建多元性的统一:在宏大叙事和极端相对主义之间——〈后现代政治状况〉解读》,《求是学刊》,2012年第39卷第4期,第31—35页。

（二）赫勒谈政治中的"再现"

在《美学与现代性》一书中，赫勒引出"再现"的概念，并指出"艺术与政治领域都涉及再现，而无论哪一个领域，再现的话题都具有很强的政治性，或者只是说是高度政治化的。"[①] 接着，她提出自我再现和他者再现的概念，"每一个人对另一个人来说都是别人（他者）"[②]，如果这样认为的话，那么文学将不存在真正的自我再现，因为即使自传也包含别人（他者）的描写，甚至当"我"在描写自己的时候，我也已经在某种程度上开始异化自己。从这一角度出发，赫勒认为自我再现并不比他者再现更真实，因为如果说他者再现出于不了解的偏差，可能会歪曲某一群体成员的形象，那么自我再现则可能出于刻板印象的偏见同样歪曲形象。就对偏见的倾向性而言，自我再现和他者再现没有本质上的不同。既然两种再现都有可能是可靠的或者不可靠的，真实的或者非真实的，赫勒进一步指出，争论两者谁更真实可靠这种行为本身是错误的无意义的，我们应该关注两者是否不同，赫勒认为这两者确实是不同的，而这不同丰富了文学。例如亨利·詹姆斯对美国人的再现虽然并不比萧伯纳、高尔斯华绥对美国人的再现更好更真实更可靠，但是这样的多重角度、多重视角会增添文学的色彩。

赫勒运用同样的逻辑，赫勒讨论了政治中的再现，她认为政治中的自我再现相当于直接民主，他者再现也就是代表制度，大家选举代表，一个人代表一群人的愿望、需求等。同文学中的再现一样，赫勒认为政治中的自我再现同样并不比他者再现更真实，如果政治给予自我再现以绝对优先权，只接受直接民主，而排斥他者再现，那将类似于文学中只有自传，绘画中只有自我肖像画，这样的选择意味着政治的自我毁灭和终结，即"对代表的拒绝显然就是对他者再现的拒绝"[③]。但是自传丰富了文学，自我肖像画丰富了绘画，因此直接民主也可以起到补充代表体系的作用。

[①] Agnes Heller, John Rundell. *Anesthetics and Modernity: Essays*. Lexington Books. 2011. 189.
[②] 同上书，p. 191.
[③] 同上书，p. 202.

第二章 匈牙利布达佩斯学派的新马克思主义美学

显然,无论在艺术领域还是政治领域,赫勒都持有相对宽松的态度,她认为正是讨论自我再现和他者再现的区别,而得出这区别丰富了或者补充了艺术和政治的结论。但有两点值得重视:一、现代民主的主要趋势是代理人代表议题,这些代理人代表我的一种身份,我的其他身份又被其他的人代表,在这种情况下,没有人能完全代表我。所以导致没有哪一个政党能完全代表一个个体,现在的公民选举,他们通常投票给相对较好的,而不是最好的。二、当这种偏差是别有目的有意为之的行为,而被建构的他者又因为话语权丧失,不能对其作出辩驳的时候,他者再现的真实性问题就值得进一步探讨。尤其是现今西方世界对东方世界的建构。例如随着中国的强大,曾经的"东亚病夫"现今一跃也成了美国确之凿凿的"中国威胁论"。令人担忧的问题不仅在于西方世界借助媒介大肆建构心目中的东方世界,更在于被建构的东方,或者处于利益追求,或者处于长期被建构的惯性,不仅承认被建构的惯性,甚至主动将自我建构成西方眼中的东方,以达到迎合西方世界的目的。莫言获得诺贝尔文学奖,固然可喜可贺,但是他的获奖,是对他的作品艺术的认同还是对他作品中建构的中国形象的认同?

(三)赫勒对政治中自由的发展

综上,作为传统代表的思想家们的观点,在赫勒认为个体自由应该如何进行界定呢?再如个体自由在社会结构中如何进行呈现,是以什么样的状态呈现的?赫勒的理论观点凸显就是民主的自由,这一概念的由来是赫勒在对马克思主义自由概念的深刻梳理和分析中,结合自身多年的研究实践以及经验总结而来的。在马克思的观点中,对于自由的解释是绝对的,个体的,不切实际的,因此要对这一原有的概念进行限制以及补充。首先赫勒承认了个体自由这一观点,并且对于道德规范权威的限制方面做出了更多的补充,赫勒指出物质财富的丰富与否并不代表自由的实现与否,真正的自由的实现在于道德原则的破坏性,这也是赫勒的民主的自由概念的充分体现。人类若真心要实现民主自由就要首先意识到道德的重要性以及道德的有效性以及必须遵守道德原则的基本信条,否则其民主理想是无法实现的!人类要获得自由的前提是民主的普遍性和激化性，人类能够控制自己的理性做出合理的事情，才能够享有平等地参与各种事务处理各种事务的权利。在赫勒的理论中反复强调平等与道德这两个因素的重要性，而且这一观点的提出与马克思主义关于共产主义社会的构想是密不可分的，她认为当马克思在拒绝规范以及权威的同时，赫勒并没有拒绝道德权威的影响，反而认定道德美学是其美学理论的不可分割的一部分。

综上所述，在民主自由理论观念里，自由的人类思想具有普遍化以及激进主义的特征，以赫勒的理论来看：人类在个体发展的同时是否拥有足够平等的自由，要看其是否拥有相对平等的权利去参与政治事务或者社会事务。基于马克思主义在民主自由理论的阐释和理解下，自由人类的自由特征要由政治参与度和社会参与能力来进行决定。也就是说如果每个公民都能在某种特定的工作环境中，平等地参与每一个决定的过程就是公民真正得到解放的象征。赫勒政治学理论中人类解放，并不是只依据所有限制、异化和权威规范中解放出来，赫勒观点下的人类解放应该是人类基于限制、异化以及权威和规范的责任中能够解放出来，才属于真正的得以解放。赫勒认为自由思想的发酵会随着民主普遍化和激进主义得以发展，这样就会确保公民们获得自由，激进主义推动了民主解放的进程。在一个相对理想的社会体系中，不能同时满足每一个人的个体需要，但是一个民主理想的世界里首先每一个公民都应该是自由的，因为只有自由平等才可以打败不平等的优先权，也只有真正的民主平等，公民才能进行理性的讨论和参与到政治中，这一点非常重要。我们可以理解为赫勒所说的人类的解放，不再完全依赖于马克思主义，所理解的充裕，而更主要的是依赖于民主的自由，要依赖于普遍的道德规范以及道德权威。总之，人类完全获得自由的过程其实就是人类个体的权利的增长，但是它却能够引导人类走向民主自由的现实化[①]。再以马克思主义理论来看：马克思主义的观点认为：人类由多个个体组成，但是在现实社会中，人类

---

① 范为：《赫勒的历史意识理论评析》，《求是学刊》，2012年第39卷第3期，第23-27页。

并非多个个体构成，而是通过传统的多元文化以及规范组成。

事实上，就是恰恰得益于本土文化的不同的生活方式才催生出了多种的选择可能。世界本就应该是多元的个性的，赫勒认为，具有许多选择的自由世界才是真正的自由主义，我们可以看到很多理解的自由就是多元的自由，这才是真正的自由，她对于马克思主义所持的解放理论的观点是持反对意见的，赫勒认为人类只单纯从传统的解放中被解放出来，并未真正达到实质性的解放。如果世界变成单一性的社会并存在一种人类，那带来的后果是灾难性的，是脆弱的。为此，以赫勒的观点来看：人类的真正解放，不是仅仅来源于无产阶级进行革命夺取政权后实现的，人的解放归根结底得益于人对微观日常生活的革命从而实现了对民主的认识后达到了个体的解放。

二、对莎士比亚戏剧的现代性解读

赫勒在偶然性历史哲学的基础上建立了一种新的历史哲学，这与哲学与自然哲学缺乏时间范畴不同，它已经具备各种时间的概念，赫勒基于存在的时间概念问题，对时间意识进行了充分的剖析和阐释。赫勒认为："不管是时间点的时间、节奏的时间都具有一定的持续性和持续性意识"，这里的时间意识的问题通过了解莎士比亚的戏剧作品可一览无余，在莎士比亚的戏剧作品中对于绝对现在时的剖析可谓是淋漓尽致，就连赫勒也高度认同：莎士比亚才是真正的历史哲学家！他不仅对莎士比亚的作品做出了深刻的研究和剖析，还把对莎士比亚作品的解读上升到了艺术理论阶段。赫勒还认为，喜剧现象就是绝对现在，诗情哲理也是始终表现于现在时，另外，通过赫勒对绝对现在时的剖析还得出："悲剧上演或者我们阅读悲剧时——悲剧始终处在现在的时间"的观点。为此赫勒认为戏剧的本质是不可决定的偶然的并且是异质的，就像她所发表的言论一样，"所有喜剧经验是绝对现在时最真实的表达[1]"。并且认为："Shakespeare was and remains our contemporary[2]."

---

[1] Agnes Heller. John Rundell. *Anesthetics and Modernity: Essays*. Lexington Books. 2011. pp. 161–162.
[2] Agnes Heller. *The Time Is Out of Joint*. Rowman & Littlefield Publishers, Inc., 2002. p. 77.

（一）莎士比亚剧中的异乡人

赫勒通过对莎士比亚戏剧作品的阅读，归纳出了两种异乡人：条件异乡人和绝对异乡人。条件异乡人受困于传统与本性的双重束缚，一方面无法摆脱传统的束缚，另一方面又受着天性欲望的折磨，按照本性行事。他们曾经属于这个世界，预感到一些混乱的不可预测的难以掌控的事发生，例如不被理解，遭到背叛，爱上一个异族人，就会和这个世界产生疏离感；此外，他们还会举止异常，引起周围人的困惑，让人想去探究怪异行为背后的原因。但是相比较绝对异乡人不会有疏离感，因为他们从未被这个世界接纳过，对这个世界从未有过归属感。他们同这个世界的联系都是偶然的，跟他们的祖先、传统毫不相关，也不为其所缚。他们同世界的关系只是雇佣关系，他们靠雇佣为生，出卖劳动力，如赫勒所言：成为绝对异乡人的首要条件是，作为异乡人受雇，从事国际化都市的本土人不会去做的工作。继而赫勒指出莎士比亚为绝对异乡人的本质所绘的肖像中还有另一个重要的原因，即周围的人们并无兴趣理解他们，对他们的个人毫不关心，只在乎他们（被鄙夷被利用）的功用[①]。被利用完后却被无情抛弃，无法参与当地事务。

赫勒用莎士比亚著名的戏剧《奥赛罗》和《威尼斯商人》支撑起论述。奥赛罗是雇佣兵，代替威尼斯的年轻人去打仗，赢得战争之后，职务立刻被解除；夏洛克是高利贷者，并未损害本地人的利益，反而令他们更富足，却一直受到鄙视。整部戏剧中只有一个苔丝狄蒙娜关心奥赛罗，不把他当作为打仗的工具；夏洛克则更惨，没有一个在乎他，作为一个有血有肉的个体而言，夏洛克甚至是不存在的。这个世界只在乎他们的雇用价值，当他们是工具。他们不像条件异乡人一样举止怪异，因为他们想要同化进这个世界，认为自己为威尼斯服务后，自己就是威尼斯人了，至少能够成为威尼斯人。同条件异乡人对世界的疏离感不一样，绝对异乡人是同化者，既想保留异乡特征又想完全被接纳。

---

① Agnes Heller, John Rundell. *Anesthetics and Modernity: Essays*. Lexington Books. 2011. p. 159.

如上所述，作为异乡人，就意味着生活在世界之外，不属于某个阶段，没有隶属于一个群体的身份。没有真正被世界接受，与周围没有必然联系，处于隔绝的境地。正是赫勒在文中所写：夏洛克和奥赛罗并非传统语境中的异乡人，他们不能回到故乡，完全漂泊无根，只是依情况而定偶然与世界发生联系①，只能从本地人审视的目光中获得意义。而要想被新的世界接受，实现同化，是不可能真正实现的，有条件的异乡人在双重束缚的重压下行动，作为莎士比亚笔下唯一的绝对异乡人，奥赛罗与夏洛克并不受双重束缚所困。他们精神上的无根性，让他们没有传统依靠，只能受本性驱动，凭本性行事。奥赛罗由于嫉妒杀死苔丝德蒙娜，夏洛克陷入仇恨想要杀死安东尼奥。《威尼斯商人》中，有两个是凭本性行动的，夏洛克和安东尼奥。凭借本性的权利，夏洛克认为犹太人与基督教徒天生是一样的，理应受到平等的对待。安东尼奥也有关于本能权利的论点，不过同夏洛克相反，他认为犹太人同基督教徒天生不一样，天生心狠如狼，不值得享受相同待遇。

（二）"异乡人"与现代人的相似性

赫勒在《The Obsolute Strangers》中阐述：对莎士比亚而言，绝对异乡人的形象很具有代表性，这两部剧正是现代世界的写照②。在绝对异乡人的案例中，没有传统，传统概念的本性不存在。没人属于任何传统，只保留这本性。赫勒认为莎士比亚预设出了现代世界，一个全球性的世界，传统不再有主宰权，天生权利有了合法性。在现代社会中，我们可以去巴黎吃地道的中国菜，在香港吃法国菜，一切看似稳定的东西都流动起来。传统社会的稳定性不存在了，流动成了现代人普遍的生活方式。旧的传统秩序被打破并且逐渐消失，新的秩序还未建立，使得无根性成为现代社会的一个普遍状态。就如同莎士比亚的戏剧背景设置，在国际化的威尼斯过去的规则已经消失了，绝对异乡人所处的世界已经重新洗牌了③。现代都市化的进程使得人类和大地

---

① Agnes Heller, John Rundell. *Anesthetics and Modernity: Essays*. Lexington Books. 2011. p. 159.
② 同上书，p. 162.
③ Allan Bloom. *Shakespeare's Politics*. New York: Basic Books. 1964.

之间的联系被斩断了，现代人普遍具有一种无根的漂泊感。奥赛罗和夏洛克的故事都发生在国际大都市威尼斯，而每一次提到威尼斯，赫勒一定会在前面加上国际都市这个修饰语。城市化是现代性的一个标志，国际大都市的一个显著特点就是人口庞大，这其中不都是土生土长的本地人，它会吸收来自其他城市、农村，甚至其他国家的移民。而周遭的人来来往往，不可能每个人都认识，更谈不上了解了。这导致彼此缺乏情感纽带的个体紧密生活在一起，只剩下竞争利益扩张的关系，加之高频率的近距离接受，巨大的社交距离，更加重个体的排斥感。个体无法摆脱这种困境，会有无力感、沮丧感；流动越快，周围的人变来变去，居住地、经济地位、朋友都变化不定，群体中的人员很难形成长久的亲密关系。人们对周围的不稳定现象习以为常，因此都市人内心复杂，缺乏安全感，倍感生活居无定所。与此同时，个体又可以加入任何一个团体，可是每一个团体只能满足个体需求的某一方面。个体已不再完全属于一个群体，促使个体对群体的归属感下降，从而让个体有深刻的认同危机和丧失归属的无根感。

　　赫勒认为莎士比亚的绝对异乡人处在现代之前与现代的时间夹缝中，他们可以看作现代人的前身，他们的体验也是现代人的体验。而不是像条件异乡人一样将人物置于传统与现代的夹缝中，她不同意阿兰·布姆所言《奥赛罗》、《威尼斯商人》最能体现莎士比亚的政治想法[①]。赫勒认为莎士比亚的政治与历史想象着重于条件异乡人，而非奥赛罗和夏洛克这样的绝对异乡人。面对重新洗牌的秩序，即建立新的秩序，只有理性才能完成这个任务。对异乡人的反感正是出自对明晰性的喜爱，异乡人的存在本身就是对黑白分明的秩序的威胁。他们非敌非友，不请自来，不像真正的敌人那样在一个令人放心的距离之外，而是生活在本地人中间，在这里恋爱、工作、成立家庭，又兼具朋友的特性。这使得他们可以是朋友，也可以是敌人，难以分类。他们进入本地人的生活世界定居，其"非我族类"的身份具有危险性，他们的特质无

---

① Agnes Heller. *The Time Is Out Of Joint*. Rowman & Littlefield Publishers, Inc., 2002. p. 1.

法归类。他们存在于各个群体之外,不符合秩序、清晰和确定性的现代性要求,成为被清除的对象。被放逐、含混性和不确定性如今已经变成具有普遍性的人类状况了。现代社会,尤其是现代大都市,是一个高度组织化的社会。个人如果要生存和取得成功,必须经历一个类似于异乡人的同化过程,去除自己身上不为大众所接受的个性,成为现代生产过程中的机器上的一颗螺丝钉。但是,人的存在本身就充满着不确定性和偶然性,在组织化、机器化的社会里,普遍的陌生感、不适应感使每个人都成为都市里的异乡人。身处夹缝的异乡人深深体会到毫无着落的无根感、疏离感和矛盾感。而现在,人人都是异乡人,都是不确定的、无根的存在。现代人都可以通过异乡人这面镜子来窥视这一体验:现代经济、科技的发展、劳动分工的细化,伴随着传统权威和公共领域的消失以及大众社会的出现,使得现代的人与人之间彼此孤立,人与社会之间格格不入,人人都成为了精神上的异乡人,现代人和异乡人的感受重叠到了一起。

(三)"异乡人"对现代人的启示

赫勒认为莎士比亚最迷人的角色在双重束缚的重压下行动,她对《威尼斯商人》的解读也是通过双重束缚视角进行的,而这种双重束缚是在传承的主张与本性的权利之间的冲突,围绕什么是自然的两种概念。第一种是过去等级社会人们普遍接受的传统观念,如社会地位由出身决定。("One can believe that one is born to put it right.[①]");第二种则是本性的诉求,比如人人生而平等,追求成功的野心等等。赫勒认为第一种观念在莎士比亚看来顺理成章;第二种在莎士比亚看来也同样合乎自然;他并不在这两种观念和善恶之间画等号,也没有表态站在哪一边。他笔下的许多人物都在这两种抉择之间苦恼,他只展现其中的冲突。

笔者认为赫勒用双重束缚的视角来阐释现代世界,是符合现代人的情境的,现代人不是单纯的在传统与现代之间做出非此即彼的选择。他们中的大

[①] Agnes Heller, John Rundell. *Anesthetics and Modernity: Essays*. Lexington Books. 2011. p. 159.

多数既不完全接受违抗传统的生活方式，也不算纯粹的传统主义者①。或者说在现代人中没有人属于任何传统，传统概念的本身不存在了，只保留着本性，但本性自身就分为身份/非身份。这是因为在现代世界，一个全球性的世界，传统不再有主宰权，反而天生权利有了合法性。不过，天生权利能从两种相反的角度解释：诉求平等和不平等；就传统而言，不平等体现了平等性，从天生来讲，却体现了不平等性。过去一个唯一的传统视角被打破，天生权利这样的相反角度，无法快速有效地建立一个新的标准，导致了现代性的困惑，赫勒认为，这种不平等性在民族种族方面也得到了体现，所以法国大革命和殖民化同时出现。如同现代人，我们失去了的传统的"信仰"却没有新的唯一"信仰"，在大都市里依着本性的诉求，想要同化却遭遇失败，不仅因为外界更有自身的缘故。赫勒做出这样的探索和她关注人的生存及价值的思想理念一致，现代人处于这样的境况，得直面这样的困境，这和莎士比亚戏剧预设出的世界一样，她认为还未找到解决的办法，但是不妨碍我们认清事实。

（四）对莎士比亚戏剧人物的批评

长期以来，人们普遍认为四大喜剧代表了莎士比亚喜剧艺术的最高成就，四大喜剧的主题基本上都是围绕着爱情和友谊展开的，如《威尼斯商人》中，莎士比亚通过该剧中的安东尼奥的形象较为深刻地表现和赞美了伟大的友谊和仁爱精神；另外，通过巴萨尼奥和鲍西娅的爱情故事，表现出了爱情本来的纯洁和朴实。在莎士比亚的《皆大欢喜》和《第十二夜》中通过追求自由爱情的年轻人们终于历经磨难获得幸福，这些作品中莎士比亚对封建门阀观念进行了批判，特别是针对家长专制代理的中世纪以来长久的禁欲主义和蒙昧主义进行无情的批判②，莎士比亚通过四大喜剧中自由相爱的年轻人和追求个性解放的理想进行了歌颂和赞美，也表现出了极具人文主义色彩的理想化的生活愿景。在莎士比亚的这些作品中，莎士比亚创造了很多的具有

---

① 阿格妮丝·赫勒著、衣俊卿译：《卢卡奇的晚期哲学》，《求是学刊》，2011年第38卷第5期，第16–23页。
② Agnes Heller, John Rundell. *Anesthetics and Modernity: Essays*. Lexington Books. 2011. p. 172.

高尚情操且敢于承担的青年男女的人物形象,这些青年男女既是贵族,但同时这些青年的思想极具人文主义特征,这些青年男女代表了一种时代精神。尤其是莎士比亚对于这些喜剧作品中女性人物形象的刻画:这些女主人公热情、率真、刚毅、机智,能够勇敢地对传统固守观念进行挑战,她们勇于追求自由和爱情。譬如,罗瑟琳为了追求自由恋爱,女扮男装逃离宫廷;薇奥拉表现出了崇高的自我牺牲精神;这些女性的形象均是机智勇敢的,又如鲍西娅假扮律师,通过惊人的智慧战胜了狡猾贪婪的夏洛克。莎士比亚的喜剧作品中通过对这些女性形象的刻画,彰显出其对资产阶级新女性寄予的最高的理想。

姑且不评判这种解读是否正确,我们只从赫勒的阅读经验来解读她对人物形象的评价。赫勒认为《威尼斯商人》中的夏洛克,不是惯常定义的只在乎钱的放高利贷者,虽然他爱钱,对获利感兴趣,也只是理性地积累财富,这从后面对方予以三倍的赔偿,他皆拒绝可以给予肯定。夏洛克是因为遇到安东尼奥后,由于安是反犹分子,并且帮助自己的女儿私奔,对他有了恨意才开始变得毫无理性。赫勒认为安东尼奥仇恨夏洛克盈利放高利贷,且这种仇恨滋生到了极限,加之他对巴塞尼奥或有或无的爱,使之变得不理智。夏洛克想要安东尼奥身上的肉的欲望同安东尼奥对巴塞尼奥的爱一样强烈[1]。此时,只有他们俩不关心钱,周边的威尼斯商人才是真正关心钱的人,莎翁塑造的犹太人这一人物,是一个受本性驱动的异己者。而鲍西娅假装法官出场于夏和安之间,她不蠢,也不受爱的蒙蔽,她舞弊,不只在挑盒子的游戏中,还因为她总是按自己的需求歪曲法律。她在莎士比亚的女神中成为了个案,独立、顽强、残忍,完全是个现代女性。

赫勒对莎士比亚戏剧人物做出的颠覆性解读,绝不是否定莎士比亚的作品,相反地,极可能她才真正解读了莎士比亚创作人物时的矛盾,对人物不能全然定位善恶,正面和反面,每个人物身上有新时代下的"优点"、"缺

---

[1] John Rundell ed. *Aesthetics and Modernity: Essays by Agnes Heller.* Lexington Books, 2001. p. 169.

点",莎翁创作时会不自觉地真实反映人物本性,即使用喜剧的大欢喜结局也不能掩盖人物的真实行迹。

第三节 喜剧的审美政治学

一、艺术、文学和日常生活中的喜剧现象

(一)艺术、文学中的喜剧现象——视觉艺术

赫勒在《永恒的喜剧》一书中用两章节阐述《The Comic Image in Visual Art》,由题目可以看出她的落脚都在视觉艺术,第一章论述了喜剧图画,第二章论述了喜剧电影,这两者都是视觉艺术。赫勒以喜剧图画历史发展的几个阶段,揭示了喜剧图画的审美独特性,她把喜剧图画从中世纪文艺复兴到当代分为五个阶段,第一阶段是中世纪和文艺复兴时期,以勃鲁盖尔的喜剧绘画为代表,呈现其革新性和艺术创造性,赫勒通过勃鲁盖尔的社会讽刺画《富人的盛宴》《穷人的盛宴》,画中人物肥瘦的对比,隐喻式地把"社会讽刺"转化为"人生条件",这是喜剧图像的力量;第二阶段是18世纪的反艺术阶段,主要以荷迦兹的喜剧作品为代表,体现出对传统艺术的批判,呈现出叙述性特征,反对传统建立于广泛的标准之上的艺术观念;第三阶段是以杜米埃为代表的对19世纪喜剧艺术的总结,体现出综合的平等发展的态势,喜剧和幽默体现出融合的趋势;第四阶段是20世纪初,以毕加索的构成性反讽和夏加尔的幽默为代表,呈现出存在喜剧的探索;第五阶段是20世纪20年代到当代,表现出对大写艺术现象的嘲讽。赫勒认为喜剧图像从边缘向中心位移,这种位移具有重要的历史文化意思,即是对柏拉图主义和形而上学传统的摒弃,对理性和人类条件的揭示和呈现,这种历史发展呈现出喜剧图像的跳跃[①]。我认为这是喜剧现象对艺术的挑战。

[①] Agnes Heller. *Immortal Comedy: The Comic Phenomenon in Art, Literature and Life*. Rowman & Littlefield Publishers, Inc., 2005. p. 189.

第二章　匈牙利布达佩斯学派的新马克思主义美学

此外，赫勒以喜剧电影揭示视觉艺术中的喜剧图像，阐释了电影喜剧的独特的艺术性特征，一是它具有同时展示几种可能性的喜剧场景的能力，这是以往喜剧样式所梦寐以求而不能实现的，她例证"剧场喜剧通过图像和声音来表现，却不能同时产生几个场景和故事或话语。"① 因为在剧场一个人不能同时呈现言语者的对话和思想，他过去的回忆和目前的行为，他的梦想和他的现实生活情境，而电影则可以完成。喜剧电影开拓了传统的喜剧类型，尤其是传统的喜剧戏剧，这是它的文化意义。二是独特的喜剧人物表演（演员）的创造，她甚至这样描述"电影喜剧提供给喜剧世界特有的唯一的贡献是唯一的喜剧人物的创造。"② 她认为人物是电影的标志，人物一出场，观众就开始笑，因为出场本身承载着所有的意义，也带着人物回来的希望。

（二）日常生活中的喜剧现象——玩笑和玩笑文化

赫勒在《The Joke or the Third Kind of Narrative Prose》和《Joke Culture and Transformations of the Public Sphere》两文中集中论述了玩笑和玩笑文化。玩笑作为叙事散文的第三种被赫勒定义为"实质性喜剧"③。对玩笑的讨论是偏重于日常生活中的审美或喜剧样式的分析，体现了她对日常生活的审美问题的重视，且把这种人的日常经历用于学术上。首先，她思考了玩笑的普遍性特征，玩笑意在引发笑，它和喜剧一样是一种公共的样式，因而具有公共性特点。最重要的是玩笑还有口头文化特征，这是现代世界正在存活的口头文化。

赫勒指出，玩笑文化比玩笑这种喜剧类型晚了两千年左右，作为都市文化，玩笑文化更多的是一种偏重于叙事性的口头文化，对于玩笑文化赫勒结合理性的分析，并把玩笑文化置于喜剧文化中定位，结合公共领域的结构转

---

① Agnes Heller. *Immortal Comedy: The Comic Phenomenon in Art, Literature and Life*. Rowman & Littlefield Publishers, Inc., 2005. p. 191.
② 同上书，p 191.
③ Agnes Heller, John Rundell. *Anesthetics and Modernity: Essays*. Lexington Books. 2011. p. 81.

型把握了玩笑文化的政治意义。玩笑如同所有的喜剧类型一样，需要听众。讲述者在讲述玩笑本身即是一种表述的自由，因为"自由从来不是玩笑文化的内在结构，玩笑文化只有在讲述中才具有自由"[①]。玩笑文化是人们表述欲望的自由实践。同时，赫勒认为玩笑是一种古老的喜剧类型，是人们对抗社会压制的解脱办法；玩笑文化产生于公共领域和私人领域的交叉地带，是人们对政治和社会制度下压制的释放。弗洛伊德认为玩笑文化是对压抑的无意识和性的欲望的释放，赫勒采用了弗洛伊德的观点并进一步对讲述者进行了分析：讲述者是有自我宣传倾向的人，热衷于自我满足，从讲述中获得权利、解脱和释然。讲述的行为本身即取得了心理上的愉悦。在玩笑中个人得到了欲望的满足也展示了个人的自由。在康德看来，玩笑是三种游戏（音乐、游玩、玩笑）中的一种，是非功利性的游戏，非功利性的情感是玩笑的基础，不管是对于讲述者还是听众，它都没有实用性，更多的是获得一种安慰和满足。康德认为玩笑是一种思想游戏，而且是一种自由的思想游戏，在这种意义上是一种审美判断[②]。以此得出玩笑文化消解了以往社会文化中的宏大叙事，更偏重于微观叙事中所呈现的人类存在条件的张力。

赫勒认为喜剧现象是无处不在的，只要有杰出的文化，就有喜剧经验；只要有杰出的高雅文化，就有喜剧的形式呈现。也许可以说，没有喜剧的呈现就根本没有文化，不论是在图画、舞蹈、雕塑还是书写之中，然而我仍然不敢普遍化[③]。从这里可以看出她对喜剧现象的肯定，以及喜剧对于文化的丰富，对于政治领域的作用，但是因为一些原因，她只是从喜剧现象来思考问题，而不想得出太肯定的结论。

二、喜剧现象的哲学意义

赫勒研究喜剧现象的最终目的，就是要从哲学的层面强化对喜剧现象

[①] Agnes Heller. *Immortal Comedy: The Comic Phenomenon in Art, Literature and Life*. Rowman & Littlefield Publishers, Inc., 2005. p. 123.
[②] 同上书，p. 200.
[③] 同上书，p. 202.

第二章　匈牙利布达佩斯学派的新马克思主义美学

的理解，扭转了以往哲学和悲剧联系的宏大叙事体系、形而上学体系和方法性的追求，而认为喜剧体现了一种新型的哲学思想观念，即不同于悲剧引发的哲学体系模式，体现出异质性的哲学思维形态。具体来讲，赫勒观点中始终认为：喜剧与哲学具有某种内在的关联因素。以高雅的喜剧带来的喜剧效果来看，让人捧腹的效果其实质应是来源于理性而非情感或者美的"驱使"。这里的理性并非单纯意义上的工具主义或功能主义下的理性，而是如韦伯所言的"价值理性"，也就是说，按照这个理解，喜剧带来的效果其实是一种理性的价值判断，同时这种效果体现了对不合理现象或者非理性事物的嘲笑。韦伯理论下的喜剧效果的价值理性是喜剧彰显和呈现出的基于好感的胜利[①]。笑是对喜剧作品的一种判断，是近似于康德提出的非概念观下的趣味判断，之所以说非概念下指的就是合理性以及非合理性在喜剧作品中被人们判断，不以概念形式出现，是实实在在的一种"理性的本能"的投射[②]。这也是她为什么把笑称为"理性的直觉"。赫勒认为：喜剧现象的存在折射出人类基于日常生活中合理性的追求，也彻底地摧毁了形而上的宏大叙事哲学体系。在赫勒的观点中又剖析了为什么悲剧总被哲学体系作为研究对象进行研究，如笔者在前文悲剧理性向喜剧理性转型一节中的阐释一样，其根本是因为："它是超越形而上而与哲学紧密相关的。哲学只有架构在形而上的哲学视角才能体现出同质性的追求意义。因为异质的东西尽管有存在的空间但始终都要被置于同质化的整体中。因为学者对异质研究的本位思想的初衷就是为了迎合同质整体性而进行的。为此，对于悲剧的同质性就可以切合哲学体系形而上的追求。"在众多的赫勒的著作和研究中都可以看到赫勒对于悲剧在哲学语境中的思考，特别是基于喜剧对象的剖析中总能看到赫勒对悲剧的阐释。赫勒的悲剧哲学研究对象也大致都是基于整理了众多哲学家的理论和观点基础上进行的，这些哲学家包括亚里士多德、黑格尔以及卢卡奇等等。

---

① 傅其林：《喜剧的异质性存在及其哲学意义》，《文艺争鸣》，2011年第17期。
② Agnes Heller. *Immortal Comedy: The Comic Phenomenon in Art, Literature and Life.* Rowman & Littlefield Publishers, Inc., 2005. p. 199.

然而，赫勒认为：喜剧的哲学意义远远大于这些意义，喜剧的哲学意义在突破传统哲学的同时，张扬了异质性和同质性的关联性，在赫勒的喜剧研究中认为：喜剧的哲学意义应是新型的哲学范式，这种范式强调：概念不可以被单独视为一个整体，在赫勒的观点中普遍概念是不能被属性带来的差异决定的。再进一步看赫勒对喜剧的阐释，赫勒强调了喜剧所体现出的新哲学范式其实质是强调对人类本身条件的展现而非单纯的嘲笑或漠视。这是赫勒较为核心的观点，赫勒认为，哲学的要旨在于不断发现非理性，然后基于喜剧作品为人类本身进行服务，这是赫勒基于哲学意义上的对于喜剧现象存在的回答，这个观点也从另一个层面真正地阐释了"人类条件本身是如何，又是为何是喜剧的？"[①]的关键的哲学问题。

喜剧的"效果"之所以有笑点，是因为喜剧意识从来就根植于人类本身。这不是一个哲学命题，而是真实存在的理性思考的一个观点。为此，赫勒摒弃了以往研究领域惯用的传统哲学、人类学的分析模型，而是通过应用海德格尔对人类条件进行的"此在分析"的阐释学对喜剧现象进行剖析。海德格尔的分析阐释学主张的观点是：人被偶然带到世界中，每个人自身具有的遗传基因就是一个人来到这个世界以后的第一个先验，而与此同时，人来到世界就必然被社会所接纳或者说必须融进社会体系中，人又被带到一个具象的社会结构中形成了第二个先验。但基于个体发展观的本身来看，这两种先验都是存在或者由偶然性引发。两种先验本身是不具有关联性的，一个个体融入到社会结构中需要一个过程，且这个过程是一个不间断融合的过程，但，人类本身却难以将这两种先验进行有效的融合，这是因为，两者之间本身就存在着不可跨越的鸿沟或者裂口，因此，两者难以合力形成必要的张力，这就成为了必然的结果。再比如：人类的哭和笑就是对人类这种此在时的一种自然条件下的回应。即使是"笑"和"哭"都同时跳入万丈深渊，但两种自然

[①]〔匈〕阿格妮丝·赫勒著，王静译：《马克思与"人类解放"》，《马克思主义与现实》，2012年第2期，第144—151页。

第二章　匈牙利布达佩斯学派的新马克思主义美学

表象也是完全没有反应的两种此在现象,也是对人类此在存在条件下难以将社会先验和遗传先验进行融合的回应。因此,对于喜剧实质的诠释就是:喜剧就是人类条件本身的自然表达,如果人类没有遗传先验和社会先验就不可能有与生俱来而存在的喜剧意识。再换言之:只要有人的存在,人类本身就拥有喜剧意识,喜剧本身就会形成一定的张力,这也就是为何赫勒将自己著作定名为"永恒的喜剧"的缘由。

总之,赫勒通过哲学体系将喜剧现象从一种边缘的状态推入到哲学理论反思的中心。并且强化了她从哲学视角对于喜剧现象的审视和分析,赫勒在其著作《永恒的喜剧》中充分体现和注重通过哲学意义层面来解释喜剧现象,这种以哲学理论的反思视角超越了很多喜剧研究的著作。《永恒的喜剧》的前言中,赫勒是这样描述的[①]:"此书应是被作为哲学层面进行思考普遍喜剧现象的一种尝试。据我所知,这是目前学界的第一次尝试,我搜索了一些相关的著作,但没有发现什么东西,为此,我开辟了一条新路。"尽管从亚里士多德开始众多的学者相继研究喜剧或者笑的问题,也提出了一些具有深远影响的理论,但相对于赫勒而言,这些已知的研究都是基础性的,都没有把喜剧转向哲学体系中加以研究,同时也极度缺乏哲学阐释的视角,为此,赫勒在潜心对阿里斯托芬的当代喜剧作品的研究中加之自身对喜剧艺术历史性的探索,终于将喜剧现象的经验提升至哲学体系中去,同时揭示出了喜剧本身所被忽略的哲学意义,赫勒对于喜剧现象的研究,体现出不同于他人的非凡视角,其慧眼可见一斑。

赫勒对于喜剧的阐释与克尔凯郭尔对于喜剧中反讽的存在意义的理解有着惊人的相似之处,克尔凯郭尔认为:"喜剧存在的本身就应该是反讽的",在克尔凯郭尔的观点中喜剧存在的本身就彰显出其否定性的功能,"反讽"喜剧一定程度揭示了喜剧主体性的实质,但是同时克尔凯郭尔对喜剧反讽功能

---

① Agnes Heller. *Immortal Comedy: The Comic Phenomenon in Art, Literature and Life*. Rowman & Littlefield Publishers, Inc., 2005.

性和总体性以及超越性方面进行了大量的研究，最终确定反讽喜剧的形式的存在。尽管喜剧形式不同导致其审美特征也是不同的，但反讽喜剧的存在通过间接或者直接手法表现人类生存的真实现状，同时强有力地表达了人类存在条件下的一种张力，折射出其应有的哲学意义。在长篇的喜剧小说中，长篇喜剧小说更加追求哲学形而上学的同时，再一次强调了喜剧不断在场的现在时，也就是说喜剧特征的展现其实质是绝对现在时间扭曲的一面最具典型的镜子。它告诉我们如何揭示和嘲讽喜剧对象的真理。玩笑的权利与荣耀有效缓解了压抑的人类条件下存在的不相称的实质性。存在喜剧在进入到20世纪以后受到追捧，其根本的因由就是喜剧本身它触及到人类存在的条件本身。

　　赫勒对于喜剧现象的研究已经进入到她整体研究美学的范畴之中，赫勒对于喜剧的研究从她的作品中就足可见其端倪。赫勒基于喜剧的研究将她对反思后现代主义融合到哲学体系中，对于她的很多作品在此不再复述。但是值得提出的是，赫勒在《永恒的喜剧》中反复论证了喜剧的异质性、多元性以及个体性的哲学范式，颠覆了形而上学哲学和宏大叙事体系。同时也瓦解了宏大的历史哲学美理论和艺术概念，从而真正肯定了喜剧来源于日常生活理论的坚实基础。在赫勒的喜剧研究观点下，喜剧凸显的当下行为和选择的可能性是坚守真理的多元文化的根本，很多文化的现象存在于喜剧之中。因此，《永恒的喜剧》将喜剧推入到后现代主义哲学体系中，完全扭转了哲学与美学研究中悲剧的垄断地位，突破了极端后现代主义理论学者哲学和艺术的领域，折射出赫勒对于喜剧哲学思考的深刻性，并且强调对喜剧作品的审美体验。赫勒在其著作中也经常提及："我言及或者直接涉及到的喜剧作品或者电影、绘画、小说都是我亲身体验或者读过看过的，我从不依赖二手文献。"[1]

---

[1] Agnes Heller. *Immortal Comedy: The Comic Phenomenon in Art, Literature and Life.* Rowman & Littlefield Publishers, Inc., 2005.

（一）喜剧的异质性：对抗悲剧的同质性

喜剧艺术的本质究竟是什么？赫勒在《永恒的喜剧》中，对莎士比亚的大量喜剧作品进行了剖析，并在研究的过程中揭示出了喜剧所具有的异质性。在此基础上通过对悲剧所具备的同质性进行了比较。赫勒认为"悲剧以强调人们感性认知为主，悲剧强调了对众多的喜剧作品中主人公灵魂的净化，并最终导致主人公命运走向困境的过程或者行为；而喜剧本身具备的异质性特征是不可能对其进行明确定义的。"① 因此，赫勒在对于喜剧现象的界定中也一直心存困惑，她始终未明确给予喜剧一定的定义，而是不断通过哲学意义对其进行了深入的阐释。

首先，赫勒以卢卡奇艺术的同质化理论对喜剧现象的异质性进行了理解。卢卡奇的观点里认为同质性是艺术的基本特征的展现②。而赫勒透过卢卡奇的理论得出：高雅的喜剧是不可能完全脱离同质化的观点，以喜剧为例，不同的艺术表现形式下，喜剧作品却拥有着固定的性格特征的人物形象。尽管喜剧的其他形式中具备同质性，但喜剧的实质却还是异质的。支撑该观点主要三个方面的原因：第一，由于每一种喜剧作品的载体（形式）不同，其带来的喜剧效果也是不尽相同的，以日常生活理论看：高雅的喜剧异质性会随着不同的媒介进行转化。在日常生活理论中：喜剧的异质性其实是对日常生活的一种反思，两者关联但却存在一定的差异性。第二，由于喜剧现象形式和风格具有多元特性，如形式上有舞台剧、小说；各方面有反讽喜剧、幽默喜剧、荒诞喜剧等等。这些异质的喜剧元素被引入到不同形式的戏剧作品中，能否恰如其分地被编排或者进行主观定义是比较现实的问题，就《堂吉诃德》而言，该作品是属于讽刺？幽默？还是反讽？或三者兼而有之？其实际是三者均难以进行精确的界定；第三，喜剧作品中因为要对作品中的对象进行阐释，如何对其进行界定是关键所在。

---

① 傅其林：《喜剧的异质性存在及其哲学意义》，《文艺争鸣》，2011 年第 17 期。
② 同上。

赫勒在对于喜剧界定的研究中还发现：喜剧的受众的接受效果也呈现出一定的异质性，由于道德观念、情感价值不同，喜剧作品带给不同的接受者的感受均是不同的，受众或者是大笑，也许不笑，也有可能是内心不可感知到的微笑。因此，从这个意义层面而言，喜剧的接受效果不会是感性的而是基于理性的，并且是具有一定后续变化特性的，也就是说是有反思性的。当别林斯基在对果戈理喜剧作品的观赏时，常常忍俊不禁，但在其观赏后进行反思，才感叹道："真是俄国的悲哀！"赫勒认为：作为一部成功的喜剧艺术作品，其后续的效果将会产生的影响也是截然不同的，受众也许会感受到悲哀、也许是快乐，又或者会升华、也可能会产生绝望，其实际的效果将依据不同接受者不同的理性状态、道德观念以及情感价值所决定。这些特征或者说影响因子成为了一部好的喜剧作品是否是喜剧、是否能够深入人心的关键。

再次，赫勒对于喜剧现象的阐释中再一次验证了：喜剧经验本身难以被界定的观点[1]。赫勒通过对莎士比亚喜剧作品的剖析再一次对其喜剧经验的时间性特征进行了描述。赫勒认为以喜剧而言，不同的喜剧形式就会带来不同的绝对现在时的经验。为此，强化了人们在对喜剧作品进行观赏的同时所有带来的直观体验都是现在时发生的观点。人们可以为过去感怀，但是喜剧经验却是没有通向未来结构的元素的，它是作者运用想象创设的情景和人物，因为，喜剧本身是不具有历史背景的，因此也不具有喜剧的经验，喜剧现象的异质性本身没有实体，喜剧作品只有在受众涌现时才可能引发喜剧经验。以古希腊和古罗马的悲剧来看，这些悲剧的背景均来源于神话故事中，这些时间都是过去发生过的，而不可能发生在现在时。悲剧引发的条件是让受众无条件地进行幻想，也就是说：我们在对悲剧中的"他者"进行观看的同时[2]，却不能直接参与、干预以及影响到他者的行为。

---

[1] Agnes Heller. *Immortal Comedy: The Comic Phenomenon in Art, Literature and Life.* Rowman & Littlefield Publishers, Inc., 2005.
[2] 同上书，p. 15.

第二章 匈牙利布达佩斯学派的新马克思主义美学

喜剧现象建构和定义了喜剧之名的家族,以维特根斯坦的观点来看:这些家族本身并没有实体,并且没有可以统摄其喜剧现象的基本属性。而赫勒试图通过在完成《永恒的喜剧》一书中对喜剧现象进行定义,却最终发现喜剧是不可被界定或者决定的,因为喜剧现象摆脱了所有的束缚[①],甚至发现:喜剧甚至不是一个基础概念,而是具有一定原初性和开放性的聚丛。赫勒透过经验告诉我们可以懂得其存在的道理,但却难以从经验中确切地了解喜剧其实质,因为喜剧之所以无法对其进行界定就在于其本身具备的异质性特征,根本难以界定的实质还在于喜剧无法与其他高雅艺术内在的规范性和同一性进行契合。这就进一步验证了赫勒关于喜剧异质性的观点,赫勒认为审美文化折射出的是艺术作品基于自身基础之上的原初性的一种自然意识形态,也就是说:喜剧所具有的异质性是其他形式或者艺术作品难以替代或者诠释的[②]。

(二)喜剧与绝对现在的同一性

自从爱利亚学派有力地论证了"思维与存在是同一的",在西方哲学发展演变中,对绝对现在的同一性的追求就成了哲学发展的一个主流的方向;而赫勒将喜剧现象通过亚里士多德的"A = A 同一律视为逻辑的根本"的观点基础上分析了喜剧与绝对现在的同一性,其观点的核心将喜剧感受归功于人类理性的界定,将喜剧现象阐释为一种根据同一律进行推理的能力和冲动,或者说,喜剧试图通过在探寻原因与结果之间发掘其一定的规律和关联的同一性。喜剧现象的本身与其说是通过一定规律将原因和结果进行关联,不如说是在理性指导的同一性原则下有结果引出的原因,或者导出相反的结果。哲学主义首先就是要寻求第一原则、第一成因,而喜剧中理性则更多地承担了这些重任。喜剧现象的理性特征表现出的根本原则其实质就是绝对现在的同一性原则,也就是喜剧发生在绝对现在时,也就是喜剧只在当下通过

[①] 王静:《作为文化批判的审美——赫勒美学思想研究》,黑龙江大学 2011 年博士学位论文。
[②] 李霞:《个性化的日常生活如何可能——赫勒日常生活理论研究》,北京师范大学 2010 年博士学位论文。

事物中寻找理性本身后再从原因中推导出其结果。

  自14世纪初期开始，喜剧的出现对于整个东欧文化的影响是深刻的。这个阶段一直没有停止对喜剧事件的评估或者批判。进入文艺复兴时期，莎士比亚的喜剧成为典型的喜剧想象存在。其喜剧作品首先暗示着莎士比亚在其人身经历的过去和历程方面的一种断裂或者说一次转向，莎士比亚的喜剧作品是一场真正的"喜剧革命"。赫勒在通过对于喜剧文类的这种特权处境的分析中发现：在中世纪和古代晚期的诸多文献中都没有可以对应的文类说法，也就是说喜剧的出现本身而言是没有同一性的。这种场景被诗人预设了"喜剧"这个术语。喜剧的出现超越了现代批评的自信，具有一种新的意义。基于此观点下和新角度来看，当人们乐此不疲地将喜剧界定为"高级的悲剧"时，并始终将喜剧和悲剧进行对立比较其实质是一种悲剧。基于此角度而言，喜剧的绝对现在之间的同一性就显得很相悖。波伦亚的人文主义者将方言作为对拉丁语之对立的用法就是将喜剧对立于悲剧的一种批判的选择。基于穆萨托的悲剧/喜剧的对立学说，再一次证明：喜剧既非偶然也非分裂，而是构成了某项原则的一种确认。喜剧作品中无论是"成功的"或者"失败的"结局，其实质的意义在于其涉及到的真正主体。喜剧存在的方式强化了人的存在意识形态。

第四节　赫勒的后现代主义美学的意义

一、赫勒开辟了对现代性审美政治学研究的新思路

  赫勒认为：审美文化始终应与社会理论紧密联系。她认为"人类基于文学、艺术形式的存在和发展是对现实社会的批判以及对人类生存的真实写照"。因此，赫勒的美学思想理论强调了美学本身所应担负的对社会批判的责任。赫勒对于审美文化和艺术的关注与卢卡奇一样，都是基于人们对于历史文化守望和自我家园意识而延伸和发展的事物。赫勒的美学理论关注的更多的是基于文化对于批判性的观点主义架构基础之上的。她强调以审美为维

度，强调个体价值的实现和人类对自由的追求，赫勒代表的观点对于现代社会进行了全面彻底的批评，包括：从政治领域的激进主义再到微观领域的日常生活中人的态度变化的转变，以及人们如何在日常生活中通过审美形成的道德个性的形成。赫勒对于现代社会的批评是尖锐的，但同时又是积极向上的。尽管具有一定的局限性，但赫勒的道德美学理论和现代性理论思想让我们重新看到了人类对于世界变革的决心和希望。

赫勒对于哲学历史思想审美和文化审美特征的认同以及历史哲学美学的批评，代表了她对后现代艺术与后现代美学的支持。然而，赫勒尽管赞同后现代主义但却并没有走进激进后现代主义，而是通过对多元文化语境中对于"后现代主义"重新进行了不同视角的思考。赫勒对于现代性美学以及审美文化的重新建构是基于卢卡奇的美学框架基础上进行完善的，并通过对康德道德美学对卢卡奇美学空白进行了填补，从而使得赫勒促进和发展了具有鲜明特性的新的美学思路，同时也重新架构了美学思想体系。

可以说，赫勒的道德美学是基于人们认知能力下对已知的日常生活危机的理解而演化的。赫勒试图通过解决日常生活中的问题唤醒人们对于自由问题的讨论。用她自己的话说：我从不用普遍的箴言进行话题的讨论，而是选择正派人进行生活的方式来解释生活中的问题。正派人和我一样是基于对日常生活中发生的问题后进行的日常决定。赫勒对于现代性的否定将人类道德学指向了日常生活中极具有社会特征的人文主义方向。在这种世界中，人们才能体现出个体真理和自由维度的解释，也是真实存在的一种预设。康斯坦丁诺认为赫勒的道德美学是一种试图修正康德的著作中反思的现代性人类学理论。基于此，我们从一定意义上来看，赫勒的道德美学通过用敏锐的意识形态来诠释现代性理论。赫勒根植于日常生活中道德美学个体发展观是对康德道德美学的一种发展和延展。赫勒对于道德美学基于日常生活的扩展体现出的文化价值的探讨恰恰是康德道德美学所不具备的。

康斯坦丁诺对赫勒进行了客观评价。他认为，赫勒的道德美学很重视对"自我"形成的维度，几乎完全根据个体情感强度的选择而决定的，赫勒的道德美学不由社会环境或遗传而决定。她的道德美学指导原则是发展个人能力的道德资质，是一种个体自愿的选择。基于以上，能够深刻解析出赫勒强调个体选择对于现代性观点的关系，通过探寻人本位思想对于生存和自由的追求，进一步强化了个体特征的多元主义价值，赫勒的道德美学观是具有现代背景，赫勒对于道德美学的重新诠释颠覆了普遍主义观点下的道德美学范畴，她的道德审美观点抵制了普世主义类别。

赫勒思想的独特性是基于她对现代性的独特的分析。她对现代性的分析中始终认为：现代性本质具有两个方面，即：现代性动力以及现代性社会格局。两者之间互相依存共生形成了其现代性的本质，这里的现代性动力被赫勒称为具有"非辩证特性的辩证法"，这个观点我们从霍克海默以及阿多诺的启蒙辩证法基础上进行理解。由此看来赫勒充分肯定了启蒙的力量，同时加固了应从理性视角进行思考的积极意义。赫勒认为：人们正式基于启蒙以及理性的观点才推动了现代性理论的发展。启蒙是多层次的，它引发思考、引导辩证，它不间断地指导着人们对未知进行探索。赫勒在对于审美现代性的功能进行讨论的过程中，始终保持一种对客观事物的理性思考方式。

赫勒的审美现代性理论的研究，一方面保留了对传统的德国浪漫主义的批判，另一方面，又同时突破了仇视启蒙现代性的极端视角。赫勒的美学思想理论，清楚地认识到现代性存在的异化现象，赫勒从理性角度深层次地对日常生活的现象进行了理性层面的积极评价和思考。赫勒的这种基于理性的价值观反对将技术沦为异化的悲观主义认知观的同时也否认人们将技术视为积极乐观主义的认识。基于这种悖论的理性思考特征，以及客观的研究态度和视角，赫勒具有的现代性理论以及审美现代性的理论体现出其独特的价值观特征。

二、赫勒现代性审美政治学研究的局限

任何一种理论都是不完整的，它会随着年龄限制、个人经验、认知结构等个体差异的不同导致理论的局限性。赫勒的美学现代性思想理论也不例外。第一，虽然其美学思想理论反乌托邦、反宏伟叙事，但赫勒却试图通过

第二章　匈牙利布达佩斯学派的新马克思主义美学

"道德美学"、"思想品德"微革命解放人的思想，这种观念仍然承载一种乌托邦的魅力。因此，赫勒对于人类的解放观是基于马克思思想中的人类解放和发展理论概念而演化和提炼出来的。

从赫勒的美学现代性理论中不难发现：其美学思想中既存在着张力又合并存在着矛盾，这是其美学思想存在的困惑以及无奈的一种折射[①]。赫勒后期的研究中彻底将老师卢卡奇的总体性理论放弃，而是以现代多元主义、片段性以及断裂角度对其美学进行了重新审视和归纳，但同时该理论中深深地充满着哲学的本质和幻想的后现代乌托邦，而就是这种"新的乌托邦"成为了彻底放弃卢卡奇总体性理论的"源动力"！而这种新的"后现代的乌托邦"，赫勒称其为"好的生活[②]"。然而，这种乌托邦追求美丽的同时也不可避免地体现出无奈。赫勒抛弃了已有的哲学的历史，放弃了"宏大叙事"，同时也遗弃了客观的"目的性理论"，但另一方面，又矛盾地体现出其思想难以放弃马克思主义的人道主义关切，所以她又重新慎重引进了乌托邦幻想，但这种乌托邦却不敢直接触及社会政治以及社会经济，只能存希望于"好人"以及"好的生活"中。

正如赫勒所言：现实的乌托邦不是政治激进主义，而是结合了"人类学激进主义"和"政治现实主义"新的结合体。另外，赫勒对日常生活中的"为我们存在"建构，太过理想化。但是赫勒对于日常生活异化问题的梳理体现出其思想的乐观性，赫勒多次提出日常生活必然是异化存在的，日常生活异化成因归根结底不是生活建构主义的问题引发而是在于日常生活社会体系关联的特性。为此，赫勒认为：个人可以获得在某种程度上的每日必要的类本质特征，生活主体对异化的反抗始终是存在的。赫勒对其历史哲学美学的批判使其整体美学现代性理论思想缺乏一种基于历史的宏观视野。从以上观点我们也可以看到，赫勒从黑格尔、卢卡奇、本雅明以及阿多诺的现代哲学历

[①] 高树博：《从理论探讨到个案研究——浅论傅其林〈审美意识形态的人类学阐释〉》，《柳州师专学报》，2008年，第23卷第4期，第11—14页。
[②] 傅其林：《喜剧的异质性存在及其哲学意义》，《文艺争鸣》，第2011年第17期。

史体系背景的美学思想基于后现代视角都给予了批判,赫勒现代性美学思想对于解决美学的现实困境而言,存在着一定的价值和意义。但基于从理论性视角,她批判的历史哲学与美学从客观的角度来看:缺乏一定基于哲学历史的宏观视野。

由于其出生于二战的特殊经历,赫勒对于国家、社会、民族以及人性都有着与常人不同的新的概念以及独特的理解,特别有代表性的就是赫勒对于现代危机的多个视角的解决方案。赫勒的审美现代性理论不单单出于简单的审美感性,而是立足于感性以及理性的双重力量,其审美现代性理论,从多个视角,包括美学、政治学、伦理学等多学科、多角度以及多途径对审美现代性理论进行新的诠释,赫勒的美学理论对于人的彻底解放而开辟了新的思路。赫勒的美学思想深刻体现出其对社会现实的思考,彰显了其美学思想中的多元主义的包容特征,但同时也展现出其美学思想存在的内在张力以及矛盾共性。

尽管赫勒对喜剧现象的深刻理解和阐释解决了一些关乎哲学的重要的问题,但是这些喜剧理论也出现一些未解决的悖论。由于喜剧具备的异质性,不能进行定义,因此,无法从喜剧中推导出其实质,但其"异质性"却成为了普遍概念①。赫勒从抽象的后现代哲学的喜剧经验中,很自然地将喜剧纳入到了属于自己哲学范畴的框架中。她如此轻松自如就能对喜剧现象进行归属,是因为赫勒一直试图通过哲学框架去剖析喜剧去体验喜剧,并且通过使用阐释学中的"此在分析"对喜剧进行了直观的把握,反映出赫勒独特的新视角和新观点,但却不能摆脱海德格尔和卢卡奇具有抽象性的思维模式,两者之间观念的不同是基于哲学思考的角度不同。《永恒的喜剧》对于喜剧极具创新性和原创性的阐释,使得喜剧散发出不一样的哲学观点。赫勒通过对悲剧或其他形式融入到喜剧现象研究的机理之中,这些均有待进一步商榷。再者赫勒从喜剧现象和喜剧作品来理解现代性的审美和政治问题,确实丰富了现代

---

① 傅其林:《喜剧的异质性存在及其哲学意义》,《文艺争鸣》,2011年第17期。

第二章　匈牙利布达佩斯学派的新马克思主义美学

性理论，但是放弃主流的宏大叙事，悲剧理论也是有失偏颇。

现代性与审美现代性已成为当代学术领域最为关注的重点问题之一，对于现代美学而言，赫勒的理论对当代学者来说具有启发意义。这是因为，随着现代社会和现代精神的危机，随着现代的审美价值的枯竭，是否现代审美文化要面临着终结，成为现代美学研究人员不能避免的现实问题。因此，无论答案是否是一致，是消极的还是积极的，都应从理论的视角分析它的形成与特点和存在的矛盾，我们要从真相角度、从实事求是客观的角度看待这些学者关于现代性与审美现代性的这些理论，只有客观对待才能更加清晰冷静地辨析这些理论之深层次的动因。

第三章 捷克存在人类学派美学

捷克存在人类学派美学主要以科西克和斯维塔克为代表。科西克在总体性辩证法的基础上强调实践与艺术的关系，而斯维塔克作为一个哲学家和激进的政治活动家，却对文艺问题有着特别的关注，其文艺理论是其人道主义马克思主义理论的重要组成部分。他们共同之处是对人的存在的关注，受到海德格尔的存在主义的深刻影响。

第一节 科西克的美学理论及其文艺批评实践

科西克通过对于总体概念的重新阐释，提出了自己的总体观——具体总体。具体总体是一个结构着的、进化着的、自我形成的总体，是一个辩证的、能动发展的概念。与具体总体相对立的是虚假总体，科西克对虚假总体的三种表现形式：空洞的总体、抽象的总体、恶的总体进行了深入的批判。虚假的总体把人的创造性排斥在了总体之外，设想了一个没有人的实践参与的世界，使总体丧失了辩证性。科西克还通过对伪具体世界的揭露和对人类作为主体的实践活动的重视，批判了人的操持与操控的机械劳动与异化生存。在操持与操控的世界中，人完全沦为了机器与装具，重复着片面的劳动。科西克认为，只有人们摆脱异化的世界，才能真正实现自由自觉的创造性实践活动。人通过实践活动超越了自身的有限的存在，从而向实在敞开，实现了人的本真性的存在。科西克把对艺术的思考与具体总体问题联系起来,形成了独特的文艺理论。科西克强调,艺术不仅是对现实的反映,同时也是对现实的建构。既是反映,又是投射,而不是像普列汉诺夫所认为的那样,艺术是经济或社会的等价物。一件艺术品是一个结构完整的综合体,它在描绘现实的同时也构造着现实。科西克还指出了艺术作品的短暂性与永恒性的辩证关系。艺术作品之所以比产生它的那个时代更具有生命力,是因为艺术作品见证并超越了那个时代,它的身上有着鲜明的时代印记。艺术作品携带历史中的事件,这些事件对后人具有很强烈的感染力,这也是艺术作品能够长久存在的原因。有的伟大的艺术作品诞生以后,并没有立即受到人们的赞赏,这是艺术作品的短暂的"冬眠",是其保持长久生命力的内在要素。审美现代性问题也是科西克关注的内容,他认为,人作为审美的主体,不仅承担着审美的功能,还承担着社会变革的责任。要实现审美主体的功能,首先要摧毁伪具体世界。科西克的文学批评与他的艺术理论密切相关,他通过对卡夫卡和哈谢克的作品中荒诞的世界的分析,揭露了人的异化的生存。科西克认为,笑与幽默能够使人们摆脱精神的重压,让人们团结起来反抗暴政,让人们在笑声中重新认识自己,获得自由与人性。科西克通过他的具体总体观,艺术理论与文学批评实现了对于人的生存状态的关照。

一、科西克的哲学思想

(一)具体总体与具体辩证法

关于总体的研究由来已久,哲学家们从不同的立场出发,提出了他们对于总体概念的独特理解。科西克在他最重要的著作《具体的辩证法》一书中首先提出了他的总体观——具体总体。科西克综合了前人关于总体的各种观点之后,对总体概念做出了自己的阐释。科西克总体理论的独创性体现在他把具体与总体这一对内涵丰富的概念结合起来。因此要理解科西克的思想,我们必须分别对这两个概念加以深入考查,这样才能对科西克思想的脉络有一个清晰的认识。

在哲学史上,哲学家们对于总体概念都进行过不同角度和层次的阐释,总结起来，主要是从本体论、认识论和目的论三个方面进行论述的。最早出现的是从本体论角度的研究，这种研究带有非常朴素的性质。古希腊哲学就是这种朴素本体论研究的代表，在古希腊哲学家看来，世界本质就是一种总体性的存在。这种构想也基于古希腊哲学的朴素性质。古希腊哲学家们通过种种对于世界万物何以可能这一早期的哲学核心命题的思考，加上普通的直观经验，得出世界万物处在普遍的联系之中的结论。古希腊哲学家赫拉克利特最早对总体概念做出比较系统的解释，他认为世界处于永恒的、有规律的运动之中，这种规律就是"逻各斯"。因此"逻各斯"在赫拉克利特那里获得了至高无上的地位。黑格尔对于总体概念进行了很大改造与拓展，使之成为了其"绝对精神"运动发展的根据，从而摆脱了赫拉克利特时期的僵化的概念，"逻各斯"内涵获得了很大的丰富。第二种总体观是目的论意义上的。人把自己的需求投射到外部世界之中，并把它当作世界发展的方向，这就是目的论的总体意义。柏拉图的理念论已经明显具有了目的论的特征。他把世界划分为理念世界与表象世界，善的理念居于最高地位，是万事万物所必须遵循的法则。亚里士多德的四因说更加明确地体现出了目的论的指向的总体观。四因说想要说明的是事物运动的本质原因，亚里士多德把运动视为一种有目的的活动，通过实现目的来实现自身。因此，亚里士多德所说的本体就是他所要达到的目的的过程，而不是一种静止的目的。马克思的全部学说都以实现人类的自由与解放为目的，因此他对于人的异化生存进行了深刻的批判。实践是马克思学说的核心观念，实践是人类独特的生存方式：实践既具有现实性又指向人类存在的总体性。通过批判性的实践活动，人类超越了有限的、片面的生存状态，实现了自由与解放的最终目的。最后一种总体观是认识论意义上的。哲学史上各种对于本体的研究，最终都是把世界看作处于内在统一的整体当中。马克思把认识看作实践的必要环节，认为认识的总体性根源于实践的总体性。一方面，人类通过对自然、社会以及思维的各种研究，形成对各领域的正确认识。另一方面，又要超越自身发展的局限性进行进一步的认识，通过实践才能扬弃有限的生存状况，实现人的自由与解放。

第三章 捷克存在人类学派美学

通过以上对于总体概念发展过程的三种不同角度的考察,我们可以看出三者之间有着内在的联系:本体论意义说明人与世界的根本存在方式,目的论意义说明人的活动的意义与指向,认识论意义指明了人类认识的方式。科西克通过前人对于总体性的研究成果的批判与吸收,创造性地提出了他自己的总体观——具体总体。

具体总体概念是科西克全部思想的核心。科西克认为,总体的概念在20世纪被普遍接受和认可,但是人们并没有真正把握总体的内涵。种种片面的理解,导致总体概念的内涵发生了流变,不再是一个辩证法范畴的概念。因此,当务之急是要纠正人们对于总体概念的曲解。在唯物主义哲学当中,具体总体首先要回答什么是实在的问题。然后才能研究它作为认识论和方法论的意义。"20世纪各唯心主义流派抛弃了总体三维性的方法论原则,把总体化约为单一的维度:整体与部分的联系。"[①]他们割裂了总体概念,使之不再是一个连贯的方法论原则。具体总体是一种本体论,一种实在观。"实在是一个具体的总体,是一个结构着的、进化着的、自我构建的整体。"[②]具体总体不是一些碎的事实的堆积,科西克明确反对把总体理解为事物的相互联系,以及整体的作用大于部分之和等方法论教条。总体是一个辩证的、能动发展的概念,在总体不断的自我发展与完善的过程中,其内涵得到最大的丰富。总体是从事物的内在规律入手,达到对事物本质的把握,并从外部纷繁的表象中把握事物的内在联系。

科西克认为,辩证法的研究对象就是人与总体的关系。按照这一观点,科西克把总体分为三个层次。首先是社会——人类实在的总体,其次是人的总体,最后是精神再现的总体。辩证法的对象活动范围与领域也相应地规定在三大领域:人的社会实践领域;人的历史领域;人的广义认识领域(包括科学、哲学、艺术、宗教等)。显然,在科西克看来,具体辩证法之所以是具体

---

① 〔捷〕卡莱尔·科西克:《具体的辩证法》,傅小平译,社会科学文献出版社,1989年版,第92页。
② Karel Kosik. *Dialectics of the Concrete.* England: D. Reidel Publishing: Company, 1976. p. 23.

的，就在于它以人的社会历史活动为研究对象。

科西克认为，总体的观点不同于经验主义者的观点。与总体的观点相反，经验主义者只是停留在对于事物外部表象的考察与研究，通过这些偶然的、飘忽不定的现象无法达到对于总体的真正把握。经验主义者的做法只能片面地理解总体，并且根据不可靠的现象研究，对总体的概念进行歪曲。经验主义者夸大了现象的可靠性，认为根本不存在一个具有本质规定性的实在。只有现象才是直观的、实在的，因此才能作为把握世界的依据。没有具体的现象分析，而探讨抽象的总体与实在，只能离真实的世界越来越远。

经验主义者与存在主义者都对总体概念进行了批判，他们认为世界丧失了统一性，无法从中追寻存在的终极意义。因此应当放弃对于终极意义的追求，而关注当下的具体生活。只有具体的东西，直接地呈现在人们眼前的东西才是值得关注的。科西克认为，人通过自由的实践活动能够把握实在。人首先是社会的、历史的实践主体。认识自然和认识社会都是与主体生存密切相关的活动。只有充分认识到人的生存的重要性，才能更好地认识世界。人通过不断的社会实践，创造出了完全不同于自然的社会生活。在创造与实践当中，人才能完全展现出自身的力量。我们既不能过分夸大人的力量，也不能相反，把人视为微不足道的存在。只有客观地正视人的存在与实践，才能真实地认识世界。从根本上说，具体总体是人类通过自身的努力实践活动，超越了有限的、片面的生存状态，最终实现自由的发展。科西克通过具体总体这一概念，实现了对人的异化生存的关照。

与具体总体相对立的是虚假总体，科西克对于虚假总体进行了深入的批判，认为虚假总体的出现源于人们对于具体与总体关系的形而上学认识。虚假总体有三种表现形式：第一是空洞的总体，它决绝进行理性的反思，缺乏洞察力，没有理解整体是一个有机的整体；第二是抽象的总体，它把整体抽象地理解为一个独立存在的封闭僵化的结构，没有形成和发展的过程；第三是败坏的总体，即是说现实的主体被神化了的主体所取代。以上三种虚假总体的共同点在于，它们都把作为主体的活生生的人排斥在了总体之外，使总体变成一

第三章 捷克存在人类学派美学

种外在的控制人的力量。与具体的人相比，虚假的总体更加倾向于认同外部的表象。虚假的总体设想了一个没有人参与的社会历史现实，认为这种历史现实不能够被人所控制或者改变，因此人不能影响外部世界的运动发展。然而这种"不以人的意志为转移"的客观世界又是如何实现自身的发展的？虚假的总体只能把原因归结于重要人物的主观意志。虚假的总体遮盖了具体的总体，使其丧失了辩证性，二者处于激烈的斗争中。科西克提出具体总体就是想摧毁虚假总体，"即摧毁现象的拜物教化的和虚构的客观性，认识它的真实的客观性。"① 如果不能摧毁虚假的总体，就会使它与具体的总体混淆起来，从而使人们很难解释具体总体的历史客观性。也不能够正视人在历史发展过程中所体现出来的决定性作用，没有人类实践参与的社会历史发展永远是抽象的、虚假的。虚假总体从根本上忽视了人作为历史实践主体的意义，没有认识到社会发展的本质原因与动力，过分强调了外部因素对于世界的决定性影响。

科西克想要通过对于具体总体涵义的揭示，实现其对于全人类生存世界的关照，他直接批判了虚假的总体观与伪具体世界。所谓伪具体世界，就是指"充塞着人类生活平日环境和惯常氛围的现象集合"。② 伪具体世界包括：

纷呈于真实本质过程表面的外部现象世界。这种外部世界具有偶然性、不确定性，是"模棱两可"的世界。但是"这种外部世界不是主观的，而是特定的客观社会现实（如商品经济中的货币关系），并且也是具体的，是一种感性的复杂性。"③ 人们无法单纯依靠对于外部想象的研究来深入事物的内在本质。然而没有现象的中介性，人又根本无法达到本质世界。因此，现象成为了既掩盖本质又揭露本质的矛盾体。科西克认为，捕捉某一事物的现象，就在于通过对此现象的研究来掌握本质如何在现象中显现自身，又如何在其中隐藏自身。具体的辩证法通过现象的中介性来消除现象的虚构性，实现对于本质的探究与发掘。没有现象的中介性，人们是很难认识本质的。

---

① 〔捷〕卡莱尔·科西克:《具体的辩证法》，傅小平译，社会科学文献出版社，1989年版，第37页。
② 同上书，第2页。
③ 张一兵:《文本的深度耕犁》第一卷，中国人民大学出版社，2004年，第203页。

操持和操控的世界。"操持是抽象劳动的现象方面。劳动被分裂、被非人格化了，以致它的所有领域（物质的、经营的、理智的）都表现为单纯的操持与操控。"① 操持与操控的出现，意味着人类劳动更加严重的拜物教化。在这种拜物教化的世界中，人转变为具体的机器与装具，从事着日复一日的重复性劳动。这种片面的劳动不能让人们理解实践的意义，而只是观察到了生活中的细枝末节。人受雇于一个机械化的操控系统，一方面他是机械的操控者，另一方面他也被机械所操控。人类的完整的实践活动被分割为一些具体的、琐碎的、片面的单独操作，人丧失了主体性，沦为了机械运动的装具。"由异化实践客观地构建成的这种悟性的表面世界中，同样异化的个人主体只是通过异化实践和相应的日常思维，使自己在这个世界中'找到可行之路，使人们感到与物相熟悉，并能处置它们'，但这恰恰无意识地阻止了人对'物的实在'的本质性理解。"②

日常观念世界。日常观念世界即平日的世界。平日组成了漫长的人类历史，不论是什么人都必须生活在平日之中。平日是一个惯常的、自然的、被人们信任的日常生活世界。这样的日常世界如此之平常，乃至于很少有人追问过平日的意义，怀疑过平日的真实性。平日只有被意外打断时，才会引起人们的反思。如果我们停下来思考一下这样的日常生活的本质，是不是就会产生诸多的疑问。比如，平日是真实的还是虚假的？平日的存在体现了什么，又遮蔽了什么？我们是否应该信任平日？科西克说，在平日里，人们连断头台都能习惯。"任一平日的主体，都可以任意换为别的主体，平日的主体是可以互换的。"③ 可见，平日并非像我们所感受到的那样是具体的客观实在，而是被拜物教化的、直接的功利性操持所控制了的人类异化生存现状。

固定客体的世界。所谓固定客体的世界，科西克认为不是指客观自然的客体，而是人类实践活动的创造物。在科西克看来，人类所创造的经济体系

---

① 〔捷〕卡莱尔·科西克：《具体的辩证法》，傅小平译，社会科学文献出版社，1989年版，第48页。
② 张一兵：《文本的深度耕犁》，第一卷，中国人民大学出版社，2004年版，第202页。
③ 〔捷〕卡莱尔·科西克：《具体的辩证法》，傅小平译，社会科学文献出版社，1989年版，第55页。

中的一切都可以看作是固定客体。固定客体给人一种如同自然环境的印象,人们很难发现其中有人类实践活动参与的痕迹。实在不是固定不变的,而是一个不断发展和自我形成的过程。人不可能直接指出现成的实在,而必须通过实践活动,把握实在。没有人类实践活动参与的实在是不可能的,自然界并非完全脱离人的客观存在。固定客体并不能体现出实在的本质。

伪具体世界对于生活在其中的人们来说,就是实实在在的真实世界,因此他们更容易接受这样一种直接的、非理性的、具有渗透性的日常观念。然而,伪具体世界是一个被异化的世界。"这里盛行着模棱两可的东西,现象在显露本质的同时也掩盖了本质。"①认识现实意味着能够把本质与现象分开。本质并不是直接暴露在我们面前,而是需要通过现象的中介才能够认识。人通过特定的实践活动,如科学、哲学与艺术活动等,才能揭露其本质。

在伪具体世界中,人们都在直接的功利主义的指引下从事实践活动。资本主义社会通过拜物教制度来制约人类的活动,使人丧失了主体创造性。因此只有解除伪具体世界对人类的束缚,才能真正实现人的自由与解放。资本主义拜物教化的实践,即科西克所说的"操持"与"操控"。"操持是抽象劳动的现象方面,劳动被分裂、被非人格化了,以致它的所有领域(物质的、经营的、理智的)都表现为单纯的操持和操控。"② 由"劳动"向"操持"的转变,意味着人类的拜物教化的加剧。人们千篇一律地重复着这样丧失了价值的生活,已经不知不觉成为了这种生活的奴隶,丧失了追问生活意义的能力。此时在人类的意识当中,世界表现为僵化的、机械的世界。个体就在这样的机械世界当中活动着,人操控机器,机器也操控着人。人早已经忘记了这原本是一个人类创造出来的世界。人的主体意识被掏空了,完全顺从于这种重复性的机械劳动。

科西克认为,要摧毁伪具体世界,有以下三种方式:

第一,以人类的革命——批判实践来摧毁。"为要批判的理解世界,解

---

① 〔捷〕卡莱尔·科西克:《具体的辩证法》,傅小平译,社会科学文献出版社,1989年版,第3页。
② 同上书,第48页。

释本身必须根植于革命的实践。"① 只有把人类的实践活动提高到革命的层面,才能彻底摧毁伪具体世界。"摧毁伪具体并不是撕下一块帷幕,露出隐藏在后面的现成的、给予的、不依赖于人的活动而存在的实在。"② 唯物主义认为,摧毁伪具体可以带来主体和客体的共同解放。人可以改造自然、改变世界,是因为他所面对的实在是由他自己创造的。正因为如此,他才能够凭借自己的力量来摧毁拜物教的伪具体世界。摧毁伪具体世界是为了更好地彰显实在,摧毁得越彻底,实在就越真实。人们通过批判的辩证法要能够看到颠倒的物象世界背后,说明拜物教化了的伪具体世界背后还存在着真实的本质世界。科西克认为,历史是由人创造的。这种创造从根本上说,就是人类的革命——批判实践活动。人在历史中实现了自由进步,实现了对于未来的蓝图,也实现了自身。

第二,以辩证的思维来摧毁。科西克指出:"要批判地理解世界,解释本身必须根植于革命的实践。"③ 通过辩证的思维,人可以改变和改造自然,可以更加清楚地认识实在和"物自体",从而溶解拜物教化的世界。真实的世界并不是那个遥不可及的现象世界,而是一个人类实践的世界。辩证法与日常观念的庸俗化是根本对立的,它必须打破日常生活中的表面自主性。在摧毁伪具体时,辩证法并不是机械地清除造成伪具体的一切客观事实,而是通过辩证的研究与反思,达到对于客观实在的清醒认识。自然的东西并非都是一目了然的,人必须通过理性的、辩证的思维追本溯源,到达真理的所在。辩证的思维与革命——批判实践是统一的。首先要在理论上找到伪具体世界存在的根源,打破拜物教世界的桎梏,其次才能通过革命——批判的实践进行彻底摧毁。对于实在的清晰认识,永远是辩证思维的首要目的。

第三,通过真理的实现和个体发生过程中人类实在的形成来摧毁。科西克认为,真理的世界就是通过每个个体的努力创造的,每个人必须通过自

---

① 〔捷〕卡莱尔·科西克:《具体的辩证法》,傅小平译,社会科学文献出版社,1989年版,第8页。
② 同上书,第9页。
③ 同上书,第8页。

第三章 捷克存在人类学派美学

己对于真理的探究而占有真理,而不是通过他人代理。这种方法为前面两种方法确立了一个更加凸显人类主体性的基础,这与人类追求自由解放的出发点是一致的。真理不是不以人的意志为转移的外部世界,而是我们自身的存在。真理本身是一个发展的、自我形成的过程,因此人也不可能一劳永逸地掌握永恒的真理。要把追求真理和超越个体的存在的时间结合起来,在不断地摧毁伪具体世界的过程中掌握真理。个体在实践中具有至高无上的能动性,每个人都有可能对人类文化的创造做出贡献,也可能创造属于其个体的文化。齐默尔曼指出:"对科西克来说,人类存在只有在它打破人类中心的主观主义以后,在它表露出自然的'绝对总体'以后才能彻底实现。"[①]

通过对总体概念的发展过程、科西克的具体总体和具体辩证法的提出的分析,我们可以看出科西克首先明确了具体总体是一种实在,其次才能作为方法论的原则。在研究具体总体的过程中,人们遇到了种种遮蔽,如虚假总体对于具体总体的遮蔽,伪具体世界对于具体世界的遮蔽。科西克认为,首先要清除这些纷呈于真实总体之外的迷雾,才能通过实践进入总体。现象既揭示实在,同时又遮蔽实在,人可以通过现象的中介性把握实在。人的主体性是科西克实践理论的核心力量,只有充分肯定人的主体性在历史活动中的地位与作用,才能真正地发挥人的创造性,实现人的自由自觉的本质。

(二)实践与总体

科西克的哲学,从本质上来说是一种实践哲学。科西克认为,人首先是社会的、历史的实践主体。实践是人类特有的存在方式,人类通过不断地实践,创造出了完全不同于自然环境的人类生活环境。人在实践与创造过程中,最大程度地体现了人的本质力量。虽然社会存在不同于自然存在,前者身上带有明显的人类改造印记,但是他们都是实在。人类既要肯定自身的创造力,同时又要肯定自然的实在性,不能盲目地夸大人的改造力量。这种思想倾向有碍于我们对于真实世界的理解。

[①] 〔美〕齐默尔曼:《科西克的海德格尔的马克思主义》,高地等译,《哲学译丛》1985年第4期。

具体的辩证法的确立,就是以科西克的实践理论为基础的。《具体的辩证法》开篇就提到:"辩证法探求'物自体'。但是,'物自体'并不直接地呈现在人面前。把握'物自体'需要付出一定的努力,还要走迂回的道路。"[①] 这个道路毋庸置疑就是实践的道路。作为贯穿《具体的辩证法》一书的主线,实践的重要性不言自明。除了实践之外,要把握"物自体"还需要一种系统的认识方式。物自体不是具体呈现在人们面前的东西,要通过辩证的、批判的思维与实践才能把握它。在本书的结尾处,科西克总结说明:"哲学研究的'物自体'就是人及其在宇宙中的位置。换句话说,它是人在历史中发现的世界总体和存在于世界总体中的人。"从"物自体"到人的线索,是由物到人的时间——生成的过程。在《现代性的危机》一书当中,科西克更是从人与历史、人与社会、人与道德等诸多的辩证关系中揭示出时间对于人生存的重要意义。因此,实践与辩证法不可分割,共同构成了人类改造自我与改造世界的前提。

1. 实践与劳动

马克思说过,"全部社会生活在本质上都是实践的"。[②] 人首先是通过认识的方式来了解世界,这样的认识并不是对世界本质的把握。只有通过与实践的结合,人们才开始深入世界的本质。人类通过自身的实践活动构造了外部世界与个体的内心世界,因此人类是实践着的主体。要认识"自在之物",人必须把它拿过来为我所用。人并不是自我封闭的主体,他通过实践活动获得了更大的能动性,从而最大程度上解除了外部世界对于自身的限制,恢复了人的本来面目。

科西克对于实践的研究让实践的内涵更加丰富,进一步提高了实践的存在论高度:认识如何存在的? 人正是通过实践而存在的,实践是人类特有的存在方式。实践不是一种具体的操作活动,不同于人类日常生活中的现实劳

---

① 〔捷〕卡莱尔·科西克:《具体的辩证法》,傅小平译,社会科学文献出版社,1989年版,第1页。
② 《马克思恩格斯选集》第1卷,人民出版社,1995年版,第56页。

动。"在实践性操控(操持)中,物和人都是装具,是操控对象。他们只有在一个普遍操控性的系统中才有意义。"①现实中的操持与操控,只是异化的劳动,它们并不能代表真正的实践活动。

"人不是一个抽象的认识主体,不是一个思辨地对待实在的沉思着的头脑,而是一个客观的实际行动着的存在,一个历史性个体,亦即在与自然和他人的关系中进行着实践活动,并在一个特殊的关系综合体中实现着自己的目的和利益的个人。"②实践是一种创造性活动,真正的人的世界就是实践的世界。实践的主体由于各种现实的目的,通过自我的努力,来提升生存的价值。在实践中人与自然、人与社会、人与历史等诸多领域建立了联系。实践的本质是它能够揭示出人类作为主体的存在价值,从而更好地理解社会。实践是能动的,它在历史中不断地为主体开放,增加人的创造力。实践的第一构成要素是劳动。劳动包括具体的现实操持与抽象的实践活动。虽然前者也是人类的实践活动之一,但是它对于人的生存所产生的影响是有限的。科西克认为,首先要搞清楚什么是劳动,其次才能搞清楚人是什么,这两个问题存在着内在的联系。

劳动首先是动物向人转变的关键,劳动是人的诞生地。没有生存的要素,劳动就不能成为实践的一部分。没有对于生存的追求,人的实践活动就会降低为一般工艺和操控的水平,即拜物教化的实践。黑格尔指出,人和野兽都具有动物性,但是二者的表现完全不同。动物通过直接的自然物质来满足自身的基本需求。对于人来说,这样直接的物质满足显然已经远远不够。人必须借助劳动这个中介来间接地、创造性地满足自身的需求,从而与动物进行本质的区分。人在劳动过程中,一方面满足自身的物质需求,另一方面通过改造自然使自然成为人实践的对象,从而更好地为人类服务。科西克认为,人在劳动过程中实现了主体与客体的完美统一。从历史的发展过程来

---

① 〔捷〕卡莱尔·科西克:《具体的辩证法》,傅小平译,社会科学文献出版社,1989年版,第50页。
② 同上书,第1页。

看，正是人类这样的劳动实践，才使人逐渐摆脱动物性，获得了人性。因此，劳动超越了动物的本能活动，成为了人类特有的活动。

其次劳动让人类实现了合规律性与合目的性的统一。人通过劳动开始慢慢地接触更广阔的自然与世界，更加了解自然的规律，人在遵循自然规律的同时，也更好地改造自然。人们首先必须尊重自然，然后才能通过认识和实践获得有关自然的本质的规律，并进行合适的改造，使之更能适应人类的需要。人开始摆脱了自然的种种神秘性的束缚，自然也转变为人的对象化客体。劳动的创造性让人获得了更高的认识能力与劳动技能，能够满足人对于物质的更大更高的需求。"通过劳动，人对象化了而对象人化了。"① 科西克认为，人通过自身的劳动创造了一个属于自己的、具有人类精神意义的世界，而动物依旧被束缚在自然界中。人在劳动中实现了自身的对象化，而原本作为劳动对象的自然则脱离了其原始的背景，经过人的加工改造更加适合人的需要。因此，劳动既改造了自然界，同时使人的意义得到了更好地实现。劳动是一个持久的、不断发展、不断获得新的意义的对象性活动。劳动产品作为劳动过程的结晶，也在其中延续着劳动创造意义与价值。人通过劳动超越了动物性的基本需求，突破了自身的有限性生存，从而在劳动的产品中达到了生命的延续。

最后，劳动是一种对象化的活动。"人的每一种活动，每一种特征和本能，都是为了自身的需要，即强烈地寻求外界事物和其他人。因此对象性是人的本质特征，它表现在生产中。因为人急需把外界事物作为自身存在的组成部分，所以，他就把它们制作成他所需要的东西，即生活必需品。通过制作这些生活必需品，人也就间接地创造了他们的物质生活。"② 作为劳动主体的人，无时无刻不处在对象化的实践中。人在实践活动中，建立了与实践客体的长久联系。人改造了自然的自在性，使其更加有利于人的生存需要。人

---

① 〔捷〕卡莱尔·科西克：《具体的辩证法》，傅小平译，社会科学文献出版社，1989年版，第152页。
② 〔南〕马·切凯奇：《实践是检验真理的标准吗？》，郭官义译，原载于《南斯拉夫哲学论文集》，三联书店，1979年版，第432页。

的对象化实践让人更加清楚地认识到认识能动的主体，人能够自由地实现追求更好生活的目的。对象化的实践还让劳动的主客体达到了相互促进的统一。

人类的所有的社会关系，都必须依赖人的劳动。人在劳动中扬弃了自然的自在性，有意识地把自身的创造力量施之于自然存在物，从而实现更好利用的目的。在这个过程当中，人一方面征服了自然，让自然获得了前所未有的可塑性。另一方面也从对象化的自然中，得到了关于人自身的意义启示。但是，我们不能仅仅把实践理解为纯粹的对象化活动，如果把劳动当成了实践的全部活动，那么就相当于把实践拉回了机械操控的层面。除了劳动，人还有追求生存意义的冲动，正是因为对于生存的重视，人才能够突破自然的束缚，追求更加自由的存在。如果没有追求生存自由的冲动，那么劳动就不能成为人类实践的一部分。

一方面，人在对象化的实践过程中发现了自身的有限性，这让人更加努力克服自身的有限性。另一方面，人又在对象化的实践中看到了人的力量的无限性，人的创造力的永恒性，让人获得了极大满足感。漫长的人类历史就是一部人类与自身有限性的斗争史。人的存在是有限的，短暂的，但是人的对象化活动会一直延续下去，人不会因为个体的短暂存在而否定实践，每个人都在对象化的实践中留下了个体的印记。

2. 实践与人的自由

实践除了对于劳动要素与人的生存要素的关注之外，还有对一般实在开放的向度。人在实践的过程中创造出了独特的人类社会实在，这种实在并不是封闭性的，而是对人类实在和存在开放。科西克认为，实践对于人类社会实在的把握不是单向度的，而是多向度的，多维的。在此基础上，科西克把实践分为三种基本的表现形式：个人实践、社会实践与哲学实践。

个人实践表现为个人为了满足其生存的需求而进行的实践活动。人首先要满足衣食住行的基本生活需求，才能从事更加高级的社会活动。因此，个人的实践活动首先从获得基本的物质生活资料开始。个人实践与社会实践有着不可分割的联系,彼此相互影响,相互促进。

社会实践是人在获得了生存所必须的物质资料之后,所从事的对于社会发展进步有影响的活动。人是社会性存在,不会仅仅满足于基本的物质生活,因此总是希望能够在社会实践活动中体现自身的价值。社会历史的进步与发展,都离不开人类的社会实践活动。人在社会实践中建立了人与人、人与社会的关系,使人的社会性得到了更大程度的提升。

哲学实践是人的精神实践的集中体现。科西克说,人是唯一知道自己必死的动物。因此,人从没有停止过对于生存意义的探索。哲学是人类思想的精华,也是人探究自身存在意义的丰硕成果。从个体实践到社会实践,再到哲学实践,人类经历了漫长的历史。不仅是哲学,还有艺术、宗教、科学等广义的认知领域,都是人在精神实践中的收获。人知道自己必死,因此才更加注重存在的价值。哲学的实践也是人对于存在价值孜孜不倦的追问。

科西克认为,实践不是只决定人类存在的某些方面和某些品格,而是在一切表相中渗透到人类存在的本质。[①] 实践在总体上决定着人的本质规定性,这种决定是内在的渗透,而不是外在的干涉。动物和机器没有实践活动,因此也不知道什么是实践。它们没有对于死亡的恐惧,没有对于自身有限存在的焦虑。人的必死让人对于生存充满了紧迫感,这种紧迫感让人超越了动物与机器,对于未来的向度充满了期待。人希望把自己的存在的意义,凿刻在作为对象的自然材料上,从而消除焦虑、恐惧等消极心理因素。

实践指向人的自由。人在实践的基础上超越了动物与自然界的封闭性,建立起了人与总体的联系。"世界总体包含着人,包含着人作为有限存在和无限的关系,包含着他对存在的开放性。正是在这一基础上,语言与诗歌、发问与认识才成为可能。"[②] 人不是生存在自己的主观性之中,而是通过自己的存在与实践,获得超越自己主观性的能力。从而能够认识事物的本来面目,

---

① 〔捷〕卡莱尔·科西克:《具体的辩证法》,傅小平译,社会科学文献出版社,1989年版,第171页。
② 同上书,第175页。

并把作为实在的总体精神地再现出来。这个精神的再现,就是通过艺术与哲学实现人的精神自由与独立创造。

二、科西克的艺术理论

科西克在具体总体与具体辩证法的基础上思考艺术问题,形成了独特的艺术理论。艺术的实质是人类现实,立足于世界的总体性之上。人类实践作为主客体的统一成为了艺术生产的基础。与反映论的艺术观不同,科西克的艺术实践理论强调艺术反映现实,而且认为艺术同时是对现实的投射,是对现实的建构。艺术与社会实在不是简单地反映与被反映、决定与被决定的关系,而是互相建构的,二者不可分割。艺术是社会实在的构建性元素。基于这种艺术观,科西克对普列汉诺夫的艺术反映论进行了批判。普列汉诺夫认为,艺术是社会经济因素的反映,是社会条件的表现,这是一种典型的机械决定论。科西克指出,普列汉诺夫的艺术观的失败在于,他从来没有真正理解马克思的实践理论,因此不会对艺术做出任何实质性的分析。

(一)作为实践的艺术

马克思主义强调社会意识涉及到主体生产和再生产社会现实的过程,强调社会意识的真理处于社会存在之中。人不仅通过成为客观对象而存在,而且他在客观活动中呈现出他的现实性。在生产和再生产社会活动时,在人把自己构形为一个社会历史存在时,人生产物质商品、社会关系和制度,并在此基础上产生观念、情感、人类质性和相应的人类感觉,人类实践作为主客体的统一成为艺术生产的基础。"人在本质上是一种实践的存在,即一种能够从事自由的创造活动,并通过这种活动改造世界、实现其特殊的潜能、满足其他人的需要的存在。"① 因而,实践把自由和自我实现的规范意义作为内在的属性,区别了可以异化的劳动与目的性的实践活动,这种界定本身包含着审美的维度,也是艺术活动的基础。科西克明确提出,真实世界是人类实践

---

① 〔南〕马尔科维奇、彼德洛维奇主编:《南斯拉夫"实践派"的历史和理论》,郑一明等译,重庆出版社,1994年版,第23页。

的世界，是生产和产品、主观和客观、起源发生和建构的统一体。他从现象学和存在主义的视角重新阐释了物，否定了列宁的作为不以人的意志的纯粹客观的物的概念，认为物的结构即物自身不能直接地也不能通过沉思或纯粹的反思或者反映加以掌握，而只能借助于某种活动才能掌握。这些活动是人类掌握世界的不同类型或者方式，艺术也是人类掌握世界的方式之一。艺术始终是一种区别于劳动的自由创造，一种出类拔萃的人类实践活动。艺术的实践过程就是本体建构的过程。

文艺复兴揭开了人类发展的新纪元，重新发现和肯定了人的价值。文艺复兴对人的思考是从劳动开始的，开始重视人的劳动与创造。"上帝也创造，但他不劳作，而人既创造又劳作。"① 人用自己的无限的潜能创造出一切伟大的艺术作品，并且会永不满足地追求超越，创造出更加精美、更加完善的作品。艺术品不是简单的物质产品，而是代表一个时代创造精神的最高水准。人类每一次对艺术品的消费，都包含着对于未来的新的期待。这意味着，艺术品不仅具有审美价值，而且还有助于改造社会环境，形成新的社会风气。"新生的人类世界宛如波提切利的维纳斯一样透明，她沐浴着春光从一只海贝中走出来。"② 科西克通过形象的比喻说明了艺术对于人们性灵的涤荡作用。通过对于艺术的欣赏，人们更加能够体会人类创造性的伟大与神奇。

资本主义的出现粗鲁地打断了这一和谐的联系，把劳动与创造分开，把作品与作者分开。劳动从此成为了机械重复的苦役，丝毫没有创造性可言。"创造是艺术。而工业劳动则是呆板的程序，是千篇一律的重复，因而是毫无价值的和自我贬低的东西。"③ 劳动的产品也是千篇一律的生活消耗品，不会引起人们的任何欣赏。只有艺术才是创造性的。文艺复兴时期的艺术家们，现在却变成了机械呆板的手工匠，等同于工厂的机器、铁锤等工具。当人无法控制自己所生存的世界时，也就失去了本应具有的中心位置，失去了实在

---

① 〔捷〕卡莱尔·科西克：《具体的辩证法》，傅小平译，社会科学文献出版社，1989年版，第8页。
② 同上书，第84—85页。
③ 同上书，第85页。

本身。"现在,物和物像化人类关系的客观世界是真实的实在。与此相比,人则表现为错误、主观性、不精确性和任意性的根源。"[①]科西克认为,此时的人由原来的真实的实在,变成了一个不真实的、不完整的实在。社会上流行着经济至上的理念,经济取代人成为了新的实在。一切都是由经济决定的,都是经济的产物。人失去了自己的自主性与控制力,人的地位分崩离析,变得不堪一击。"经济就是以这种拜物教化形式或畸形状态进入19世纪思想家的意识,以经济因素和社会实在的初始原因的身份滥施淫威。"[②]但是很多思想家变成了"经济因素"思想家,他们相信经济的这种神秘的自主性的合理性。这种把社会意识、艺术以及哲学等等都由经济因素决定的观点与马克思的思想毫无瓜葛。唯物辩证法强调了历史主体——人,利用自身的经济基础性质创造出一个意识形态体系。

科西克认为,艺术与劳作的分裂经历了一段思想扭曲的过程。艺术一直是人类的典型活动之一,具有浓厚的创造性。黑格尔认为艺术是真正的劳动,谢林把艺术活动看作唯一的人类实践。艺术创造是自由自觉的,不受任何外在的必然性的限制,独立于外来目的。人类的活动分为劳动(必然王国)与艺术(自由王国),在前者中,实践在必然性的制约下完成,在后者中,实践作为自由创造来实现。揭示出一个劳动的本质属性,即劳动具有了超越性,成为了人类实现自由的前提条件。而艺术则走向了另一面,它以非现实的方式启示人类的自由的指向。可见,劳动与艺术的内在联系深深地影响着现实主义与非现实主义的角度。人在劳作的过程中塑造了自身,使他与劳动的对象——自然区分开来。人能够自由地创造,并且能探寻创造物的意义与自己在宇宙中的位置。

科西克对普列汉诺夫的唯社会决定论的艺术观进行了批判。普列汉诺夫认为,艺术是经济因素的反映,艺术是社会条件的表现,他用社会条件取代

---

① 〔捷〕卡莱尔·科西克:《具体的辩证法》,傅小平译,社会科学文献出版社,1989年版,第86页。
② Karel Kosik. *Dialectics of the Concrete*. England: D. Reidel Publishing Company, 1976. p. 62.

了社会存在。科西克认为:"如果社会实在与艺术作品的关系被理解为时代环境、历史状况,或社会等价物,唯物主义哲学一元论就会瓦解,就会被一种环境与人的二元论所取代:环境提出任务,人则对它们做出反应。"① 普列汉诺夫艺术理论的失败在于,一方面他非批判地接受了现成的意识形态结构,然后再为这些结构寻找经济或社会等价物。另一方面,他的保守和僵化的艺术观堵死了理解现代艺术的道路。普列汉诺夫轻视艺术实践活动的能动建构作用,他认为艺术仅仅是机械地在现实社会当中寻找着想要表现的对象。"普列汉诺夫从未克服环境与灵魂的二元论,因为他从未充分地理解马克思的实践概念。"② 艺术通过创造性的实践构造实在,而实在又在伟大的艺术作品中展示自身。科西克在《道德的辩证法与辩证法的道德》一文中更明确地指出普列汉诺夫的艺术理论的问题,认为"普列汉诺夫的艺术理论从来没有到达艺术的真正分析的深度或者某些艺术作品的实质的界定,相反,它在社会条件的一般性描绘中消除了其自身。"③

(二)艺术与实在

为了考察艺术与实在的关系,以及从中派生出来的现实主义与非现实主义的概念,我们必须首先回答什么是实在的问题。我们对艺术作品的分析也是指向这个问题。如果仅仅从决定作品产生的条件和历史状况来考察社会实在与艺术作品的关系,那么艺术作品本身和它的艺术性就会获得一种超社会的性质。如果社会的东西主要或完全固定在物象化客观性的形式中,那么,主观性就会被当成某种超社会的东西,当成某种虽受社会实在制约但不由实在塑造和构成的东西。如果社会实在与艺术作品的关系被理解为时代环境、历史状况,或社会等价物,唯物主义哲学一元论就会瓦解,就会被一种环境与人的二元论所取代:环境提出任务,人则对它们做出反应。在现代资本主

---

① 〔捷〕卡莱尔·科西克:《具体的辩证法》,傅小平译,社会科学文献出版社,1989年版,第93页。
② 同上书,第95页。
③ Karel Kosik, The Crisis of Modernity. Ed. James H. Satterwhite. London: Rowman & Littlefied Publishers, Inc., 1995. p. 63.

第三章　捷克存在人类学派美学

义社会，社会实在的主观运动从客观运动中分离出来，而且二者作为独立的实体互相对峙：一方是纯粹的主观性，另一方是物象化的客观性。这样就造成了双重的神秘化：环境的自主性与主体的心理学化和被动性。

要解决上面提出的问题，我们首先要搞清楚社会实在是怎样形成的。唯物主义哲学认为，实在不仅仅是像环境一样以客体的形式存在，它首先是作为人的客观活动而存在。唯社会学主义认为环境就是社会实在。人类作为主体对客体的环境做出反应。人具有感情能力和理智能力，以此来从事科学、艺术等活动。当环境发生变化时，人就成为了一部记录仪器，记录着环境变化的过程。马克思说，人类以自己的全部官能来感知并占有实在，但是再现人类实在的官能本身也是社会历史的产物。

科西克认为，"作为一件作品，作为艺术，它既描绘实在又构造实在，构造美与艺术的实在。描绘和构造是同时并存不可分割的。"[①] 这是科西克艺术理论中最重要的观点。艺术家在创作艺术作品时，并不能直接描绘实在，因为实在不是直观地呈现在人们面前。人总是试图通过各种方式把握实在，但是仅仅是抓住了实在的外在表象。实在在伟大的艺术品中向人们展现自身。真正的艺术都是非神秘化和革命性的。它们让人远离关于实在的偏见，从而进入实在本身和实在的真理。真正的艺术和哲学揭露出历史的真理，它们将人自身的真理呈现在人面前。科西克举例说，当阿姆斯特丹的贵族们在伦勃朗的名画《夜巡》中找不到自己时，他们便愤怒地否定了这幅画，认为它歪曲了实在。但是，怎样才能证明艺术家并没有像高傲的贵族们所说的那样歪曲实在呢？如果人们不能从当时的艺术作品中看到自己，是不是就意味着这样的艺术作品没有真实地描绘实在呢？显然不是。贵族们所谓的实在，只是他们个人的偏见。如果一个艺术家创作时不能把握当时真实的社会实在，而仅仅依据个人的偏见进行创作，那么这样的艺术作品必然会被时代所淘汰。艺术创作不是对照着实在的图像进行的"翻译"，而是在创作的同时对实在进

[①] 〔捷〕卡莱尔·科西克：《具体的辩证法》，傅小平译，社会科学文献出版社，1989年版，第90页。

行新的建构。在艺术史上,任何一件传世之作都是在描绘当时社会实在的同时自身也成为了实在的构成元素。

"每一件艺术品都有不可分割的二重性:它再现实在,同时也构造实在。它所构造的实在,既不存在于作品之外,也不存在于它之前,只能存在于作品本身。"① 艺术创作的主体与被描绘的客体之间的互相生成,互相建构,共同描绘出实在。科西克认为,一座中世纪的大教堂,是过去封建社会的一个宗教标志,但它同时又是封建社会的构成元素。大教堂不仅再现了中世纪的风貌,而且也艺术地成为了封建社会的构成元素,艺术地产生了封建社会。

为了弄清艺术作品与实在的关系,科西克认为,既不能把艺术作品看成是"超社会"的存在,也不能把个体主观性的东西看成"超社会"的存在。这两种做法都把艺术与社会实在对立起来了。艺术通过实践构建实在,实在通过艺术作品更好地展现自身。二者本来是相辅相成、辩证统一的整体。我们对于艺术作品的分析的失败在于,一方面我们没有弄清楚艺术与实在的本质联系,另一方面是我们过分地依赖纯粹的主观意识。一件艺术作品是一个结构完整的综合体,它充分地再现了社会实在。科西克说,艺术作品毫无疑问是由社会决定的,二者之间存在着密不可分的联系。如果不能在艺术作品的研究的同时考虑社会实在的作用和影响,那么社会实在将会变成一个抽象体。"如果人们不把作品当成一个意义结构来研究(它的具体性根植于它作为社会实在要素的实存中),如果人们承认决定作用,承认它是作品与实在之间的唯一'环节',那么,原为相对自主意义结构的作品就会变成绝对自主结构,具体总体也会变成虚假总体。"② 社会决定论者认为,艺术作品与社会实在之间只存在着单向度的关系,即社会实在推动了艺术作品的诞生,艺术作品是其创造物。艺术作品诞生之后就与社会实在脱离关系,成为一个自在自为的实体。社会决定论认为社会实在是第一性的,而由其推动产生的艺术作

---

① 〔捷〕卡莱尔·科西克:《具体的辩证法》,傅小平译,社会科学文献出版社,1989年版,第89页。
② 同上书,第98页。

第三章 捷克存在人类学派美学

品只是第二性的派生物。科西克对社会决定论的观点进行了反驳,他认为,社会决定论者的观点会导致艺术作品与社会实在的退化,因为他们割裂了二者之间双向建构关系,打破了艺术作品的意义结构,从而使它成为了"超社会"的抽象实体。

艺术品对于实在的描绘与构造是同时产生的,这种二重性的性质适合于任何一个时代的艺术品。古希腊的神庙、文艺复兴时期的宫殿以及中世纪的大教堂,都极力描绘出当时社会的实在,但是到了后来,它们本身便成为了当时社会风貌的典型代表。艺术通过指向实在而揭示真理,并破除各种虚幻的假象,将真理实实在在地展现在人们面前。真理是客观的,即使没有艺术的揭示,它们也会为人们所知。但是艺术通过隐喻的手段重复了这些真理和观念,从而让人们更好地理解。

艺术是人类认识和把握实在的方法之一。"一件艺术品,只有构造一个完整的世界,才能表现一个完整的世界。"[①]科西克认为,艺术具有辩证的实践的二重性,它既是反映又是投射,既能发现事实又能做出规划。艺术的实践是主体和客体交互生成、互相建构的过程。不同于列宁的机械的反映论模式,科西克认为在艺术的实践活动过程中,主客体都是能动地、积极地参与创造。

科西克认为,"作为完美的艺术作品,它们所构造的实在,是一种超越了它们各自世界历史性的实在。这种实在显示了它们的实在的特殊性质。"[②]古代的希腊神庙的作用不同于古代的钱币,因为钱币随着古代王朝的覆灭而失去了它的实用性,即不能继续发挥钱币的作为等价物流通的功能。希腊神庙也因为历史的更迭而失去了它当时的宗教朝拜等社会功能,但是它却保留了其艺术价值。一座文艺复兴时期的宫殿本身为我们提供了一个近乎完整的文艺复兴世界。我们从中可以探知文艺复兴时期的社会风貌、生活习俗、宗教仪式等等。

---

① 〔捷〕卡莱尔·科西克:《具体的辩证法》,傅小平译,社会科学文献出版社,1989年版,第92页。
② 同上书,第92页。

科西克不仅从主客辩证关系的实践总体性理解艺术的实质，而且还深入地分析了艺术实质的普遍性和瞬间历史性的辩证统一问题，深化了马克思关于古希腊艺术的理解的难题。马克思说："困难不在于理解希腊艺术和史诗同一定社会发展形式结合在一起。困难的是，它们何以仍然能够给我们以艺术享受，而且就某方面说还是一种规范和高不可及的范本。"①科西克认为，马克思所关心的问题并不是怎样去解释古代艺术的典范性，而是怎样概括地提出艺术的"起源与有效性（genesis and validity）"的问题：艺术和观念的社会历史制约与它们的有效性并不等同。这里主要关注的是环境与实在、历史与人类实在、瞬息与永恒、相对真理与绝对真理的关系问题。"一件艺术作品为什么能和怎样能比产生它的那个环境有更持久的生命？"②为什么赫拉克利特的思想没有随着他的那个时代一起消亡？为什么黑格尔的思想比他曾为之构造意识形态的那个阶级具有更长久的生命力？这事实上是艺术的永恒性和瞬间性的现代性命题。"一件艺术作品（以及一般意义上的作品，包括科学的和哲学的作品）是一个综合结构，一个有结构的整体。它把观念、命题、乐曲、语言等形形色色的要素联结在一个辩证的统一体中。"③科西克抛弃了历史主义和唯社会决定论的解释，把这一问题置于现实存在的真理的辩证分析之中。他认为艺术作品离不开社会条件，它要反映社会条件或者环境，这就是艺术的瞬间性或者历史性，但是社会条件本身不是社会现实，作品所表现的现实是人类存在的结构，是人类存在的构成性元素。我们不能简单地把艺术作品与社会实在看作是决定与被决定的关系，艺术作品不是由某些"超社会"的外部前提和外部因素决定。艺术作品通过超越诞生的条件和情景获得了其本真的生命力，在接受过程中作品的内在力量在时间过程中被实现了。

艺术作品之所以能比它诞生的那个环境更有生命力，是因为艺术作品见证并超越了产生它的时代，我们看到它就能感受到那个时代的气息与社会风

---

① 《马克思恩格斯文集》第 8 卷，人民出版社，2009 年版，第 35 页。
② 〔捷〕卡莱尔·科西克：《具体的辩证法》，傅小平译，社会科学文献出版社，1989 年版，第 97 页。
③ Karel Kosik, *Dialectics of the Concrete*. England: D. Reidel Publishing Company, 1976. p. 78.

第三章 捷克存在人类学派美学

貌，它的身上带着鲜明的时代印记。它像一面时代的镜子，我们能够从它所反映的影像当中寻找和考察一个时代的真实面目。除此之外，艺术作品还是人类、阶级与民族生存的构成要素。作品的超历史的生命力不是作品作为人工制品的物理属性，而是社会——人类现实的艺术存在的特有模式，涉及到人类现实存在的问题。由于艺术作品比产生它的时代和环境更有持久的生命力，它便证明了自身的有效性。它已经与它的那个时代建立了不可分割的内在联系，在见证时代的同时融入了那个时代。人们从那些传世的艺术作品当中感受到了遥远的时代气息，艺术作品的漫长经历就像一把时代的刻刀，把历史中的事件清晰地刻在自己的身上。人们欣赏艺术作品，就是想感受它身上所携带的沧桑的历史印记，唤醒自己内心对于人类生存本质的敬畏。科西克认为，只要艺术作品还有感染力，那么它就有生命。作品的感染力就是对它的欣赏者和它本身都有影响的事件。

艺术作品生命力的持久性，在于它的生存不是自主性的结果，而是它与欣赏者之间的互相作用的结果。作品之所以有生命是因为：一，作品本身灌注着实在与真理；二，人类有"生命"，亦即生产着和感知着的主体有生命。[①]一件艺术作品就是一个局部意义结构的实存方式，社会——人类实在的每一种构成成分都必须以这样或那样的形式显示出这一主客一体的结构。艺术作品的存在不断地丰富了作为精神实践活动主体的人类的生存意义。一件艺术作品被生产出来之后，就与它的作者分离了，作者不再能够随心所欲地赋予作品这样或那样的意义。作品诞生以后所获得的意义，并不是都在作者的意图之中。在创作过程中，作者不能预见他的作品走向社会以后所产生的全部意义变异，也不能预见作品的欣赏者对于作品的新的解释，以及赋予它新的意义。因此，艺术作品是独立于作者的创作意图的。艺术作品需要解释，需要产生新的意义来增加自身的感染力与生命力。一件艺术品的生命史就是它的解释史。每个时代都会赋予它不同的时代意义，从而增加它的社会内涵与

[①] 〔捷〕卡莱尔·科西克：《具体的辩证法》，傅小平译，社会科学文献出版社，1989年版，第101页。

时代价值。艺术作品的生命经历就是对它赋予意义的过程。

然而并非每个时代的艺术作品都能够保持永久的生命力,大量的艺术作品诞生以后很快地就在历史的洪流中消失了。我们可以说那些具有持久生命力的艺术作品经受住了时间的考验,抵抗住了腐朽与毁灭。作品永恒性的问题是否意味着时间在艺术作品中的停滞?因此我们似乎要得出了一个悖论:作品的永恒性在于它的暂时性之中。"生存意味着在时间之中。存在于时间之中不是运动于外部连续性之中,而是运动于暂时性之中,是作品在时间中的实现。"[①]艺术作品的永恒性不是指外在于时间的持久性,没有时间将意味着作品生命的丧失。一件作品不能依据它诞生之初的受欢迎程度来衡量它的价值,因为有些伟大的作品最初并没有引起人们的注意,而后来因为某些事件的发生被人们重新认识、重新解读,以致被奉为经典。这样的作品内部往往蕴藏着巨大的潜力,就是它携带了某些对于后代极其重要的信息。这种信息在当时的社会环境中不会被人们重视,但是它就像一颗参天大树的种子,总会在条件合适的环境中蓬勃生长起来。这样的艺术作品所携带的信息足够让它们奉献和犒赏以后几个时代的欣赏者。比如梵高的画和卡夫卡的小说。科西克将这些作品的暂时的默默无闻称作"冬眠",艺术作品的暂时性"冬眠"与它的长久的保持旺盛的生命力是艺术作品的内在要素。艺术作品是永恒性和瞬间性的辩证统一,不仅古希腊艺术是如此,所有真正的艺术皆如此。

(三)审美现代性的问题

审美现代性也是科西克重点关注的问题。在科西克的批判理论中,审美现代性作为启蒙现代性的对立面提出来。通过对于"现实主义与非现实主义"、"劳动与艺术"、"艺术作品与社会实在"等问题的深刻分析,科西克得出了对于现代性审美维度的独特见解。科西克反对经济决定论,但是,审美现代性问题在科西克的著作当中并不是一个单独的研究领域,而是渗透在他

---

① 〔捷〕卡莱尔·科西克:《具体的辩证法》,傅小平译,社会科学文献出版社,1989年版,第102页。

的哲学思想背景之中。因此,研究科西克关于审美现代性的论述有较大难度。我们只能通过他关于总体性的理论,结合他的对于海德格尔的存在论的吸收,我们依旧能够发现科西克对于审美现代性问题的研究具有很强的时代性。我们将以启蒙现代性作为审美现代性的对立面入手,分析现代性中审美主体的存在方式以及所处的困境,解释审美救赎的可能性,批判伪具体世界的虚假性。

现代性属于总体性的范畴,具有多重含义。在近代西方历史上出现过两种现代性,一种就是以科学技术进步、工业文明的兴起为标志的现代性,另一种就是以波德莱尔的美学思想为代表的审美现代性。这两种现代性之间存在着紧张的关系与激烈的冲突,从而加快了现代性的发展进程。审美现代性反对启蒙现代性对于社会现实的机械的理性建构,认为这使得大众的心理与生活彻底陷入庸俗化的泥潭。审美现代性所要实现的是感性、新奇,为艺术而艺术,通过这些从感情上更能激发人们共鸣的口号,审美现代性为现代人的自由与解放找到了新的突破口。虽然审美现代性在很多方面都起到了抵制启蒙现代性所带来的理性化、庸俗化的倾向,但是它自身的问题也不容忽视。比如它过分强调人的主观性、浪漫性,这可能给社会造成发展中的"断裂",因此值得我们深入反思。

人总是试图把握总体,但是经常只抓住了一些表象或者假象。艺术与哲学是人把握实在的两种途径,通过对于艺术与哲学研究,我们能够透过种种虚幻的表象认识到人类存在的本质。艺术揭开了人类自身神秘的面纱,让人们更加靠近真理。科西克的具体辩证法作为一种批判性的理论,他不是在构建一种完整的理论体系,而是在批判的分析当中,形成自己的观点。为了更好地把握科西克的思想,我们要先从他的存在人类学角度进行深入的分析。

在人类的历史上,人的一切活动都要围绕经济展开,都被经济所决定,依托经济而存在。因此,有人片面地理解马克思的思想,把所有的人类活动看作是经济活动,艺术作为人类的审美活动,也被打上了经济决定论的烙印。由此引发了现实主义与非现实主义的争论,科西克关于审美现代性问题的思想就是对这个争论的深入反思得出的。

科西克认为,现实主义与非现实主义之争的焦点,就在于我们如何精确二者的定义,而不是用各种名词的新旧交替来触及问题的本质。要搞清楚这个问题,首先要从第一性的问题入手,即搞清楚什么是实在以及人们如何理解实在。"如果把最基本的问题留在黑暗之中,只在第二性的问题上做文章,关于现实主义与非现实主义的争论能有多大的成果呢?"①

科西克首先从分析诗歌入手。"诗歌并不是比经济低一等的实在。虽然它属于不同的类型和形式,具有不同的使命和意义,但它同样是一种实在。不管是直接的还是间接的,有中介的还是无中介的,经济总不能生出诗歌来。人创造了经济,也创造了诗歌,他们都是人类实践的产物。"②作为客观的主体,人遵循着自然的规律构造出人类生存的社会。只有在这个基础之上,我们才能肯定经济的发源地作用。艺术与经济同等重要,都是人的存在的重要活动。作为主体的人的存在是首位的,是一切其他存在的核心,他们必须围绕在人的周围。因此是人决定经济而非相反,人同时决定着哲学、艺术等社会各领域。在现实与非现实的问题上,科西克坚持人的主体决定作用。人有所需求,就必然会创造出符合其需求的多种实在。艺术作为人类审美的活动之一,是人的存在必不可少的一部分。

人是一个多元化的主体。就其作为审美的主体而言,人对启蒙现代性与非现代性的东西进行批判。一旦审美现代性失去了自身的地位,人就很难继续充当审美主体的角色。当人不再是审美主体时,也就丧失了其现代性的特征。审美主体不仅承担着审美的功能,还潜在地承担着社会变革的责任。

审美是一种让人获得精神愉悦的艺术性实践活动。审美活动从根本上与人类的精神世界相关。审美如同宗教,根本上是一种快感体验和精神超越。审美的个体在直觉的体验中,达到主体与客体的完美交融,从而实现生命的

---

① 〔捷〕卡莱尔·科西克:《具体的辩证法》,傅小平译,社会科学文献出版社,1989年版,第83页。
② 同上书,第83—84页。

第三章 捷克存在人类学派美学

超越与解脱。然而审美体验并不具有永恒性,真正的具体的审美一定是时间在场的审美。虽然审美活动也是一种实践活动,但它本身并不具有时间所具有的人类存在的普遍性。审美活动从本质上来说是一种个体的实践活动,而不是社会性的普遍实践活动。虽然我们无法否定审美本身所具有的批判性作用,但是我们不能无限度地提升审美活动的功能。

在科西克看来,现代人生活在一个总体性的世界里。"现代人的完整性与被浪漫化了的宗教式的人的完整性不同,它出现在不同的地方。在较早的时代,完整性处在一定的形式和形态的约束之中,而现代人的完整性则处于多样性的统一和矛盾之中。"①在古典的浪漫主义视野中,审美主体是生活在一个自我约束和自我控制的系统之中。而现代社会是一个已经完全分化为众多领域的社会。所以科西克指出,我们可以反对系统的不合理性,但不可能消灭人类已经建立起来的这个系统本身。科西克所说的人在系统中生存,并不是说人被动地接受系统的支配和制约,而是通过人的主体创造性来构建系统。"只有在共同体中,个人才能获得全面发展其才能的手段,也就是说只有在共同体中才可能有个人自由。"②

科西克说,"烦"是人的一种生存状态,包含着"凡俗"与"神圣"的二重性。由于"烦"的神圣性,人具有了内在的超越冲动,当这种冲动以积极的实践活动表现出来时,人便获得了更多的存在意义。在这个过程中,有一个倾向特别需要我们注意,那就是"主观性"。科西克指出,主观性不仅是一种偏见,还是一种壁垒。人不能把自己封闭在主观性的壁垒之中。因此,科西克在说明"烦"的过程中,十分强调"烦"的客观性。他认为,"烦"不是一种主观的心理状态,而是经过主观转化的人的客观主体的实在。审美是一种实践活动,它在人的对象化活动中实现主客体的统一。科西克在强调审美的社会变革功能时,并没有把审美活动置于实践活动本身之上。因为审美活动只是

---

① 〔捷〕卡莱尔·科西克:《具体的辩证法》,傅小平译,社会科学文献出版社,1989年版,第69页。
② 《马克思恩格斯选集》第一卷,人民出版社,1995年版,第119页。

变革社会风气的手段之一，并不能取代所有的人类实践活动。

科西克所构建的审美主体具有实践和社会变革双重功能。如果一个审美主体仅仅把自己闭锁在自身之内，那么他只能是一个伪审美主体。他只看到自身的世界，而没有关注整个人类生存的外部世界，因此他无法实现真正的现代审美主体所具有的社会功能。

审美现代性首先要抵制伪具体世界，并对其进行批判与摧毁。伪具体世界是一个普遍异化的世界，其中充斥着庸俗的、虚假的东西。伪具体世界是近代西方科学技术突飞猛进，技术理性不断泛滥的过程中所产生的异化世界。它导致了人的精神世界急剧地分裂与退化，给人的生存带来了严重的危机。因此，现代人纷纷把求助的目光投向艺术，希望通过审美的实践活动来拯救人的荒芜的精神世界。康德希望通过无功利性的审美活动来克服理论理性与价值理性之间的二律背反，席勒主张通过审美的桥梁使人成为道德的人，尼采则钟情于酒神式的狂欢来恢复人生命的原始张力。随着审美现代性声势的不断壮大，现代性危机的洪流被慢慢地抵制了。

总而言之，科西克的审美现代性批判思想，作为总体的现代性批判的一个重要方面，是从东欧社会主义和西方发达社会两个方面的客观现实出发对当代人类的普遍生存状况的总体性研究。科西克的研究既具有宽广的历史深度，又具有深刻的辩证性反思，对于我们当代的现代性问题研究具有重要的意义。

三、科西克的文学批评思想

科西克不仅关注艺术本身的理解，更注重艺术与人类自由存在、具体的本真性存在的关系，既是艺术的问题，又是人的存在问题，也是涉及艺术的批判性和革命性的。真正的艺术要归结于人的本真性存在之中，揭示了世界的虚假的具体性和异化存在，科西克分析了伟大作家创造的批判异化、揭示异化的功能。作家卡夫卡和哈谢克以不同的方式揭示了现代性的异化问题，表现了"荒诞的世界"，显示出非人道的荒诞世界，体现了个体与社会体制之间神秘性的扭曲，荒诞和喜剧性都来自于这个世界。

第三章 捷克存在人类学派美学

（一）卡夫卡与哈谢克：对荒诞世界的批判

雅罗斯拉夫·哈谢克与弗兰茨·卡夫卡同年出生在捷克首都布拉格，去世时间仅相差不到一年。两人一生的大部分时间都在这座城市中度过。哈谢克根据自己的经历创作出了讽刺小说《好兵帅克》，这部小说成为了世界讽刺小说的佳作。小说以主人公帅克在第一次世界大战中的经历为主要情节，反映了这一时期许多具有典型意义的社会事件，如奥匈帝国统治者的残酷黑暗的统治，教会的贪婪与腐朽，帝国主义战争的残酷与荒谬。哈谢克通过帅克揭露奥匈帝国的整个国家制度，特别是军事机构的荒诞无稽。通过帅克机智风趣的嬉笑怒骂与锋芒毕露的嘲讽，我们看到了作者对于那个本身就身份荒诞的世界的讽刺。同时也感受到了捷克人民在暴政与战争的压迫下所遭受的苦难。卡夫卡作为20世纪现代派小说的鼻祖，他通过他的作品表现了一个荒诞异化的世界，他的作品充满了神秘、阴郁与对一切事物的怀疑。卡夫卡属于犹太血统，这个民族长期没有固定的家园，历来遭到排斥与歧视，这使得卡夫卡从小就在心灵上蒙上一层阴影。无家可归的漂泊感是他精神结构的重要构成部分，成为他小说创作的精神驱动力，也增加了他的作品的思想内涵丰富性与深刻性。

科西克认为，人们对于卡夫卡与哈谢克的作品有一种根深蒂固的印象，即卡夫卡的小说内涵丰富而深刻，读了让人深思；而哈谢克的小说只是给人们带来了愉快的笑声，小说的故事通俗易懂，并不能引起人们的深入思考。后人对于卡夫卡的分析与研究不计其数，研究者认为卡夫卡的小说中充满了悬疑与隐秘的东西，人们必须通过自己的方式去破解这些难题。而哈谢克的小说虽然读者众多，但是研究者远远少于卡夫卡。然而事实是，当我们真正进入哈谢克的小说世界，却发现他虽然给人们带来了笑声，但是这笑声并非如此轻松愉快。在笑声的背后，隐藏着很多有待发掘的东西。我们虽然不能说卡夫卡被人们过度地研究了，但是哈谢克的确是被人们误读并且冷落了。不可否认，《好兵帅克》最大的特点就是口语化、大众化，朴实自然、生动形象。这些特点都能够让读者确信，作者的创作意图在他们轻松愉快的笑声中已经领会了。读者看了小说之后除了欣赏作者高超的讽刺艺术之外并没有多少思考，正是这种阅读心态阻碍了我们深入理解小说的真实内涵。

科西克通过卡夫卡与哈谢克的作品来研究他们笔下的荒诞的世界。卡夫卡与哈谢克通过描绘一个荒诞世界中所发生的种种故事，来实现他们对于人的异化生存的关注。科西克尤其注重对哈谢克的分析，他想通过他的分析来还原一个被人们简单化了的哈谢克。

科西克首先提出了一个问题：谁是帅克？帅克是神甫卡兹的仆人，后来又成为了卢卡施中尉的勤务兵。他是一个到处捣乱、被长官骂作是"天下第一号的白痴"的士兵。他敢于讥讽只会吃喝嫖赌的随军神父，捉弄贪婪好色的军官，让这些反面人物出尽洋相。他是集捷克人民的机智风趣与乐观憨厚于一身的典型代表。在这些人们所熟知的帅克的背后，科西克找到了一个不一样的帅克。

科西克先从《好兵帅克》中的一个小故事开始：在监狱里帅克给他的狱友讲了一个故事。一个叫亚内切克的吉普赛人因为抢劫和谋杀要被执行绞刑，但是行刑的那天正好是皇帝的生日，所以他们决定过一天再执行。就在亚内切克被绞死的第二天，他的案子被皇帝开恩重审，结果发现犯罪的是另一个和他同名的人。因此他们把亚内切克的尸体从监狱墓地里挖出来，送到天主教的墓地安葬。然而后来他们又发现亚内切克是个新教徒，所以他的尸体只能再一次转移到新教的墓地安葬。这个故事引起了人们复杂的感受，它让人们发笑，又让人们发怵；它让人们觉得有趣，又觉得难过；人们甚至不愿意面对这样一种感受。在这个故事当中，让人们觉得难过的并不是那个吉普赛人的死，而是这样一种死法的荒唐与荒诞。让人们极力躲避和逃离的是不是死，不是悲痛，而是荒唐与荒诞的死。当一个人读到这个故事时，首先是发笑，然而他脸上的笑很快变得僵硬，他为自己的笑感到难堪。他开始退缩，回到自己的内心问道：究竟发生了什么？他为自己的笑声感到不安与沮丧，他在他自己身上找问题的所在，而不是在起初让他发笑随后又让他难过的那个故事中。对这种感受的分析让我们接近了事情的本质：现象本身像一

第三章 捷克存在人类学派美学

颗定时炸弹。小说中的情节首先让读者发笑然后很快又使这种情绪走向了反面,笑声消失了变成了难过与恐惧。读者的注意力从小说转向了自己:他为什么会对一个不仅不好笑而且很奇怪、很陌生,甚至很恐怖的事情发笑呢?①

科西克从这样一个现象开始进入哈谢克的小说世界。他认为,理解帅克的关键是认识到人们常常被置于一个过分理性化和精心策划的体系当中,然后被加工,被处置,被推来扭去,人失去了对于自己命运的把握能力。他们被简单化为非人性的或超人性的东西。哈谢克给人们制造的笑声很多都像上述的例子那样,一个人要是能够意识到笑声背后的东西,那么他就不会感到好笑。"这是不是意味着,哈谢克的小说中夹杂着'黑色幽默'——笑声后面有隐含着恐惧,玩笑背后潜藏着悲痛?荒诞把自身表现为害怕与恐惧以及幽默与喜剧。恐惧并不隐藏在笑声背后,它们有一个相同的根源——荒诞的世界。"②

在哈谢克的小说中,荒诞的世界表现为人们对于恐惧的驱除,对于死亡的抵抗,对于枯燥无聊的生活的逃离以及对于荒谬世界的反抗。

战争让人们对死亡,对无法掌控的命运充满了恐惧。哈谢克在轻松幽默的小说故事当中,侧面反映了第一次世界大战给捷克人民带来的巨大灾难。"在战场上战死并不让人感到伟大和振奋。战场的景象让人恐惧:人的内脏裸露在身体之外,到处是风干的血迹,残缺不全的尸体散发出恶臭。"③帅克并不能以个人能力来改变所有捷克人的命运,因此他只能通过对于战争本质的讽刺来揭露帝国主义战争的残酷与荒谬。战争让人们失去了家园,摧毁了人们内心的对于美好生活的希望。每一个在战场上的人,都不清楚自己在为谁拼命,应该前进还是后退。帅克对于这场战争的本质以及奥匈帝国可耻的

---

① Karel Kosik, The Crisis of Modernity. Ed. James H. Satterwhite. London: Rowman & Littlefied Publishers, Inc., 1995. p. 81.
② 同上书, p. 82.
③ 同上书, p. 96.

野心看得很清楚，但是他自己作为一名被欺凌被压迫的劣势民族的普通士兵，对于扭转现实毫无办法。只能利用自己的智慧来挖苦和捉弄军官们，让他们狼狈不堪。在人们为帅克大快人心的精彩表现而发出笑声时，同时也看到了人在强权和战争面前的弱小和无奈。小说第一章的标题就叫"好兵帅克干预世界大战"，通过这样一个强弱对比如此明显的标题，我们也感受到了作者的一丝心酸与无奈。科西克说，如果没有战争，那么此刻的捷克人正一脸满足地坐在布拉格的咖啡馆的游戏桌旁享受着美好的生活。但是，战争毁掉了他们的一切。世界大战催生了一种讽刺：对历史的讽刺，对事件的讽刺，对一切事物的讽刺。

《好兵帅克》中，作者还揭露了人们对于物质的贪得无厌以及奥匈帝国军队的腐朽与混乱。人们把物质的占有和享受作为了生活的主要目的。当时的贵妇们把对纯种狗和马的占有作为一种财富和社会地位的象征。普通人为了一己的利益，在物质的占有中丧失了自我。贪得无厌的欲望和无法满足的痛苦折磨着人们的内心，他们不知道除此之外还有什么是值得去追求的。军队里的军官们，政府的警察们以及教会的神父们无不利欲熏心，花天酒地，整天沉溺在物质生活的享受当中。随军神父卡兹嗜酒如命，整天喝得醉醺醺的。他欠了妓院的钱，在做弥撒时发现做弥撒要用的经台不见了，原来是被人塞到了沙发里，但是沙发已经被自己卖掉换酒喝了。后来又发现做弥撒的圣杯也不见了，于是只能去借一个体育奖杯来冒充。结果闹了笑话，神父让人们跪下祈祷，于是士兵们齐刷刷地跪在了那只体育奖杯面前。这种堂而皇之的形式与严肃的内容完全错位，让读者忍俊不禁。这表明了人们对于精神生活完全失去了兴趣，表面上一本正经，背后都是虚伪透顶，为了物质利益不择手段。帅克不愿意参与到这样枯燥乏味的游戏当中，他既不想当官也不想发财，所以他不必遵守那些在他看来愚蠢透顶的人们所设置的规矩。他通过自己看似疯癫的话，来辛辣地对它们丑恶的嘴脸与无耻的野心进行嘲讽。

科西克认为，帅克是当代的一个朝圣者，是一个没有上帝的世界的朝圣

第三章 捷克存在人类学派美学

者。帅克怀着一颗圣者的心,为这个颠倒混乱的世界祈祷着。然而哈谢克并没有把帅克塑造成一个英雄。"他从战场上回来,你可以在布拉格街上碰到他——一个衣衫褴褛的男人。"① 在平日,帅克只是一个普通人,一个油嘴滑舌但从来不会打破日常规矩的平民。一个普通人怎么会生活在这样的世界?这是哈谢克小说要表现的一个问题。科西克指出,哈谢克在他所有的作品中都否认浪漫主义。他的讽刺手法既深刻又高明。他没有过分地夸张事实,只是忠实地记录下了他的时代所发生的具有讽刺意味的事件。高明的讽刺手法体现在这些事件当中,因此当一个忠实的作者从自身和被主观束缚的现实中解放出来时,他得到了最大的自由。

科西克非常重视哈谢克的作品的批判性质。"哈谢克的作品并非是肤浅和平淡的,它们可以作为反对强权和战争的宣传册。他们是作为教会、科学(医学和精神分析学)、新闻、官僚、军队、司法体系和警察的大联盟,对当代社会进行的激烈批判。"② 哈谢克通过帅克的丰富经历,通过他与各行各业的人的交往,来表现整个捷克社会对于奥匈帝国通知的不满。反战与反强权的倾向贯穿于《好兵帅克》一书中。战争和强权让人们产生巨大的恐惧,他们无法在生活中把握自己的方向,也无力与强大的统治者展开直接的抗争。哈谢克只能把帅克作为全体捷克人的一个代表,在他身上体现出人们的不满与悲愤。

为了更好地对比研究卡夫卡与哈谢克的荒诞世界,科西克提出了两个概念:"帅克主义(Svejkism)"与"卡夫卡式(Kafkaesque)"。卡夫卡笔下的人物都被封锁在一个充斥着僵化的、异化的和物质主义的迷宫中。所有这些都会变成超自然的、变幻不定的东西。卡夫卡的人物被迫生活在这样一个世界中,他们唯一的尊严就是解释这个世界。还有那些人力无法控制的力量,操纵着世界的发展和变化过程。荒诞在卡夫卡那里是一种独特的人生体验。卡

---

① Karel Kosik. *The Crisis of Modernity*. Ed. James H. Satterwhite. London: Rowman & Littlefied Publishers, Inc., 1995. p. 95.
② 同上书,p. 96.

夫卡的作品中很难找到关于荒诞这一概念的直接描述，作者对于荒诞的感受通过艺术的手法表现出来。在小说《变形记》中，主人公格里高尔突然变成一只巨大的甲壳虫，这让他的家人感到尴尬，继而变成厌恶。小说最后格里高尔死后，一家人终于如释重负，愉快地搬迁到了新居。小说通过这样荒诞的情节，真实地反映了现代社会人由于巨大的压力一步步走向"非人"的过程，深刻揭露了资本主义社会中人的异化生存。主人公格里高尔的悲惨遭遇，正是社会重压下个人的孤独、绝望的内心的真实写照。卡夫卡的好几篇小说都是以动物为主人公，例如他的《一条狗的研究》，就是想借助狗的视角揭露出人的生存状况的荒诞。再如《城堡》中的那个看得见却走不到的城堡，《诉讼》始终看不到的法官都是对于荒诞世界的表现。

"卡夫卡式"的世界是由荒诞的思想、荒诞的行为和荒诞的梦构成的。他的世界像一个可怕的、毫无意义的迷宫。无能为力的人们被官僚体制和物质装置所束缚：在这个世界，人们生活在物质主义的、异化的现实中。在小说《中国长城建造时》中，卡夫卡写中国的老百姓从东南向北方进发，皇帝下旨要修筑长城。但是人们心里根本就不知道这是哪朝哪代的皇帝，而他们千辛万苦修筑的长城，最终也没能抵挡住外族的入侵。在《城堡》中，卡夫卡描写了这样一个场景，一个文书之类的官员，不断把卷宗往上摞，但是那些卷宗又不断地塌下来，然后他又重新开始摞……如此反复。这让我们想到了西西弗斯的神话。卡夫卡通过人们在现实社会中的徒劳来表明人在荒诞异化的世界之中的无奈与无助。人在异化的世界中的地位日益卑微，他无力改变这样的困境，这必然会导致人性的扭曲。卡夫卡认识到，当人们从根本上无力对抗异化的世界，那么就会变得失去自我沉溺于这样的世界。如《变形记》中，因为变成甲虫而生活艰难的格里高尔却能够倒吊在天花板上荡来荡去，自得其乐。《饥饿的艺术家》中那位艺术家，当饥饿已经威胁到他的生命时，他依旧在忘我地表演，想把这种"艺术"推向顶峰。《在流放地》中的那位司令官，把对犯人的行刑当成一种娱乐的手段：他在犯人身上用机器刻了12个小时的"花纹"才将其致死。他把这当成是一种对于情欲的追求，甚至发狂到当

第三章 捷克存在人类学派美学

新来的司令官下令废除这种刑法时,他自己却跑到机器上面享受行刑过程。卡夫卡冷静地为我们描绘了一个让人毛骨悚然、不寒而栗的恐怖世界。小说里面的司令官实际上已经彻底地异化了,小说的主角变成了那台执行死刑的残酷的机器。在小说《城堡》当中,主人公约瑟夫·K.试图进入城堡的艰难的过程表现了人们内心的绝望、无助与孤独。小说中的城堡具有一种飘渺不定的象征性,因此K无论如何无法真正把握这种不确定性。他越是想要急切地进入城堡,城堡就离他越远。这种无助与无奈正是象征着在资本主义社会中的官僚政权与工具理性的压迫下,普通人艰难的生活现状。我们读完小说之后,心里不禁问道:这些人还是人吗?

科西克认为,哈谢克通过自己的作品来说明人虽然被当成物来对待,但他们依旧是人。他们不仅没有被转变为物,而且还成为这些物的生产者。人们超越了物的地位,因此不能被简单化为物,而且还不仅仅是一个体系。至今还没有一个很好的方式来描述人类这样一个伟大的事实,即人类在自己体内蕴藏了巨大的、不可摧毁的人性力量。"帅克主义"是一种反抗这个荒诞的世界、无处不在的机器装置、物质主义生活和人际关系的手段。

"帅克主义"和"卡夫卡式"是独立存在于哈谢克与卡夫卡作品中的普遍现象。这两个布拉格的作家只是给这种现象起了个名字,他们的作品给了这种现象内容。这并不意味着,卡夫卡的作品可以简单化为"卡夫卡式",哈谢克的作品可以简单化为"帅克主义"。帅克不是"帅克主义",同样卡夫卡也不是"卡夫卡式"。哈谢克笔下的帅克也是对"帅克主义"的一种含蓄的批评,卡夫卡也一样。哈谢克与卡夫卡把"帅克主义"与"卡夫卡式"看作是当代人类社会中普遍的现象,同时把它们纳入自己的批评的范围。

在20世纪上半叶,这两位布拉格的作家为我们提供了两种观察现代世界的视角。他们描绘了两类人,虽然这两类人初看之下毫无瓜葛,甚至是彼此对立的。但事实上,这两种类型的人物是互补的。当卡夫卡描述我们平日的物质主义世界,表明人们为了更加人性化,必须经历和了解异化的基本形式。哈谢克表明,人们超越了物质主义,他们不能被简化为物或者人类关系的物化产品。在科西克看来，这些真正的文学作品以特有的艺术形式表现异化世界的存在，揭露了现实世界，本真的现实也就敞亮了。

（二）笑和幽默作为反异化的手段

在一个荒诞的世界中，人的精神上普遍出现了一种绝望的幻灭感，人们丧失了安全感与归属感，因此无法从这样一个混乱无序、充满敌意的世界当中找到生存的合理性。科西克认为，笑与幽默在人们获得生存的意义的过程中具有重要的作用，笑与幽默并不是人的存在的附属品，而是人的本质的构成元素。笑意味着一种反抗与批判，一种解放与自由，一种对于人性的召唤，一种形而上的反思与超越。

首先，笑和幽默具有批判社会现实的作用。

科西克说，自由永远属于那些敢于表达不同意见的人。人们在思考中活着，也在思考中沉默。通过思考他们认识和评判现实。这些人看起来似乎在坚持自己坚定的信念，没有什么能让他们动摇。但是有人敢大声说出自己的想法吗？在黑暗的政治统治的压迫下，人人自危，没有人敢于与统治者对立起来，敢于批判统治者的黑暗与腐朽。此时，幽默和笑就具有了让人们相对随意地谈论和批评政治和现实的功能。"在一切社会里，笑都在各种社会力量中占有重要的地位，它能严惩恶习和罪过，力求降低恶习与罪过的活力。"[①]科西克说，笑声是政治的一部分。笑能够表达人们内心最真实的想法，能够让人们心照不宣地联合起来进行反抗。一群人在笑的同时紧紧地团结在了一起，笑声感染了其中的每一个人，引起了他们的共鸣。这样的一群人是一个密不可分的整体。这种来自平民的群体性的笑声具有一种政治性的遏制力。实施暴政的统治者无法忽视笑这种看似无力的手段。1968年，布拉格的人们在一阵笑声中告别了荒唐的旧体制。在这场以年轻人为主导的政治运动中，人们仿佛把政治变成了一场声势浩大的为大众带来笑声的艺术活动。

---

① 〔英〕詹姆斯·萨利：《笑的研究》，肖聿译，中国社会科学出版社，2011年版，第219页。

第三章 捷克存在人类学派美学

笑是一种鄙视、羞辱和打败对手的手段。群体的哄笑声撕掉了统治者为了掩盖自己无耻贪婪的野心而蒙上的遮羞布，对于腐朽的政治体制的摧毁不弱于枪炮等武器。群众的笑声能把统治者置于政治的无助之中，让他们成为失去基础的岌岌可危的建筑，然后大家齐心协力将之推倒，将统治者们淘汰出局。这样的政治性的笑当然也有它的局限，如果它做得太过分，就会让自己变得天真幼稚，荒唐可笑。笑在政治当中不是无所不能的。笑的冲动应当受到合理的限制，这种限制既包括来自外部的约束，也来自于内心的控制。笑的冲动一旦超出了合理的限度，就会丧失它的民主的内涵，变成一种泛滥的、具有毁灭性的力量。

"现实中统治者的残酷压迫是人们无法忍受的，但是只要压迫还没有达到极点，就会有幽默的生存空间。同样，坐牢与流放只要不做到极端化，就会有人性的生存空间。"[①] 人总是倾向于追求更加合理的，更加人性化的生存状态。因此任何残酷的现实压迫都不能彻底地消灭人性，消灭人对于不合理的现实的反抗。笑就是人最后的抗争。统治者们可以用任何严酷的手段来控制人们的言论自由，但是却不能控制人们的笑。人们常常会犯错误和产生困惑，会迷失在通往真理的道路上。笑让人们时刻能够发觉世界的变化，这让笑具有了重要意义。

其次，笑和幽默具有让人解放的性质。

笑让大家彼此产生了一种亲近感和信任感，从而和睦相处，没有任何冒犯性的言语。笑声能够把人们从被遗弃和孤独中解放出来，给他们一种归属感，通过笑声人们从他的封闭的自我之中走了出来，摆脱自我封闭的牢笼，不再只图一己之私利。然后和其他人在一起，来到一个群体中间，虽然群体中的人同样会犯错误，但是他们既善良又自由。《好兵帅克》中，帅克就是一个处处给人们带来笑声的人物。他给人们带来的笑声一方面是对于统治者的讽刺与挖苦，另一方面是给遭受苦难的捷克人民带来的心灵安慰。笑声擦去

---

① Karel Kosik. *The Crisis of Modernity*. Ed. James H. Satterwhite. London: Rowman & Littlefied Publishers, Inc., 1995. p. 187.

了人们内心的眼泪，重新燃起对于生活的信心之火。没有笑声的社会是冰冷的、僵硬的，一个从不发笑的人是敏感而虚伪的。

古希腊哲学家泰勒斯只关注天上的事，结果掉进了地上的坑里。科西克想用这个故事说明，任何人都不能避免犯错误，但是正因为我们能够犯错误，所以我们还是正常的健全的人。只关注天上遥远的星星，却疏忽了地球引力的哲学家掉进了坑里。这时候一个色雷斯姑娘看见哲学家狼狈地从坑里面爬出来，跟跟跄跄地走了，不禁哈哈大笑。这个姑娘的笑声并没有伤害哲学家的意思，但是哲学家批评她不知道自己在笑什么。因为她只关注日常生活，因此它不能够理解一个哲学家的深邃的思想。如果哲学家在掉入坑里的一刹那和那位色雷斯姑娘一起大笑，那么我们就能看到一个十分人性化的场面。一个人能够认识并且为自己所犯的错误而发笑，就证明他是充满健全的人性的。这种自嘲不仅没有让他丧失尊严，而且能够让他获得更多人的理解以及更多的自由。自嘲是一种自我反省与纠正。人们能够在自嘲的过程中驱散令人焦虑的烦恼，重新认识并接受一个不完美的自己。对于自己的错误发出笑声，这本身就是一种积极乐观的表现。我们在现实生活当中，时常要遇到不顺利的状况，自嘲能够保护我们的进取心，让我们重新振奋起来，迎接挑战。

《好兵帅克》当中，一身官架子的杜布中尉，不懂什么是幽默，他甚至从来都没有笑过。他最大的心愿就是有一天把帅克这个整天嘻嘻哈哈的傻子弄哭。原因是杜布中尉总是害怕别人的笑声，他对于帅克这样插科打诨的无赖式人物深恶痛绝。笑在杜布中尉看来总是不怀好意的，因此他总是时时猜忌别人的笑声是不是在嘲笑他。他想把所有的事情都置于自己的掌控之中，甚至要控制别人什么时候应该笑和笑什么。这个中尉完全被自己虚伪的内心禁锢住了，在他看来笑就是一种不怀好意的嘲弄，只有一本正经才是一个有尊严的人。科西克指出，只有敢于承认自己的错误的人才能够自嘲，世界上没有不会犯错误的人，因此人人都应该具有这种自嘲的勇气和精神。我们通过笑声认识到一个不完美的自己，这个不完美的自己才是最真实的自己。一个人活得越真实，意味着他摆脱了更多虚假的东西，因此他就越自由。与这种

第三章 捷克存在人类学派美学

平常的、社会性的笑相反的是另一种笑,一种虚假的、谄媚的笑,摇尾乞怜的奴才们用这样的笑向他们的主子奉献他们的顺从。这种笑从本质上抛弃了人的真实自我,完全沦为一个发笑的机器。没有人能够从这样的笑当中看到任何一丝人性的痕迹,世界也因为这样的笑变得荒诞。

当人与人的交流降低为普通的日常对话与唠唠叨叨时,当人们把提高饮食的水平上升为生活的主要目的时,当一个人不再倾听他人而只是关注自己时,那么这些对他来说是一个厄运——物质生活成了他最大的困扰与负担,人性退化为一幅丑恶的漫画。就像上面提到的那位杜布中尉,他敏感多疑,对别人充满了警惕。他的世界变成了他一个人与其他所有人的一场对抗,他把自己封闭起来,宁愿选择丧失一个真实的自己,也不愿敞开内心的世界迎接他人的到来。只有愿意向世界敞开的人,才能拥有一个更广阔的世界,才能更加自由地活着。在笑声中人们可以摆脱自己的内心的伪装与不安,把自己的内心向世界敞开。笑意味着解放自己,因此笑是珍贵的、独特的。

最后,笑和幽默能够让人摧毁异化生存,恢复人性。

英国作家卡莱尔说过一句话,"凡真诚大笑过的人,都不会是个完全不可救药的坏人。"一个理解笑的本质的人,一定不会考虑发笑的人是怎么张开嘴的,脸上的肌肉怎么运动的以及笑声的音色与音量这些问题。笑也不意味着一个人一定是开心的或是聪明的。因为笑来自于真实的内心,不同的内心状态会产生不同的笑。因此我们可以识别善意的笑、恶意的笑以及狡黠的笑等,我们还可以看出一个笑是和蔼的、残酷的,还是假装的等等。笑的本质是一种内心的和谐状态。在卡夫卡和哈谢克笔下的荒诞的世界当中,人们迷失在了一个无法寻找意义的迷宫里。虚假的笑只是暴露牙齿的表演。

科西克说,在面对所有的震惊恐惧和失败时,幽默像一个守护天使一样保护着人们,让他们不要堕入绝望、悲愤和麻木之中。在《好兵帅克》当中,人们在火车站,在妓院,在小酒馆,在医院,甚至在精神病院相遇。对于帅克来说,精神病院事实上是人们唯一感到自由的地方。这里不愁吃穿,不用为了生计问题而挣扎与奔波。没有人愿意听一个精神病人说话,因此言论自由在这里是毫无限制的。但问题是,这是不是真正的自由?什么才是自由?是不是说你为了得到自由,就必须变成疯子?或者人只要自由了就疯了?精神病院是自由的避难所吗?还是自由必须把自己关在精神病院以防止伤害人们或者被人们伤害?这一连串的疑问都来自于一个根本性的问题:我们怎么样才能实现更加人性化的生活?

科西克举了一个《好兵帅克》中的故事来说明。

帅克在捷克的布杰约维采车站碰到一个受伤的匈牙利士兵,他非常友好地给了这个士兵一些啤酒。虽然他听不懂那个士兵说的话,但是他依旧认真地听着。在这样友好的氛围中,在这样的倾诉与聆听中,两个陌生人以人的身份聚在了一起。这是一个让人觉得伤感的故事,科西克借这个故事想说明,人类理想的生存方式就是所有的人都能像真正的人一样在一起生活,没有战争与杀戮,没有统治者的压迫与剥削,没有人与人之间的明争暗斗,我们都能像帅克和那个受伤的匈牙利士兵一样,虽然彼此并不了解,但是都能给对方带去温暖和安慰。

笑和幽默体现出一个人内心的和谐,让我们找到了内心的平衡,让我们愿意向别人敞开自己。没有幽默的世界是让人害怕的。一个没有幽默的人丧失了他的生命力,他内心的平衡就会被外在的关系所扰乱。失去幽默让人们感到空虚,于是狡诈、圆滑和虚伪就会趁虚而入。没有幽默不仅仅是一种错误和疏忽,而是真理的缺失。幽默不是信息与知识积累,它是想象力的最高体现。一个有幽默感的人,一个能够让人们随时发笑的人,必然能够表现真实生活的面目,也能够发觉人们内心的真诚与善良。

伏尔泰说:上天赐予我们两样东西,以弥补生活里的众多痛苦,那就是希望与睡眠。康德对此评论说:"他还可以加上笑,其条件是很容易获得刺激有理性者发笑的方法,而幽默所要求的机智或独创性也不(像其他秉赋那样)那么罕见。"[①] 作为娱乐消遣的笑具有让人愉快的性质,而且能够滋养一

---

① 〔英〕詹姆斯·萨利:《笑的研究》,肖聿译,中国社会科学出版社,2011年版,第279页。

第三章 捷克存在人类学派美学

个人的精神，具有了安慰和保护作用。幽默总是倾向于活跃的性质，它让人们在艰难地生活当中获得诸多的益处。笑总能够在一定程度上抛开现实社会的压力，享受宁静的生活所带给我们的精神慰藉。笑能够在很短的时间内让人们感受到善意，让人们抛开严肃的、拘谨的心理防备，以一个人性化的人的身份出现。

笑让人们能够从容应付命运的各种打击。现代社会物欲横流，人们在狂热的物质追逐中远离了真实的自我。这个时代充满了变化、改革与困惑。人们打乱了传统社会的一切秩序，颠倒了自然朴素的价值观。大街上到处都是利欲熏心的投机者，每个人都忙于蝇头小利的精打细算。人们在他们原本应该悲痛绝望的事情上开怀大笑，却在他们本应该欢欣鼓舞的事情上泪流满面。一切衡量价值的尺度都被彻底地淘汰了，欢笑与悲痛、快乐与辛酸都失去了它们本来的位置。在这个天翻地覆的世界里，一切事物都偏离了自己的轨道，并且杂乱地交织在一起。笑声被恐惧与颤抖取代了。对于传统的敬重开始淡化，昔日的伟大与荣耀变成了一堆灰烬。改革变成了一地鸡毛与碎石，留下的只有一脸无奈的苦笑。

科西克想借助笑的力量来恢复世界的正常秩序，恢复人类的本真存在。因为他相信，人的内心蕴藏着巨大的人性力量。这种自然的、真实的人性能够通过笑的作用释放出来。科西克并没有把帅克当作一个理想的化身，因为帅克的身上也有种种缺点。但是科西克认为，帅克是一个真实的人，一个真实的存在。他敢于向统治者挑衅，揭露他们的种种丑行。他很坦诚，从来不回避自己的缺点，并且能够自嘲取乐，这体现出他对于世界的敞开态度。他与人为善，友好热情，愿意为别人带去快乐。他聪明机智，看清了世界的荒诞本质，却又能够以积极乐观的态度生活。他是一个真实的、普普通通的人，却成了反抗这样一个荒诞异化的世界的英雄。

其实真实的、人性的生活就蕴藏在帅克与受伤的匈牙利士兵的故事里。科西克坚信，尽管有种种不合理的与不和谐的现象，我们的世界依旧是独一无二的人类生存的世界。人是一切力量的源泉，我们希望通过人的力量，通过笑与幽默的力量,让人能够生存在一个更加理想的世界中。

科西克指出,"哲学人类学力图成为一种人的哲学,并力图把人确立为哲学基本问题。"① 哲学是人类的实践活动之一,一切哲学问题从本质上来说都是研究人的问题,研究"人以及在宇宙中的位置"。没有人的实在是不可靠的。科西克的艺术理论与文学批评都是建立在其哲学的基础之上,建立在对于人的问题的关注之上。人是一种通过创造性的实践活动来构造存在的存在,这种存在的本质是特殊的社会实在,正是在实践的基础之上,人这个实在才得以形成。实践的开放性创造了世界,并形成了世界的意义。"人是在行动中把意义给予世界,并在世界中构造出一个意义结构的。"② 人的行动就是人的自由自觉的创造性的实践活动。艺术与文学是人类创造性实践活动的典型代表,人们通过艺术与文学创作,不仅能够揭露和批判人的异化生存,而且这些活动本身就是人们摆脱异化生存的表现。人的本质是一种内在的潜能,这种潜能是巨大的人性的力量,是永不停息的对于生存的更高意义的追求,是真正的自由与解放。人首先要实现本真性的存在,因此要破除一切有碍于人的本真存在的东西。这些障碍就是科西克指出的虚假总体与伪具体世界。虚假总体与伪具体世界遮蔽了真实的具体世界,将人与真实的世界割裂开来。操持与操控的拜物教化的、机械重复的、片面的劳动让人沦为了受雇于机械系统的装具。这是一个荒诞的、混乱的、无意义的世界,人不能从中找到生存的本真意义。人被禁锢在自己的有限的生存空间里,无法摆脱工具理性泛滥的资本主义社会的诸多重压。人异化为无意识之物。艺术的实践让人们开始反抗继而摧毁让人们异化的世界,摧毁伪具体世界与虚假总体。人通过实践创造了存在的意义。艺术活动既是反映现实,又是对现实的构建。作为捷克文学的杰出代表,卡夫卡与哈谢克通过他们的作品,来实现对于荒诞的世界的批判以及人的异化生存的关照。人在荒诞的世界中,无法把握自

---

① 〔捷〕卡莱尔·科西克:《具体的辩证法》,傅小平译,社会科学文献出版社,1989年版,第186页。
② 同上书,第183页。

身的命运，更无力追问生存的意义与价值。传统的价值体系彻底崩溃，人失去了信仰从而无法确认存在的确定性。人生活在孤独、恐惧与虚无之中。笑作为一种艺术手法，本身就具有令人解放的性质。笑能够让人们看清自己的处境，从而团结起来反抗和批判不合理的异化的世界。笑意味着反思与超越，意味着人性的回归。科西克通过对具体总体、实践与艺术的研究，最终实现了对于人的本真存在的关照，使他的思想回归到人的哲学的位置。

第二节 斯维塔克文艺理论思想

第二次世界大战后，随着苏联化进程在东欧的全方位推进，东欧新马克思主义以斯大林主义反叛者的姿态进行着持续近半个世纪的重建人道主义马克思主义的理论探索。斯维塔克是捷克斯洛伐克除科西克以外的捷克新马克思主义代表理论家，其关于意识形态操控、社会主义内部官僚政治异化的批判以及对现代人类的生存困境与精神危机的反思，彰显了马克思主义哲学所蕴含的批判精神以及与此相关的人文关怀维度。

人道主义马克思主义是东欧新马克主义的理论起点和基础，他们深入挖掘并强调青年马克思的人本主义哲学理论，区分马克思主义代表理论家恩格斯、列宁和斯大林之间的不同观点甚至激烈批判斯大林主义对马克思人道主义的背叛。斯维塔克是激烈反对列宁主义和斯大林主义的代表人物，他认为列宁取消了工人的主体性地位并且将党变成为操控民众的官僚机器，而斯大林主义则有过之而无不及，变本加厉泯灭人性毫无人道可言，在他看来，实现真正的社会主义民主的前提是在思想意识和政治结构上彻底清除斯大林主义。同其他东欧理论家一样，斯维塔克特别看重《1844年经济学哲学手稿》的价值并认为其核心就是马克思主义的人道主义，关注人的存在、过去、现在与未来和人的困境、人的自由状态，这种青年马克思的人本主义思想为斯维塔克提供了人道主义理论渊源。斯维塔克的文艺理论与其哲学和政治理论相交织，鲜明的马克思主义人道主义的特点是其文艺理论思想的最本质特色，他对马克思主义的理论坚守既体现在其对文艺反映社会现实的要求，也体现在其对异化社会的激烈批判和人的生存状态的思索，他的理论核心始终离不开马克思主义人道主义。同时，在正统马克思主义文艺学之外，斯维塔克也积极借鉴和吸收了当代哲学和文艺理论界的先锋理论并融合社会科学领域的成果，形成了独特的人道主义马克思主义文艺学与当代哲学和社会科学交织的特色。

斯维塔克并不是书斋里的空谈家，而是富有正义感和社会责任感并积极行动的马克思主义实践家、战士。他以大众演讲和政论文章鞭挞社会不公、揭露黑暗政治背后的真相，为被国家牺牲的蒙受不白之冤的枉死者处处奔走。他继承了西方思想史上崇高的价值理念和人道主义精神，不顾自身安危而时常发表"危险"言论，劝说捷共限制党内官僚机器规模和扩大其他党派以及无党派人士在权力机构中的比例，从一个知识分子的角度希望捷共从一个军事官僚组织转变成一个尊重基本人权和人民自由的政党。在文艺领域，他指出文艺是自由的领地，当前审查制度的本质是统治阶级利用行政和官僚手段对公民进行思想控制，目的在于阻止进步思想的传播从而将反抗的力量扼杀在摇篮中。他呼吁取消文学艺术领域里的审查制度，指出哲学著作和文学艺术杂志没有接受官方审查的义务，任何对言论自由的压制和对思想的干涉都是对民主和人权的严重践踏。在斯维塔克看来，文艺一方面抒发创作者自由的个人情感和哲思，另一方面则是对社会现实的揭示和批判，因此必须抵制官僚机构对文学艺术的掌控和充分尊重艺术家艺术创造内容和思想的自由。在斯维塔克看来，文艺是一种抗争的标志和精神，来赋予他的时代以人道主义的面孔，以一种斗士的姿态为更宽广的人道主义铺平道路。

斯维塔克作为重要的东欧新马克思主义理论家和高扬人道主义的实践家，国内关于他的理论研究却寥寥无几。从整体国外马克思主义研究来看，长期以来国内学界着重于西方马克思主义而对东欧新马克思主义关注相对较少。与西马相比，东欧新马克思主义诞生在社会主义国家并针对社会主义国家的社会和国情这一特点决定了东欧马克思主义更不应该被理论界忽视，其

第三章 捷克存在人类学派美学

在对发达资本主义批判之外的对社会主义社会的现实问题和社会主义建设实践等方面的研究和分析必有许多值得借鉴或引以为戒之处。从东欧新马克思主义研究来看，国内理论界翻译和研究主要集中在整体东欧马克思主义理论以及代表性的南斯拉夫实践派（彼得洛维奇、马尔科维奇、弗兰尼茨基、坎格尔加和斯托扬诺维奇）、匈牙利布达佩斯学派（赫勒、费赫尔、马尔库什）、波兰新马克思主义（沙夫、科拉科夫斯基）和捷克新马克思主义（科西克），这些学者的理论专著在不同程度上得到国内东欧与苏联马克思主义研究者的关注，而作为除科西克以外的捷克人道主义马克思主义重要理论家，斯维塔克的著作既无中译本也几乎没有学者对其思想进行系统性研究和论述。国外学术界对斯维塔克的探讨相对较多，主要集中在政治、哲学两个领域，而对斯维塔克的文艺思想和理论研究相对匮乏，主要是零星观点散见于论著之中，因而往往没有成为关注的重点。

而斯维塔克作为一个哲学家和激进的政治活动家，却对文艺问题有着特别的关注，文艺理论是人道主义马克思主义理论的重要组成部分。他从人道主义出发指出艺术最本质的问题是人的问题，文学和艺术是人走向自我完满的途径，艺术是对现代工业社会异化的揭示和反抗等观点，在丰富和发展马克思主义文艺学方面具有极大的创新性。他的文艺理论注重强调人的自由精神和自主创造力，这种特点与捷克斯洛伐克的欧洲民主传统尤其是启蒙运动中民主自由的价值标准息息相关，他强调人作为一个自由的有思想的存在的价值，而文学艺术就是这种自由价值的体现。他的这种独特的人道马克思主义文艺理论对马克思文艺学来说是不可多得的宝贵资源，而学界对他的研究却趋于初始和基本停滞不前状态，故此，本文对斯维塔克文艺学思想进行基础性研究，以实现对其人道主义马克思主义文艺思想的初步提炼和总结，更为完整的东欧新马克思主义理论的书写提供一些思路。

一、艺术创作论

主要研究理论家斯维塔克关于具体艺术创作和审美理论的观点。主要包括斯维塔克对想象和幻想在艺术创作中重要作用的强调，诗学思维不同于常规思维的特殊逻辑的特点和诗歌创作中创作者独特的孩童视角下对自我和世界的表达。

（一）想象和幻想在艺术创作中的重要作用

斯维塔克认为，想象、幻想、直觉、感觉等非理性因素是艺术创造的最本质来源，艺术创造的最本质条件就是想象和幻想。想象和幻想是现实世界与艺术世界之间的桥梁，是构成不同艺术家独特艺术风格的重要条件。同时，想象和幻想体现着人的本质性，艺术是对抗既定现实秩序的想象力的革命。

艺术家依据自己的想象塑造他的艺术世界，想象和幻想是艺术创造的源泉。斯维塔克认为，"想象的力量，创造性的幻想"是"艺术的永恒源泉"[①]，直觉、感觉、想象、幻想等非理性因素是艺术创造的最本质来源，艺术家凭借自己的想象力创造和构建世界。在斯维塔克看来，艺术创造的过程首先是一个直觉和感觉具体化的过程，直觉和感觉的敏锐性首先取决于独特的艺术家的个人经历。事物和景象不经任何思维活动直接投射在艺术家的视觉或听觉等感官上，表面上看这种感觉是无意识的本能反应在瞬间发生并不假思索，实际上跟艺术家本人过去生活经历息息相关，从认识论的角度来看，主体对客体的认识与主体以往对此事物的经验信息密切相关。所谓具体化的过程，指艺术家对审美对象即生活现象在直觉和感觉的基础上借助幻觉和想象作出主体认识和判断并将之以艺术手段表现出来。这种艺术的认识和判断不同于理性思维的结果，斯维塔克特别强调直觉的作用，"诗人的世界并不是通过概念性的操作获得，而是依赖于一种对特定状况的深入洞察，来源于对事物本质的一种直觉"[②]。它是积淀于意识底层的艺术审美经验的积累对引起注意的对象的艺术审美和评价，艺术家在这种认识和判断的过程中借助幻觉和想象对现实场景进行加工，创造出寄托主体审美情趣和思想情感的艺术世界。甚至，艺术家借助幻想和想象创造出现实世界并不真实存在的事物或场景，在

---

① Ivan Sviták. *Man and his World: A Marxian View.* New York: Columbia U. Press, 1971. p. 58.
② 同上书，1971. p. 114.

第三章 捷克存在人类学派美学

发达的想象机能作用下创造出一些现实场景中无法出现的事物、画面或景象,这种乌托邦的虚构性更是寄托了艺术家对人的神秘性和生活本质的理解以及独特的人文关怀。

在艺术创造中幻想和想象发挥着一种现实世界与艺术世界之间的桥梁作用。斯维塔克认为,呈现在艺术家眼前的是世界的原始图像,而艺术家在由一种事物到另一种事物的过渡和转换中观察这个世界,而幻想和想象在这个转换过程中发挥着一种桥梁的作用。他认为,诗存活在想象和幻想的维度中,想象是人的天性最本质的体现,诗歌注重想象而忽视理性,想象力、幻想、直觉基础上的活跃的思维在诗歌创造中发挥一种纯粹性的力量。想象是心灵之眼,想象所缘生的是感官,但又可以高于感官,艺术家透过主观情感去选择、提炼、加工和重新改造生活,借由活跃想象力的参与和加工而不仅仅是赤裸裸的语言文字符号和单薄的形象来建构自己的艺术世界。通常来讲,艺术家通过想象和幻想为桥梁进行酝酿的心理过程具有完全的自由性,创作者对整个创作过程具有绝对的掌控性和极端的主观性,但是斯维塔克认为,想象和幻想并不是完全反逻辑反科学或者说绝对消除因果关系和发展为因果关系的对立面,而是通过主观途径实现一种具有人文特色的逻辑和因果关系而非经由符合客观科学的途径。斯维塔克认为,这些主观途径包括直觉、知觉、想象、幻想、感觉等动态感官和心理因素,诗人通过这些非推理性的主体因素碰触到一些生活经历的偶然现象,而在这些偶然的感觉和直觉与事物的独特相遇中诗人与这个世界内部取得联系,同时通达到一种更高更自由的人的自然境界和人类最初的自由状态。斯维塔克认为,这种个人经历中的直觉反射的因果关系比科学真理中的因果关系更具有意义,人在科学世界中学到了真理、价值、技术和功能,而人在艺术的世界中收获自由、人性、意义和真实。

斯维塔克认为,幻想和想象是构成不同艺术家独特品格的重要条件。在他看来,"艺术家并不是(单纯地)模仿这个世界,消极地反映它,而是使这个世界成形并重塑它,重塑现实,使之风格化和变形。因此艺术创造的最本质条件就是幻想和想象，没有幻想和想象就没有独特的艺术人格"[1]。无论艺术创造的状态是充满着敏锐洞察力的清晰状态，还是类似酒神精神的谜狂，艺术家创作的核心点在于以自己的方式凭借自身的想象表达这个世界。艺术作品是在认知过程中赋予直觉和感觉个人特色的一个平台，不同的艺术家拥有各具特色的不可取代的个人经验的独特性，艺术创造过程中的化丑为美或者化美作丑是艺术家凭借想象力和幻想进行主观意义阐发，使作品充满人性化的独特的多价值层次和意义。艺术家对世界的表现并不是消极的模仿，而是在自己的想象中重塑这个世界并使之呈现自己的特色。想象和幻想是自我风格性的重要条件，使创作者自由主导作品内容与风格而不至于使自己隶属到某种利益创作集团中去。无论是绘画中线条与色彩的多样搭配，还是雕刻与建筑中形状与空间的独特接合，或者是音乐中美妙入耳的声音、文学中精彩的词汇、舞蹈中令人拍案叫绝的动作和姿态，甚至是戏剧或电影中荡气回肠的情节安排，艺术家依据自己的想象利用这些丰富的表现方式塑造着自己独特的艺术世界，进行着具有鲜明个人风格的艺术创造。艺术家各自的想象和幻想使作品呈现真切的个性痕迹和鲜明的别他性，使艺术家表现出来的世界充满着独特个性和思想的光芒。

就诗歌而言，斯维塔克认为，诗歌是对真实现实世界的反抗，是对抗既定现实秩序的想象力的革命。想象力是诗歌对抗世界的重型武器，诗歌通过想象和幻想构想出理想世界的平和、自由、平等的和谐状态，指导着人类的解放和支持着人对这个世界的对抗。这就是保守的人为什么把诗看作是对"田园牧歌式"现实的一种巨大破坏性因素和颠覆既定现实的一种工具助力，诗人桀骜不驯的个性和飞驰的想象力使诗人成为社会餐桌上不受政界欢迎的客人。诗是对抗世界的一种方式，斯维塔克认为，诗人必须是追求变革的人，乘着想象力和幻想的翅膀把自身情感和生活中的痛苦快意极致表现，让世间喜怒哀乐均能在诗中得到回应从而安抚平凡心灵。对于个人而言，平凡人在

---

[1] Ivan Sviták. *Man and his World: A Marxian View*. New York: Columbia U. Press, 1971. p. 63.

第三章 捷克存在人类学派美学

诗人想象织就的个人空间中寻找到灵魂契合点,面对现代人类的心灵困境,诗中的世界为人的心灵提供了一种可以自由追寻的空间和可能。同时,对于社会而言,诗人凭借杰出的想象和幻想在急速膨胀而变化无端的外部世界中创造一个宁静平和世界,在斯维塔克看来这种创造理想世界的艺术家就是某种意义上凡世的神灵,艺术家在进行艺术创造同时也参与了文化的塑形和价值的创造,塑造宇宙中最高的人格价值和人的独特性之所在。总之,用想象力进行艺术创造具有重要的现实价值,无论是撞进心灵深处使人在价值守护和意义追问的过程中完善自我,提升人格和生命境界,还是对抗不公现实以期重塑人类价值牵引文明行进的方向,艺术家在想象中以最大努力克服人类自身的局限,并得到无限的创造机会。

总的说来,斯维塔克强调想象和幻想在艺术创作中至关重要的作用,并且明文言说幻想和想象是艺术创作的永恒源泉,但这并不意味着他以一种唯心主义的方式否认现实生活是艺术创造的来源,而是着重强调想象和幻想在艺术创作中不可忽视的重大作用,在他看来想象力和幻想是艺术家对生活原材料深加工以完成艺术作品不可或缺的工具也就是连接现实世界与艺术世界之间的桥梁。同时,斯维塔克特别强调以幻想和想象为依托的艺术作品的现实作用,他认为,艺术家以想象和幻想构筑的理想艺术世界给人们以无限可能和追寻的动力,为对抗残酷的现实提供一种抗压力从而使人不至于在庞大的社会喧嚣和政客们的粗俗流弊中被蒙住双眼失去方向,同时艺术家借助想象和夸张等方式淋漓描绘的内心欢乐与苦痛给现代人提供了精神和情感等内在世界的依托,使人们能够在艺术家对现代文明的复杂性和残酷分裂的表达中找寻心灵蕴藉。

(二)诗学思维的特殊逻辑

斯维塔克认为,诗人对世界的观察具有诗学思维的特殊逻辑和因果关系,这种特殊逻辑中蕴含了人的特殊性和丰富性。同时,诗人在创作中始终有着清醒的自我意识。

诗歌创作不受古典逻辑的标准思维模式控制,完全无视正常逻辑的法则。斯维塔克认为,诗歌是一座荒谬和混乱之城,因为在这片领地中几乎所有基本的逻辑和法则都不适用。从科学的角度讲,诗歌是一种非因果关系的、非逻辑的言语结构,诗歌中所表现的世界并非全部是现实,而是诗人用头脑创造的一个小宇宙。就是说,诗人在诗歌创作过程中不考虑亚里士多德式严密概念、判断和推理的思维形式及其规律,打破普遍性、真理、知识、范畴、三段论等铁律逻辑常识。斯维塔克进而用类比举例的方式来阐释诗学思维逻辑与正常逻辑的迥异性,比如,对于亚里士多德来说,"任何一个人不可能相信同一事物既是又不是"(斯维塔克转引亚里士多德《形而上学》中的观点)[1],因为客观世界的事情不可能在同一时间的某个方面既是又不是,但是对于诗人来说,同一事物既是又不是这种矛盾和混乱现象普遍存在诗人的头脑世界中,在一定程度上构成了诗歌类似诗人内心世界矛盾复杂的审美特性。

  诗人观察世界的角度具有诗学思维的特殊逻辑或者说是因果关系,这种特殊逻辑的最根本依据在于诗歌创作者本人。斯维塔克关于诗学逻辑特殊性的阐释可以概括为两个方面。一方面,诗学思维的特殊逻辑体现在诗歌强烈的主体性、复杂性和混乱性中。诗人在诗歌中所表现出来的世界是情和意的郁结、直觉和想象的自在飞跃和自身的混乱矛盾心绪等杂糅而成,它遵循的是诗人心灵的法则而非因果逻辑。人是诗歌创作的尺度,诗人在创作时进入外人难以捉摸的特殊的精神和心理世界中,掌控着绝对的主导性。斯维塔克在起点上把人定性为非逻辑动物,而关于诗歌创作的逻辑就在于诗人自己,诗人忠实地表现自己的世界,其个体飘忽的意向和心灵体验使诗歌呈现一种明显的内倾性,这种情绪与人生体验的凝聚遵循的是一种心灵体验的内宇宙真实逻辑。另一方面,常规逻辑强调有效和谬论的严格界限,而诗人并不是单纯只描述他认知范围内的人事物,在创作过程中诗人清楚地知道他所讲述内容的不确定性和未知性,但仍旧执着于摆脱逻辑束缚去表达他认知范围之

---

[1] Ivan Sviták. *Man and his World: A Marxian View*. New York: Columbia U. Press, 1971. p. 112.

第三章 捷克存在人类学派美学

外的事物和情感，抛弃逻辑和已知现实而用直觉和感官进入某种内在真实，这种有意识的突破和对常规逻辑的违背也是斯维塔克所谓诗学逻辑特殊性的一种表现。从创作论的角度来讲，这种创作主体对自身非充分了解之创作客体的选择恰恰体现了创作者的主导性和主观能动性。这两个方面可以借用政治词语概括为"以人为本"的诗学思维的特殊逻辑，完全无视正常逻辑的推理和法则，而以诗人非客观的心理自我意识作为最根本的标准。

  这种"以人为本"的诗学思维的特殊逻辑恰恰蕴含了人的特殊性和丰富性，使人能够通达到人类存在本质的内涵和层次意义。如上文所述，诗人清楚地了解他所说的内容，但是他却总是在讲述他不了解的内容和在他知识之外的事物，斯维塔克认为，人的意义就在于此。诗人创造一些不曾存在的事物或者与世俗颠倒的价值观，由此呈现的荒谬性看似是毫无逻辑构成的思想结构和毫无意义的言语非现实，其实是人对未知世界和莫名情感的一种表达，是使人与宇宙、荒谬的世界、混沌的存在融为一体的一种途径。诗人对未知事物和现象的思索建立在思想、想象和现实相融合的基础上，诗人试着去表达超越他自身的事物，这种超越表面现实的思考表明了他作为一个人所具有的珍贵的思想性，就是这些思考提供了人内在生存的依据，通过这种方式人可以通达到不同层次的感觉、直觉和神秘体验中，进而通达到人类存在的多种层次和高度，而这些都是正常逻辑所无法到达的。世界的繁复和荒谬在诗歌中获得一种思想形式，诗人感性的隐秘和对未知世界的深层意识质问中隐伏着人类原初本真世界的某种预言，这种对于未知世界的书写可能会成为改造未来世界的本体资源。斯维塔克对于强调人的逻辑的诗歌的内在作用的看法看似虚无缥缈和言过其实，但是诗歌对于人来说的确是不可缺少的精神依托，超越正常逻辑的诗歌的思想锐力和存在的质朴和刚劲的力量是人类内部存在的一种凸显和延续，或者换一种方法说正是诗歌的神秘性体现的诗性的内域思考丰富了人对人类存在内涵的认知。世界上存在众多通常逻辑三段论解释不了的事物，而诗歌用超越逻辑三段论可以阐释之范围填补了人类在认知、自我意思和情感方面的大面积空白。

前文提到，诗人内心世界的混乱无序在一定程度上体现了诗歌矛盾复杂的审美特性，但是值得强调的是，诗人在看似混乱的诗歌思维的特殊逻辑中有着清醒的自我意识和明确的要表达的内容，诗人的创作思路一直围绕着主题。这两者并不矛盾，前者主要强调诗人真实内心世界全部状况的复杂性，后者主要指诗人在进行创作过程中具有清醒的意识指导自己的艺术创作，甚至是描绘自己复杂纷乱的内心世界。诗人在创作中高度的自我意识主要体现在两个方面。第一，诗人在创作时保持着清醒的头脑，即使用混沌的自我思维和混乱的语言，但诗人始终知道自己要表达的究竟是什么。无论是对直觉的境界展现还是对灵感的瞬间捕捉，还是表现积淀在生活中的深厚积累和情感体验，诗人遵循着自身思维的逻辑。他对未知世界的描绘或者自身矛盾心理的展露，那种看似语无伦次或者是模糊不清的概念和意义，但是自始至终诗人对于整个过程具有高度的自我意识，诗人的思路和行文一直围绕着他头脑中的主题，他在尝试着表达某些超越他自身的事物的过程中充分发挥主观能动性。斯维塔克认为恰恰是这个矛盾混乱又具有强烈自我意识的过程体现出了一种人的自由探索精神，这种精神可以唤起人类失去的某些珍贵价值和深层次的意义。第二，斯维塔克认为，诗歌从另一个方面来讲充满理性和真理。他特别强调，对诗歌无逻辑性地强调并不是要为直觉等非理性因素创造比它们需要的更多的空间，因为诗并不是人的肆意发泄和无理性宣言。相反，诗歌燃烧着纯粹的思维的火焰，诗歌是思想行进的产物，诗歌中体现的事物存在的变化或者强烈情感转折的背后是带有人类普遍性启迪的理性，其冷静、思辨和锐利的一面体现着海德格尔所谓"诗即是思"中强调的诗歌的思想性和理性精神。

斯维塔克对诗学思维无逻辑性的强调和他对诗歌理性和思想方面的补充呈现出一定的矛盾性，但也在矛盾中达到一种统一。首先，它们在主体性上达到统一。这两个方面都着重强调人的主体能动性，无逻辑性强调创作者依从直观的感觉和直觉、灵感、情绪等非理性因素，类似直觉这种毫无逻辑性的感性因素却蕴藏着人最本质的东西，诗人跟随直觉抒写就是最大程度地体现人的自由创造性，而对于理性和思想性地强调更是要求诗人具有人的高度自我意识和人类最引以为傲的理性精神。其次，它们在对人的提升促进作用方面达到统一。诗歌依靠直觉即时性和思维直接性这种无逻辑的流泻表达，唤起人基本的最初的心理感觉和情感体验，而不是依靠理性和逻辑操作。诗歌让人重新回归到人类感性动物的现实中去，唤醒沉睡的人类悲悯情感和人性。而理性作为人的特有精神属性和人类智慧的精华，交织在诗歌这种感性的物质形式中，诗中对社会、人生、宇宙等哲理的思索承载着一种精神的担当，诗歌中理性思维和理性精神在潜移默化中指导着人应该走的道路。

从总体方面来看，相比于诗歌中的理性与思想的方面，斯维塔克更强调的是诗学思维的特殊逻辑，也就是诗歌创作中违背正常逻辑思维和理性思维的部分，认为这种非理性占主导的思维逻辑可以通达到人的本质，让人从常规的生存状况中解放出来，进入到一种人可以体验到自身独特性和重要性的特殊环境中去。

（三）诗歌的孩童视角

斯维塔克认为，赋诗最重要的讲究对这个世界的视野和想象，诗人普遍用一种孩童的视角来观察和表现这个世界。在斯维塔克看来，作诗首要的并不是言语词汇的排列技术和承上启下的结构巧思，虽然不可否认这些是在文学理论中重点强调的规律和技巧，但是看待这个世界的视角和想象力才是作诗最重要的因素。"视角"在叙述学中是一个非常重要的概念，简单来说指叙述者观察、感知和讲述故事的角度。对诗歌来说，就是指诗人观察、感受这个世界的身份和角度。一般情况下，在一定世界观和自身特定哲学观点指导下，诗人在创作时选择对现实世界的视角作变形处理以突出表现某种强烈感受或者放大某种特定画面以造成视觉冲击。诗人选择一定视角的同时带有某种特定的目的预期，相当于诗人手持一面三棱镜可以放置于任何角度对他眼中的世界作任意变形处理。在斯维塔克看来，如果不考虑哲学、心理学和社会学的规则，可以总结出诗人看待这个世界的眼光普遍带有孩童的特点，即诗人透过孩子的眼睛来观察和表现这个世界，这种独特的诗人视角即所谓诗歌的孩童视角。诗歌的孩童视角主要有以下两个特点，孩子独有的天真性以及透过孩童视野看到的这个世界的完整性和真实性。

第一，诗人以一种孩子般天真、独特的视角来看待这个世界。斯维塔克认为，诗歌以一种天真的视角接触现实，世界对诗人来说就呈现出它本来的样子，万事万物从自然造化而来流入诗人笔端。孩子看待事物并不进入到抽象和理性的层面，而是凭借自己的各种感官观察感知这个世界，因此现实世界呈现在孩子面前就是它的原始面目而不经过理性思索和抽象思考，世界在孩子面前呈现出外部世界而内部世界被自然隐藏，但是这个外部表面世界对孩子来说就是完整的、未被剥夺的世界。诗人看待世界的方式类似孩子这种从表面天真地认识这个世界，如同孩子般睁着大大的眼睛吸收着图像为主的世界而不进入深入思考境界。从认知角度讲，诗人处理现实的角度是一种天真地含混地不充分的方式，他有足够理性力来分析这个复杂的世界，但他在进行诗歌创作时刻意隐藏理性自我而凸显天真自我，进行着丰富的形象思维而拒绝进入理性思维的阶段，这种看待世界的方式与一种相对原始的方法联系在一起。斯维塔克这样打比方，孩子是初级的诗人，诗人是被延迟的儿童[1]，诗人在生理上早就已经进入到下一个阶段而心理却停留在孩童视野所限制的原始的世界。诗人具象地、脱离抽象方面来看待这个世界，在诗人成熟的身体里住着未长大的天真的孩子。斯维塔克进而用生理学和心理学的知识来佐证自己对孩童视界的理解，他解释到，孩童时期是人发展的一个特殊时期，在这个时期思维被生理的特定状况所决定，从儿童甚至到青春期，只要孩子没有进入到抽象世界，他对世界的反应就是不可思议的具体性和理想与现实的合一，没有特定的观点视角和特定目的性的对世界的处理和变形。同样，诗人往往也是理想与现实合一的一定程度上的理想主义者，透过孩子的视野以纯净的眼睛和淳朴的情感链接内心美好和当下生活经验，以孩子般天真单纯的眼光来感受世界和人生而不受习惯、成见、繁琐思维之囿，内心

---

[1] Ivan Sviták. *Man and his World: A Marxian View.* New York: Columbia U. Press, 1971. p. 109.

第三章 捷克存在人类学派美学

单纯透明滤尽功利心并认为所有美好的事物都持续而恒久。这种孩子般天真和直接的视角摒除了诗歌创作过程中的繁琐构思和累赘加工，从孩子为视角出发点往往有新鲜奇妙的体验和独到灵动的发现，俗语有云，太理性作不出好诗，真诚的诗歌不需要严密理性思维和言语材料安排的技巧，而是需要在智慧上和情感上其实都早熟的诗人葆有一颗孩子般纯朴的心。

第二，诗人以一种孩子般完整、真实的视角来看待这个世界。把完整性和真实性分开来讲，首先，完整性是诗人透过孩童视角看到的世界的一个非常重要的特性，斯维塔克继续用孩子的特点来阐释诗人的特质。他认为，孩童时期是一生中人最具活力和张力的发展时期，这个时期人感觉自己处在相对安全的家庭环境中未受到来自社会和成长的伤害，因此初期的个性具有高度的完整性，他看待世界的眼光也同样不具有筛选性而是整体完整地看待世界，这个时期由于孩童的无知无畏而成为人对世界开放性最高和最好的时期。诗人在进行诗歌创作时习惯将自己置身于世界的怀抱中不具选择性地体验整个美好生活世界，诗人笔下的世界同孩子眼中的世界具有高度一致的完整性，诗人如孩童般以一种充满活力的方式疏放和发展自己的个性，对这个世界保持一种开放的姿态并且不缺失多数现代人失去的对事物的敏感性，在这个异化的世界中保持着自身人格和情感体验的完整性以及他笔下的世界的完整性。其次，真实性是诗人透过孩童视角表现世界的另外一个非常突出的特性，并且和斯维塔克强调的所谓诗歌的直接性(immediacy)联系在一起。众所周知，孩子眼中的世界是真实不掺杂一丝虚假的纯净宇宙，诗人用孩子的真诚视野如实反映眼前世界和感觉世界中的真实体验，用诗歌的真实性来表现身边真实生活的事实形象和情感哀乐。当然，这里的"真实性"不能与"现实主义"对等，在孩子的眼中大象的体积可以用巨大如高山来形容，同样诗人可以在幻想和虚构的基础上进行诸如此类夸张、明喻、类比等表达强烈的感官感受，这种诗歌描绘和现实偏差的界限属于艺术规则的合理范畴。斯维塔克强调的诗歌的直接性，指主体对客体直接的真实的瞬间反应而不经由任何的加工，用短时反应的即时性和直觉的直观性来表现自身的独特感受。

这种直接性为前提的真实性在斯维塔克看来是诗歌最重要的神经，不讲究直接的瞬间真实反应而是经过仔细的逻辑和理性加工的诗歌可以称其为一件精美的文学作品，但却失掉了诗的真实性的品格。

　　诗人以一种孩童的眼光来看待和表现这个世界，诗人的世界和孩子的世界具有重大的相似性，但这并不表示诗人作诗等同于孩童呓语，并不意味着诗人活在孩子的世界中无视成人世界的责任和作为诗人的担当。斯维塔克强调，天真是赋予孩子的而不是赋予诗人的，诗人不能无视他所知道的潜在现实而只抒写表面乌托邦的世界，诗人在诗中表现的只是特定时空中那时那刻的直接性、具体性和独特性，由于时空的双重限制，诗人的瞬间表现是符合现实真实的存在而不是无视和掩盖混乱真相的有意为之。同时，诗人的世界和孩童的世界也具有天壤之别，孩子生活在一个父母双手为之庇佑的、由于无知懵懂而无畏的魔幻的世界，而成人只能到达这种孩童魔幻世界的一个片段，诗人在这个片段中寻找现实成人世界失去的孩子般的纯净、天真、活力和良善之心。在这个过程之中，诗人清楚地明白逝去的孩童时代是无法挽回的，对于人来说这种转变不仅是在身体上更是在心理和人格发展上，而诗人选择以孩童的眼光看待世界，这种视角下无阻碍地表达自身心理感受、完整呈现生活本来的模样，读者在这种完整性中渐渐寻找到情感共鸣或体会自己成熟之后失去的大半个世界，给自己心灵慰藉并促使自己去寻找那份失去已久的自由天空。另外，诗人时刻铭记时代赋予他的责任，用孩童的视角和看似朴素简单的言语承担起孩童承担不了的属于成人的社会责任，以诗歌为武器在天真视角的人与自我心理、自然和世界的对话中承担起精神领域对人类自身灵魂的拷问，用来自人类最初的童真情怀捣碎一些非人性的扭曲的事物和价值观，用焕发着诗人天真和热情洋溢的诗歌寄托悲天悯人的人文情怀、社会道义和人类良知。诗人以孩童的天真视角和成人的成熟心智构建出不可名状而又隽永精妙的独特世界，在荡涤人们饱受现代社会工业污染的疲惫心灵的同时，使人们对崇高以及与美好世界相关联的事物产生向往与追求，从而更接近人类的最初存在和生命原始的未被剥夺的本质性。

第三章 捷克存在人类学派美学

小 结

斯维塔克对艺术创作中想象、幻想、直觉和感觉等非理性因素的强调，诗歌不同于正常思维的特殊逻辑的阐释，还有对诗人孩童视角这种独特创作特点的揭示，都一致地体现出斯维塔克文艺理论呈现出鲜明的内倾性特点。内倾性即特别重视创作过程中的主观因素，孩童视角强调诗人感性看待世界而不进入抽象和理性的层面，诗学思维的特殊逻辑重视心理逻辑这种非理性思维而不是线性理性思维，甚至是想象和幻想反叛理性更是充分发挥主体能动性塑造一个自我的艺术世界。这种对创作主体本身的强调归根到底是一种人道主义精神的体现，以人的主观世界和对自我和人性最初本真的追寻为出发点，循着艺术家对世界、人生的体验展开思维的轨迹，这种由自我出发由生命最基本层次出发的艺术作品最具扣人心弦的感染力，以生命为艺术之绳，从个体生存出发延伸到人类普遍的生存空间。值得注意的是，斯维塔克对创作中主观因素的强调与其现实主义马克思主义立场并不矛盾，反而恰恰体现了鲜明的人道主义特色，强调主观的内在价值并不代表对艺术创作的要求仅限于抒发自我和情绪宣泄，而是追求内在的情感和精神价值和外在社会价值的统一。从内部来讲，艺术家承担着本真、质朴地把握人的情感和表现人类灵魂的精神生活的保证者和提升者的功能；从外部来讲，艺术家尤其是诗人作为知识分子的重要组成背负着重大的社会责任。

一、文艺的发展及其意义

主要研究斯维塔克关于影响文艺发展的本质因素和文艺对人的意义的观点和理论，并简要介绍其关于异化理论的观点和文艺对异化的揭示与对抗。在斯维塔克看来，文学艺术问题在根本上就是人的问题，文艺的发展演变的根本动因是人的观念和意识的变化，反过来，艺术对于人类自身发展具有重大的价值和意义。现代社会的异化问题是人类自身发展史上遭遇的重大问题，艺术的自由精神是对异化的反人类面的一种抗争。

（一）文艺的发展演变的本质是人的观念和意识的变化

斯维塔克认为，文艺发展演变的根本依据在于人主观自我意识的变化，人关于自我意识和自我认知的变化和人类存在方式的转变。艺术的意义与人类自身和人类活动的意义直接相关，艺术发展的最根本动因在于它的创作主体，人的观念和意识的发展变化。

1. 文艺发展演变的本质原因在于人认知的变化

艺术史上关于影响艺术发展的根本性因素的说法可谓是众说纷纭，对此，斯维塔克有一种属于卓越哲学家的独特而明晰的自我见解。他认为，文艺发展演变的决定性因素在于人的意识和认知发展的状况，包括对人对自身和对整个世界的认识和理解。

乍看起来，斯维塔克将文艺发展演变的根由归结于人的意识和观念的变化，带有浓厚的唯心主义色彩，其实不然，斯维塔克主要是借鉴了现代人类学的观点来论证艺术演变的根本依据。如其所述，艺术发展的决定性标尺不是浪漫主义所谓奇特天才的个人作用，也不是过于宏观的客观事实为基础的社会关系的变革，而是内因性的人类自我意识和观念的变化，即"人类存在方式的转变，人关于自我意识和自我认知的变化"[1]。在斯维塔克看来，人的意识和观念的变化具体体现人究竟在何种程度上认清自己，人认识和表达自己方式的变化。历史上的多样文化由于人类表达方式的不同、人关于自身观念的不同、成为以人为中心的文化的成熟程度不同而有所差异。文学和艺术发展的根本依据在于人的基本状况、人的模型和人究竟在何种程度上了解和把握人自身。

人类自身状况包含多个方面的内容，文化人类学在从社会学的角度出发将历史进程的个人、社会关系、文化和人类意识诸多方面视为一个整体，即人的文化模式。斯维塔克深受文化人类学观点影响，他将人的模式发展历程简要概括为理性模式的人、生物模式的人以及社会（文化）模式的人，把社会

---

[1] Ivan Sviták. *Man and his World*: *A Marxian View*. New York: Columbia U. Press, 1971. p. 64.

第三章 捷克存在人类学派美学

和文化因素合并到一起作为"人的社会/文化模式"来加以分析,显然"社会"与"文化"被视作意义相近词汇,与社会学、人类学强调文化之广义含义和社会与文化大环境对人的塑造作用这两个要点不谋而合。斯维塔克将各家关于影响文化和艺术分类的依据的观点总结为一是强调个人天才的作用,二是归因于社会关系的发展运动,三是强调人类自我意识发展的成就。他认为文化人类学将这三者整合到一起视为一个整体,并提供了证明它们在根本上归属于一致的辩证的解释。文化人类学既强调社会因素的历史唯物主义观念,又坚持认为人的自我意识起到最重要的决定作用,而这种主观意识和认知因素在精神文化领域尤其是在艺术方面对艺术史发展起到了决定性作用。艺术史的分期从根本上来讲源于不同时期人类表达自我方式的不同,人关于自身和这个世界观念的不同,对于人的独特性和创造力的认可程度的差异。人通过文艺来表现自身情感和经历,艺术创作方式和表现内容的变化都与人的构想和生存方式转变息息相关。艺术、哲学、宗教中人的形象和意义,包含了人类在当时历史时期如何解释人类自身以及以何种方式去理解的结果,人在何种程度上认识自己,在何种程度上理解自己在历史和宇宙中所处的地位,对文学和艺术分析而言起着极其重要的决定性作用。

2. 影响人认知变化的因素——决定艺术发展演变的深层因素

前文提到,文化人类学为艺术分析提供了将个人才能、社会关系、人类意识和认知归属于一致的辩证解释。斯维塔克将其运用于文艺学分析而提出了独特的关于艺术发展的理论,认为在艺术的发展过程中人的自我意识起到决定性的作用,而依据文化人类学的观点,人的意识和认知主要由社会文化和自我创造力所决定[①],在此处斯维塔克所谓三者统一于一的论断得到合理解释,决定艺术发展的双重深层根据性因素如下。

第一,既存的社会文化制约着人的主观精神和创造力的自由,对艺术创造构成重大的决定性作用。斯维塔克认为,人是社会的人和文化中的人,人

---

① 主要参见 M. 兰德曼《哲学人类学》第五部分:《人作为理智生物(文化人类学)》。

生来就处在一种既有的文化和特殊的生活模式中并且受这种社会环境因素的操控。他详细剖析了文化人类学对前人既有的文化和社会组织形式对人的渗透的强调，作为偏向社会学理论的文化人类学，与所谓自然人类学讲究生物实证相反，强调人在历史发展过程中是一种群体社会性和既定文化影响下的创造物。具体到艺术创造，斯维塔克强调社会历史因素对艺术创作的重大影响作用，"艺术家对客观社会过程的依赖程度，对整体文化的历史演进的依赖程度，远远大于他们愿意承认的范围。"[①] 兰德曼曾明确提出，人是文化的生产者同时是文化的创造物，强调每一个个体首先由文化形成即人是既有文化的产物这种被动因素，从祖辈积累传承的"文化的外部机构中接受客观精神的赠物"[②]。他将这种既有的文化和社会因素称之为影响人的"客观精神"，人在最初就接受了前人留下的客观精神的馈赠而生活在一种特定的文化氛围中，而文化通过具体的社会形式表现出来，人是社会的存在，也是文化的存在。斯维塔克在解释影响艺术发展的机制时同样强调既有文化的影响并将"社会"和"文化"等同视之，将文化价值看作是整个社会历史进程的一种表现，社会／文化决定了人对自我的认知和意识，从而在根本上成为艺术发展决定性因素之一。艺术创造暴露在政治、历史和社会学各种因素的影响之中，既定社会文化对艺术家思想的影响直接体现在艺术创作题旨和诉求上。人依赖于文化而存在，人的行为方式受习得的文化控制从而通过传统继承等方式而获得一种特殊的文化身份，人在艺术创作的过程中自然而然地为这种文化身份进行了无意识"代言"。

第二，人的创造力在认知和意识发展的过程中起主导作用，进而在深层次上影响甚至决定艺术的演变和发展。斯维塔克深深认同兰德曼等文化人类学家的观点，认为人是文化的创造者，个体的人在文化创造中发挥的巨大力量可能成为延续或升华人类精神的纽带，"站在文化人类学的角度，人被认为

---

① Ivan Sviták. *Man and his World: A Marxian View*. New York: Columbia U. Press, 1971. p. 60.
② 兰德曼：《哲学人类学》，阎嘉译，贵州人民出版社，2006年版，第207页。

第三章 捷克存在人类学派美学

是一种富有创造力的生物,具有完全的能力主导自己的行为方式"①,创造性是一种人的本质属性,人始终处于一种未完成和开放状态,人的创造力使人有完全的能力和明晰的意识来决定如何塑造自己。就如兰德曼所强调的,个人的创造力的力量是无限的,创造力使人决定自己的行为并决定人的本质。人的自我意识在文化的历史进程中起到最重要的决定性作用,这种主观意识在精神文化领域尤其是艺术方面占据主导性的作用。同为捷克人的著名思想家科西克也认同社会历史因素之外的人的主观创造力,"人并不是封闭在他的主观性(他的族类、社会性或主观规划)壁垒之中",人通过自己的存在即实践超越自身主观性和既有的社会文化框架,"不仅再生产出社会——人类实在,还把实在总体精神地再现出来。"②

总之,斯维塔克借助文化人类学的观点来解释人的观念和意识对艺术的发展产生的重大作用。文化人类学侧重人与群体的行为,一方面,人是社会的人和文化中的人,人生来就处在一种既有的文化和特殊的生活模式中并且受这种社会环境因素的操控。另一方面,人对于自己的行动具有绝对的创造力和完全主导自己行为方式的支配能力。结合两个方面来讲,斯维塔克认为这种社会文化因素的操控力(兰德曼所谓"客观精神")是重要的是部分性的,人自身的发展还受到自身选择和天性的影响并且人是具有极强创造力及完全的能力和选择权来决定如何塑造自己,人始终生活在一种必然性与自由性的调和之中。斯维塔克借用文化人类学的理论对影响艺术发展因素的解释融合了社会文化对人的重大影响和人类学聚焦的作为人最本质最重要的创造力两个发力点,既呈现出马克思主义文艺学侧重社会学的方法优势,又充分吸收了文化人类学人是社会文化生物这一理论精华。

3. 从人的模式角度分析文艺发展演变的实质

除了从主客观两个方面对影响人意识和认知发展因素,也就是决定艺术

---

① Ivan Sviták. *Man and his World: A Marxian View.* New York: Columbia U. Press, 1971. p. 75.
② 卡莱尔·科西克:《具体的辩证法——关于人与世界问题的研究》,傅小平译,社会科学文献出版社,1989年版,第190页。

演变发展的本质深层次影响因素进行分析，斯维塔克还从人的模式的变化的角度来论证文艺发展演变的本质是人的观念和意识的变化。从根本上而言，人的模式对艺术创造的重大影响作用主要是人的观念和意识在艺术创作过程中发挥的作用，而归根究底仍是由上文论述之主客观两方面因素决定，人的模式是一定历史时期人意识和认知发展状况的综合概括。

斯维塔克认为，要弄清文艺的问题，首先必须弄清人的模式的问题，艺术的发展与转变过程只有和人的模式联系在一起考虑时才能得到合理的解答。人的模式对于艺术创造的影响是根本性的，归根究底人的模式由人类自身的发展状况所决定。斯维塔克对历史上人的模式的发展演变作了如下划分：过去思想模式的人、现代哲学模式的人和当代科学模式的人。很显然，现代理性精神的普遍照耀和科学技术对当代世界的湮没分别是三个阶段的分水岭，从辉煌的希腊古典文学到近现代的艺术理性启蒙，再到当代艺术表现技术压制下人悲剧的生存状态，其背后古希腊时代人对自我的高度认知到中世纪对人性的贬斥，再到文艺复兴和启蒙时代人文主义精神的复苏，直至当下政治与技术对人的自由和创造性的压抑。人的模式的变化和演进决定着艺术史发展的状况，从各个时期艺术的特质中可以大致窥见当时人类自身的发展状况。

斯维塔克分别以诗歌和戏剧为例具体阐释人的模式之于艺术发展的重大影响。以诗为例，斯维塔克对诗的发展演变做出人类学角度的阐释，在他看来，西方诗的发展演变与欧洲历史上人的形象和思想潮流密切相关。"最本质的不同在于人的观念的变化，更精确的说，人认识和表达自己的方式的变化。所以诗的意义中的多种变化与欧洲文化中人的形象和意义的转变密切相关。"[①] 斯维塔克认为，诗及诗学理论的发展演变与同时期文化中创造性和模仿性的发展轨迹是基本符合的，从诗的发展演变中可以剖析出一个历史时期关于人自身的发展演变和重大的积极或消极的思想转化。以戏剧为例，斯维

[①] Ivan Sviták. *Man and his World: A Marxian View.* New York: Columbia U. Press, 1971. p. 104.

第三章 捷克存在人类学派美学

塔克认为,莎士比亚戏剧中人的概念和模式,与基督教神学中把人先验设定为罪恶寻找救赎或者诅咒祈求解脱相比,更为接近后来笛卡儿、培根、布鲁诺等对人的意义和精神的看法,戏剧作品中的人物形象、意义和模式,归根到底取决于那个时代人对自身的理解和对自我认知的变化。文艺复兴时期相较于古典希腊时代,人对自身的理解由命运是重复的圈状循环到生命是一直向前而不再是被重复的命运,这一点从两个时代的典型作品《俄狄浦斯王》和《哈姆雷特》便可窥看一二。凡人俄狄浦斯无论怎样执着和顽固抗争也始终不敌命运的残酷怪圈,他的悲剧命运是人的意志和力量无论如何都无法扭转的宿命枷锁,而哈姆雷特在一个和自身理想信念相悖谬的社会做着思想上的抗争,他的最终悲剧很大程度上是因为其思想上的巨人行动上的矮子的特质,而并不是无论如何都逃脱不了先定命运的摆布。这些戏剧中人物形象的塑造,或者说和体现在戏剧作品中的作者本人的思想,终究都是由那个时代个人对自身和社会的理解所决定的,同时反映出当时特定时代人的思想和意识的发展状况。

一个时代人的观念和意识造就一个时代人的模式,决定一个时代文学和艺术发展的根本内容和动向。在斯维塔克对莎士比亚戏剧的分析中隐藏着他关于文艺复兴模式的人的认识,从哲学上来讲,人的模式的最重要因素在于人对自身定义的回答。文艺复兴时期,伴随着自我意识的深化,人对自己和世界的复杂性有了更清醒深刻的认识,对人的理性、价值和尊严的肯定实现了人对自身独特价值的重新认知,人本思想从根本上肯定人对自我和世界具有完全的认知能力,人的意志和理性精神引导人走向知识和自由世界,而不再是宗教神秘主义之下的人作为命运和神的玩物对人的自由和创造性的完全束缚。这个时期人在自我价值和认知上的重大提升明显反映在文学艺术创作上,莎翁笔下的哈姆雷特可谓是文艺复兴时期人的模式的典型。文艺复兴时期的人处在历史的混乱之中,却认为人是独特的理性个体,在普遍的人性复苏的背景下遭遇理性与传统的挣扎、逻辑和情感的碰撞和人类生存的激烈冲突,这样的时代背景和人们对人生存价值和意义的一再拷问铸就了经典的哈姆雷特形象。哈姆雷特向人们展示了那个时代人的典范的思想状态，复杂利益冲突中不确定的生命的意义和崩坏社会中生存价值观的挣扎，哈姆雷特被挤压和撕碎在一个理智与冲动的闭合空间，然而，这些挣扎、思索与拷问正是人思想进步的表现，文艺复兴时期人对自身的理解跨出了历史上人性发现的重大脚步，亦是人类思想意识的进一步深化，没有思辩没有挣扎人类就会停滞不前。

（二）艺术的功能

本章第一节讨论了人的观念和意识的变化对艺术发展演变的决定性影响，那么反观艺术对人的影响，斯维塔克认为，艺术对人的情感、认知、人格的影响作用不容忽视。以诗为例，斯维塔克论述了艺术对于人类自身的价值和意义，主要体现在对人情感和认知的培养、感悟自由本质生命、完善人类品格和揭示生命神秘性及人作为人的本质。另外，艺术同样具有向外的社会教育和批判功能。

艺术的意义在于对人情感、认知和精神的培养，在审美感受与理性认知的统一中培养人精神层面的情感和认识。斯维塔克认为，艺术的深层价值不在于政治性机械性地束缚人的思想让民众变得无知而乖顺，或者非如此霸道极端的普通政治意义上的道德教育和价值取向塑造，而是在于艺术的意义是人类关于这个世界情感、认知和理解的培养。一个人的政治观点、道德价值和社会地位只是表层社会教育在集体中的价值体现，而真正重要的是他作为人的本质特性，这种本质属性就是人不同于仅靠先天气味和动作来判别一切的动物所具有的情感和认知能力。在斯维塔克看来，以诗歌为代表的艺术可以"触及到人的根本上的生存核心"[①]，即人的情感和认知，诗歌可以直接或间接地影响人的认知能力和对世界的理解。也就是说，诗歌可以唤醒人沉睡的内心情感和萎蔫的生命质性，在诗歌语词中发生无以名状的与创作者的情感认知同频共振，从而在感性的诗歌表现中获得知性的关照和人根本之精神

---

① Ivan Sviták. *Man and his World: A Marxian View*. New York: Columbia U. Press, 1971. p. 106.

第三章 捷克存在人类学派美学

气质的熏陶。诗歌等艺术在人类发展进程中的作用在历史中更为重要地显示出来，艺术方面的突破或是跃进往往直接或间接地影响人的情感、认知、观念和判断力。拿西方现代艺术来讲，其夸张、变异或者是说对传统审美的解构对人的想象力和思维方式形成了空前强劲的刺激，同时这种艺术形式以近乎极端的方式展示了现代人的生存状态，引发了人们对于人究竟该如何存在的现实主义思考。艺术审美是人类精神内核的外现，是人区别于其他动物的高级的精神构建和文化创造，影响人认识、掌握和支配这个世界，在人类社会价值和意义的建设中发挥着重要的作用。

在斯维塔克看来，诗歌不仅有传统认为的传递审美愉悦的美学价值，更是"诗化"人们生活的工具，使人认识到自由生命的伟大和价值。诗歌唤醒人们发现和感受生活中美的直接性和独特性，在这个过程中与人的情感生命相融合，诗歌为人的情感和生活提供了一面忠实的镜子，在镜子中人可以看清自身的灵魂或者得到心灵的慰藉。斯维塔克认为，在这个意义上诗可以说是关于人类生命进程的一种边缘性的笔记，透过诗展示的人真实的血液与灵肉感受生存的脆弱和人独有的人性，在这其中看到生命的伟大和人类的伟大。诗人在诗歌中呈现的生存的快乐与苦痛背后是最本质的自我，欣赏者在真实的经验表达和记忆观察中获得从感官到心灵的契合与激发，甚至是发生在瞬间与潜意识沟通的无法复制或试图再次经历的存在主义色彩的生命体验。由此，斯维塔克得出关于诗歌意义的最终结论，诗歌使人认识到生命的伟大和独特意义与价值，由眼中所看到的诗歌语句到心灵世界的内在变化，诗歌回到人类总的存在的开始，呈现出一个未被剥夺的世界的自由生命。斯维塔克在浓厚的存在主义意味中论述了诗与生命的紧密联系和不可分割性，在他看来诗歌是一种人深入到本质生命世界的一个通路，在生活轨迹具体化的印象背后，是生命的莫测神秘和回归原初的一种向心力。

"诗歌是实现人类品格趋于完善的一种方式。"[1] 斯维塔克认为，无论历

---

[1] Ivan Sviták. *Man and his World: A Marxian View*. New York: Columbia U. Press, 1971. p. 108.

史发展到怎样的阶段和时代，诗歌一直是影响和转变人的人性品格的重大力量。人存在于这个世界与社会发生的联系并不仅仅受制于他生产性和政治性的活动，他自身的品格对自己以及世界的观念和认知比他的生产活动更为重要。人的意义并不仅在于他的工作即他对社会的服务中，更重要的是在于他自身品格的完善、丰富和发展。与他对这个社会的贡献相比，他自身的人格和发展重要性必须排在他的生产活动之前。斯维塔克认为，诗歌可以促使人与他的自身人格发生关联，使他增加关于自身存在的宝贵意识，在人的存在之别和之变中清醒地认识到自己是一个独特的、短暂的生命体，认识到自己是一个具有无限可能和完整认知能力的开放的存在。一首诗的真正价值在于让读者在审美感受中与诗直接对话，在震撼和心灵的契合中更加认识短暂的、自由的、认知的和开放的生命。因为诗中处处都是人类自身的影子，人在读诗过程中仿佛是在与自身对话和进行灵魂的拷问，让人类更加理解人自身，刺激人的生命潜力并扮演着试金石的角色，督促人能够更真实地面对自己面对生活。斯维塔克抓住诗歌向内在心灵连结这个特点，揭示出了诗在人的生命过程中所扮演的重要角色，诗歌源自与人内心深处最坦荡的陈述，承载着创作者人之为人的品格和对未来世界的憧憬架构。人在欣赏诗歌的过程在创作者的潜移默化中重返他的人性品格，在这个意义上，诗歌就成为转变和影响人的品格的伟大力量，成为实现人类之所以为人的品格趋于完满的一种方式。

同样，诗歌是生命神秘性的一种印证。在论述诗歌的特殊逻辑时斯维塔克强调，诗歌通过正常逻辑无法通达的直觉发掘出人类存在不同层次的感觉、直觉、情绪和神秘体验。在诗歌对人类的意义这个问题上，斯维塔克继续从他擅长的人类学角度来看问题，他认为，诗歌还有一个独特的意义在于揭示了人的神秘方面，从理论和实践两方面阐明人类创造力的神秘，而诗歌创造本身就是人最神秘方面的反映。如同神秘主义诗学所认为的，诗的使命不是理解世界，诗的价值在于还原本然神秘的生命和世界[1]。诗歌与生俱来与

---

[1] 毛峰：《神秘主义诗学》，生活·读书·新知三联书店，1998年版，第39页。

第三章 捷克存在人类学派美学

神秘相联系，其直观把握世界的方式不是以理性科学的方式而是以想象的、神秘的感觉和体验参与到生活中去，赋予人生以超越生命的意义，为实现心灵的真实超越提供了一种诗性的领悟和智慧。另外，回到诗的神秘性本身，斯维塔克强调虽然现代诗歌不像最早的神话叙述那样强调神和人意义的隐喻，但诗歌从未丢弃它原始的意义，就是在诗学形象的织就中创造神秘。在这个意义上，诗歌——在更广意义上而言是文学和艺术——继承了与传统宗教相联系的多种功能，揭示了人类自身存在神秘性的方面，而这同样是过去所有神话的主要功能[1]。诗歌是神话和神秘的领域，因其毫无遮掩的对经验情感的表露而折射了人的真实性，这种"真实性"因其经验和神秘性在所谓的理性主义者那里被鄙夷，而这种神秘恰恰是人本质的内现和个体性灵真实的写照。

综上所述，诗歌向人揭示了生命的神秘性，这种神秘性与人的本质紧密相关，从人类学的角度来看，斯维塔克认为诗歌是一种在本体论上很重要的人类活动，是"最私密的最真实的关于人类自己的文献（document），是人类作为一个物种的特殊本质的最有力证明。"[2] 依据其在《现代文化的人类学条件》中创造性是人的内在本质属性的论述[3]，此处，"人作为一个物种的特殊本质"即在于人的能动的创造力，使人类摆脱动物状态而获得自由，而诗歌作为人类创造物的一种形式，借助语言工具表现着创作者独具思想性的灵魂，是人类创造力的诗性表达，是人类文化发生和创造的一部分。由此，诗歌是人类自由的宣言，是人类存在的基本价值包括创造力、自由和人性的确认，而诗人的意义也不仅局限于一个人或者说一个特殊类型的艺术家，而是代表着人类存在的价值典范。诗人是人类精神高塔的建造者，这座高塔中蕴藏着人的本质和人性，即创造力、活跃的思维、独特性、情感、想象和自由，而诗歌，就是诗人建造人类精神高塔的最终工具。

除了向内的对人的情感、认知、品格和人性的重大影响作用，艺术在对

---

[1] Ivan Sviták. *Man and his World: A Marxian View*. New York: Columbia U. Press, 1971. p. 120.
[2] 同上书，p. 119.
[3] 同上书，p. 80.

外在社会方面有教育和批判的功能。斯维塔克在论述艺术向内对人的影响时留有余地,艺术还"可以有一种政治意义上的教育价值"①,马克思强调哲学的意义在于揭示出社会变化背后的实际规律,弄清楚正在发生的事,而艺术也有责任参与社会的革命性转变。作为一个在国内极其活跃的人道主义马克思主义者,他肯定艺术对于社会政治方面发挥的批判作用,鼓励艺术家把社会进程纳入表现范围,"对于那种拒绝把社会进程考虑在内形成其一个部分的艺术,我们就认定它的意义在促进社会的积极演进和批判社会消极因素方面都是不健全的"②,并且认为这种社会作用的发挥是建立在艺术对个人品格、认知等产生重大影响的基础之上,在各种因素的影响之下,艺术的功能在一种宽泛的价值观念基础上得到更为明确的外部性社会表达。

综上所述,套用文艺审美功利性理论来揭示斯维塔克关于艺术的功用的观点,可以总结出他所坚持的艺术功利性主要体现在两个方面。第一,相对向内的,艺术对个人的情感、意识和认知的重大影响,艺术一直积极致力于转变人的品格,影响人的认知能力和对这个世界的理解。第二,艺术对整个社会对客体也就是斯维塔克要求艺术家在创作时的功利性,在于它彰显的社会教育和批判价值。这两者统一于宏大但却是人类灵魂的人道主义价值,相比于短暂的政治上的教育和批判的意义来讲,斯维塔克更看重艺术对个人的积极而长远的影响并且认为这是一种更无量的更大的人道主义价值。

(三)异化理论与艺术对异化的揭示和反抗

斯维塔克认为,"异化"指示着现代社会人走向其对立面的不自由状态。各种异化理论的分歧实质是意识形态问题,包容的意识形态以满足人类基本需要为其出发点。现代社会的全面异化,人最基本的自由成为一纸空文,被技术控制成为现代社会人类普遍的生存困境,虚伪的政治意识形态对人及其精神形成全面操控。艺术作为人情感的表现和现实世界的再现,深深揭示了

---

① Ivan Sviták. *Man and his World: A Marxian View*. New York: Columbia U. Press, 1971. p. 106.
② 同上书, p. 60.

异化社会对人性的磨灭和扭曲,并以其自由精神对抗异化社会的过度理性化、物化和虚伪的意识形态。

1. 异化理论概说

"异化"是哲学史上的一个历久弥新的话题。从黑格尔到马克思,再到法兰克福学派、东欧马克思主义,"异化"一直是理论家持续关注和探讨的问题。从字面意义上来说,其词源是希腊文 allotriésis(意为分离、疏远、陌生化),英文词 alienation 来自拉丁文 alienatio[1],有"异化"、"疏远"、"冷淡"、"疏离"之意[2],两者皆有"分离"、"疏远"之意。在一般哲学和社会学讨论中,异化指示着一种状态:"人通过物质活动或精神活动所创造出来的产品,如商品、宗教、国家和各种意形态等等,在一定的条件下和人的主观愿望相背离,成为与人相对立的异己力量对创造者进行排斥和危害。"[3]

可以看出,异化在本质上指人与某种本质的"疏离",而探讨异化理论起源和分类的关键在于人与何种对象的疏离。斯维塔克依据与人分离的客体划分了异化理论的三个角度,分别是神学角度、哲学角度和科学角度:从神学视角出发,异化来源于原罪,人与上帝相疏离,异化是世俗人类的永恒处境,原罪导致的人的不完满性是人类的显著特点,这种异化理论强调超验世界与世俗经验世界的绝对区分对立,克服异化对人类来说毫无意义亦没有绝对实现的可能,超越作为一种主观救赎是减弱人与上帝疏离程度的无止境的方式。从哲学的观点来看,异化指人与社会相疏离的状态,人的决定性因素是理性主义,异化是历史发展决定的人与社会的不和谐状态,在更深层次上讲是人类走向文明的历史范畴,克服异化必须试图建立一种长远的人与社会的和谐关系。从科学的角度来讲,异化是人与自我人格相疏离,技术发展甚至与人类灭绝的可能性联系在一起,人发展到一种与自我相对立甚至损害自我

---

[1] 张严:《"异化"着的"异化"——现代性视阈中的黑格尔与马克思的异化理论研究》,山东人民出版社,2013年版,第4页。
[2] 参见张柏然主译编《牛津英汉双解词典》,上海译文出版社、牛津大学出版社,2011年3月第一版。
[3] 冯景源:《马克思异化理论研究》,中国人民大学出版社,1987年版,第5-6页。

的状态，现代工业社会即是这种异化状态的最好注解。

在斯维塔克看来，对异化问题的解释必须经由人类学的方式，各种异化理论争议背后的实质是意识形态问题。从上述分类方法可以明显看出，异化过程发生的主客体有一方为确定因素即异化的主体是人自身，异化是人类从远古走到现代文明社会遭遇到的前所未有的重大问题，依旧要以人类学的方式来解释异化问题，"异化问题与特定的人的概念和起源联系在一起，所以只能在一个特定的人类学背景下才能得到解释。"① 从文化人类学的角度讲，人的自由和创造性是人最具活力和人之区别于动物的重要特征，而这种创造性和自由在现代工业社会被全面操控，变成一纸空文，这种异己力量使现代工业社会中人正深陷异化状态而一步一步向着反人类面发展。值得注意的是，以上分类方法只是斯维塔克对异化理论诸多分类的一种，在他看来各种异化理论的不同标准和争论并不重要，理论争议背后的意识形态更值得关注，每种思想意识形态所代表的异化理论有着不可克服和跨越的矛盾。退一步讲，各种意识形态下的异化理论表面都有着对人类幸福价值追求的共同趋向，没有哪一种思想理论是渴望罪恶和痛苦而躲避优良和快乐。但不同意识形态对幸福快乐的定义差异极大，不同的思想观念群体倾向于不同的价值目标，一个群体认为的快乐可能被其他群体视作罪恶或自身幸福快乐的威胁，这种观念的不同隐伏着造成巨大冲突的可能。斯维塔克认为，一种意识形态是否具有包容性十分重要，而这种包容性以人类基本需要的满足为基点，也就是说，正确和包容的异化理论必须以人类最广泛的基本需要的满足为出发点，在这个基础上，关于幸福快乐的难于统一的结论就不再成为问题。

作为一个马克思主义者，斯维塔克高度肯定马克思在异化理论方面的贡献，同时也指出了其时代局限。马克思区别于黑格尔和费尔巴哈的一个重要特征就是强调实践精神，在斯维塔克看来马克思主张的以实践的方式克服异化是行之有效的期望途径。"马克思的理论依旧是关于异化社会最深入、最具

---

① Ivan Sviták. *Man and his World: A Marxian View*. New York: Columbia U. Press, 1971. p. 123.

影响力的理论"①，其异化理论的核心是探讨人的问题，在劳动者与劳动产品、生产活动、人的类本质和人与人的异化关系分析中探索人的本质和人的解放，这种异化理论在手稿公开发表后更是引起爆炸式关注，然而其正因为此在很多情况下马克思被误会为仅仅是一个阐释私有制异化社会的高手，而他的以实践方式逃离异化的途径却未引起应有的关注。马克思主张通过个人参与到历史中去的社会实践活动来逐渐摆脱异化状态，通过个人的实践来实现自由与解放，具体途径是人的自由实践活动和个人对革命进程的参与。其异化理论的早期阶段强调以无产阶级社会革命实践扬弃异化，并指出革命理论尤其是哲学批判与革命实践相结合的重要性，继而在巴黎手稿中指出扬弃作为异化产生根源的私有制，全面恢复人的实践的自由自觉和创造性的本质，从而实现人类的真正自由和全面解放以及人对人的本质的真正占有。问题关键在于改变世界，而马克思强调改变这个世界的努力在很大程度上被无情抹杀。在肯定马克思对异化理论贡献的同时，斯维塔克也指出，由于所处的时代局限性的影响，他预见了无产阶级的世界性社会革命，却"没有预见极权专制政权的兴起"②，而这种在革命后某些国家兴起的极权专制把人变成了精英统治的客体而绝非是国家的主人。

2. 现代工业社会中的全面异化——操控的不断扩大

斯维塔克描绘的现代工业社会的全面异化状况主要表现在经济和政治领域，这两个领域又相互交织相互影响相互融合。首先是经济领域，斯维塔克指出，被技术控制是当代工业社会人的普遍生存困境，现代社会的基本趋势就是操控的不断扩大。先进技术手段不仅控制人的生产和社会劳动，更控制人类和人类的历史。科技推动生产力的急速发展和人文社会的激烈转变带来广泛的社会变化，城市化的急剧扩张和工业城市的膨胀，人类生活在一种国际冲突和核灾难永久性威胁的惶惶不安中，并且人口爆炸带来的饥饿威胁和

---

① Ivan Sviták. *Man and his World: A Marxian View*. New York: Columbia U. Press, 1971. p. 131.
② 同上书, p. 133.

核武器的试验正在加速这些客观的社会进程,整个世界处于一种动荡的结构变化中。同时,统治阶层利用先进生产力的力量对民众生活进行全面覆盖和控制,促使其依赖并臣服于现代技术的力量。不难看出,斯维塔克对现代工业社会的这种异化状态的理论概括与20世纪上半叶法兰克福学派的观点有极大的相似之处,尤其是霍克海默和阿多诺阐释的启蒙的"辩证法":启蒙的过程也就是人全面被异化的过程,技术高度发达的严重后果就是造成了资本主义社会当代人的全面异化,表现为人受物的奴役和技术的统治,在万能的技术面前,人卑微成蝼蚁。

政治领域也呈现整个社会图景的异化状况,斯维塔克一针见血地揭示出统治阶级的意识形态在根本上的虚伪性和欺骗性,"专制极权的实质就是把民众变为权力装置中的一种工具"[1]。极权主义的官僚政权的机构机器掌握全部权力而使广大民众处于绝对无权状态,由政治官僚、军事机构和经济资产界组成的脱离普通民众的精英阶层日益强势。民众由自由完整的人退化为一种碎片的异化存在,越来越多的人在极权主义系统中被官僚阶层所统治、利用和操纵而被迫变成机械化的客体。从某种程度上说,民众对这种被操控是不自知抑或是"心甘情愿",精英阶层组成的统治机构给予他们电视机、汽车等实质性物质"打赏",让民众变成主动开启精英崇拜和被大众娱乐媒体统治的"微笑的机器人"。斯维塔克把统治阶层借物质控制思想的企图视为谋求反对人类和对抗人道主义传统,生产物品、控制劳动、教化民众和控制历史变得"理所当然",娱乐和休闲变得越来越成为麻痹神经的机械化进程,人的自由和对权利和自由的意识正在遭受前所未有的严重威胁。

斯维塔克指出,这种社会的异化不止出现在国内和欧洲,而是全世界范围内的人走向不自由和反人道主义的状况,"异化是东西方同样面临的工业社会最紧急的问题"[2]。一方面,操控的趋势已经超越了极权主义和国家而演

---

[1] Ivan Sviták. *The Czechoslovak experiment 1968–1969*. New York: Columbia U. Press, 1971. p. 27.
[2] Ivan Sviták. *Man and his World: A Marxian View*. New York: Columbia U. Press, 1971. p. 131.

第三章 捷克存在人类学派美学

化为世界灾难和战争的威胁，垄断资本主义和国家资本主义以维护人的自由为遮羞布展开激烈对抗，世界被巨大的经济政治权力机构的野心管理者所操纵，对于醉心于争霸的野心家来说，人道主义的价值和目标不值一钱。另一方面，异化所指示的自然现实和人类所面临的问题表现得越来越明显，异化的力量威胁着人作为一个物种在地球上的持续生存，技术的复杂性与不确定性孕育了超出了技术本身目的的社会后果，就像恩格斯所指出的，人类对自然的每一次胜利，自然界都报复了人类。从蒙昧到祛魅，人类渐渐成为文明这个巨大装置的俘虏，在对自我的监禁中改变了基本的存在状态，文明的演进隐藏着失去自由的沉痛。

面对社会全面异化的状况，斯维塔克认为，解决问题的关键在于社会政治结构的变化，即构建科学合理的政治结构，在这种结构中民众掌握着权力。他指出捷共在苏联领导下的专制极权已完全背离了马克思主义，"对马克思来说，人民群众是历史进程的主体，而不是被官僚机构操纵的客体"[①]。因此必须以打破规则选举中的权力垄断为起点，逐步减弱官僚机构在政权和政党中的绝对统治力，进而粉碎机构中的官僚专制主义而实现真正还权力于民众，此为实现社会主义民主和马克思主义人道主义的必由之路。同时，他并不否认科技将在这种转变中发挥重大的作用，知识的主要敌人——偏激、屈从和恐惧必须被打败，改变世界必须以对这个世界现实的充分了解为基础，已经改变了人类的科学技术依旧有助于开创未来合理社会局面。关键在于，科技必须用之于正确的政治主体而不是极权主义的政权，技术本身的正反两面性取决于它与帝国主义的意识形态同盟还是被有着知识分子传统的政治家用以造福人类。

3. 艺术作为对异化的揭示和反抗

斯维塔克认为，艺术是人自由本质的体现，是人的自由创造性和主观意识精神的体认。直觉、想象和幻想等无逻辑的非理性因素造就了艺术创造的

---

① Ivan Sviták. *The Czechoslovak experiment 1968–1969*. New York: Columbia U. Press, 1971. pp. 99–100.

自由性，艺术的自由精神恰恰揭示了人类的自由本性。现代社会处于一种人极度不自由、失去自我和人的本质缺失的理性异化状态，而艺术的自由是对这种异化状态的精神抵抗，试图用自由探索的艺术本能来解放异化状态下人类受限制的感情和受制约的行为。阿多诺同样主张以艺术对抗异化，不同的是，他主张以现代主义艺术的"丑"激发巨大精神潜能以实现一种社会反抗，而斯维塔克侧重以艺术之自由创造对抗异化社会的过度理性化、物化和虚伪意识形态。

艺术作为人类情感重要的表达方式深深地揭示了现代社会的全面异化状态。斯维塔克认为，艺术的意义与人类自身和人类活动的意义直接相关，艺术的本质是人的生存状况的问题，现代艺术作品是现代人生存的异化状态的悲剧展示。发达工业社会在科技上达到了人类前所未有的制高点，人类渐渐成为死气沉沉的理性主义者而被剥夺了情绪、幻想和想象，被剥夺了情感和自由而走向反人类面，成为全能状态的"被阉割了的"机器上的齿轮。现代艺术以抽象想象和幻想表现主体复杂情感和现代社会中人与自我的分裂，其表现内容和演变足迹深刻揭示了人在现代社会深刻的异化过程。斯维塔克认为这种对异化的揭示在抽象的绘画作品中体现得尤为明显，以欧洲超现实主义绘画为例，以其荒谬、疯狂、梦、幻觉等元素描绘不受理性支配而凭借本能想象的梦幻世界，表现战争的残虐、内心的不安、乱世生活的苦痛和生活的变异，深刻揭示了现代科技成为帮凶的战争对人的戕害和当代人的孤独和灵魂的漂泊。艺术作品是构建时代情感和社会意识的巨大工程，现代艺术作品表达着创作者自身的想象，同时也刺激着民众对人自身理想状态的想象，艺术家在艺术世界的精神拟像中自由发挥着人之本性的自然状态。作为打通精神与现实的纽带，艺术为现代人类理性化、机械化、物质化的价值体系提供了一种自我救赎的可能。

斯维塔克进一步指出，现代艺术不仅是对异化社会的反映和揭示，更是对重视科学和技术而让人类失去自我的现实世界的一种持续抵抗。艺术自由表达的主观化是对人类原真本质的一种捍卫，非理性因素体现了人最自由和

第三章 捷克存在人类学派美学

丰富的本质，这种主体自由与现代异化社会的机械和物化进行着持续的精神抗争，是对异化世界机械主义和科学主义对人全面奴役的一种抵抗。艺术是刺激人察觉和认识到人类异化状态的一种激素，冷峻现实在艺术中的投射促使人把目光投向人类自身，刺激人察觉和重拾到人作为感性动物丰富的情感和自由对人的意义。另外，斯维塔克指出，艺术作品的神秘方面是抵抗社会意识形态的信念入侵的最好方式。艺术存在一种意识形态风险，看似表现个人荒诞情感的宣泄和无厘头的想象幻想中往往蕴藏着批判性的思想力量，接近人原始自然状态的神秘揭示着人作为人最原初的本性，警醒着陷入反自身的异化状态而盲目不自知的民众。艺术的神秘性保卫着潜意识中的真实、不可剥夺的人类价值和自然未异化状态下最本真的自我，推翻来自心灵深处的毁灭，重拾人的自由和灵魂。人不断向原始本真人性靠拢的这种渴望使人不断地诉诸于艺术、哲学或是宗教表达，这些想象和自由表达不断冲击着意识分裂、麻木和迷失的现代人的精神世界，"在我们的这个时代，现代科学和技术不断地给我们的生活施以巨大影响，我们的这种渴望在艺术表达中创造了人类永恒的一片绿洲。"[1]

斯维塔克对诗歌意义的阐释对其艺术是异化的揭示和抵抗的观点作了更充实的注解。他认为，诗是未被异化的、完整的、真正的、有创造性的、自由的人的表达。诗是人性的最重要的标签，人类历史进程的"最本质的元素之一"，在诗歌中人可以"回到人类总的存在的开始"[2]。这个开始即是人的未异化状态，是一种关于生命存在的神秘的纯洁的印证。与斯维塔克孩童视角的诗歌创作论相贯通，他把诗人视作一种以自由而充满活力的方式发展自己个性的存在，始终对这个世界保持孩童的天真和开放的姿态，在异化的世界中保持着自己的完整性，同时，唤醒他人回归到人类本真的人性中，重返完整的人格和内在精神的平衡。斯维塔克认为诗人兰波是一位在异化与反异化的

---

[1] Ivan Sviták. *Man and his World: A Marxian View.* New York: Columbia U. Press, 1971. p. 80.
[2] 同上书，p. 108.

挣扎中坚守自身并积极影响和促使他人对抗社会异化的伟大诗人，他生活的时代正是社会结构各个方面的深入异化阶段，他选择把自己置身于这场巨大悲剧的对立面，勇敢地发表了他关于现代社会的诗学宣言——改变世界！走向科学社会主义！他试图用虚构的诗歌进行改变生活的革命，甚至以颠倒正常秩序和违背道德伦理的行为来对抗异化世界。真正的诗人内心承受着巨大的异化力量，却在时代的巨浪中守住自我的最后一片纯洁的精神领地，并以灵魂的力量对抗着湮没人生尊严的世界。

艺术家"是一种抗争的标志，赋予他的时代人道主义的面孔，艺术家是用艺术来进行抗争的人"。[①]艺术以非理性之自由对抗机械化、物化和虚伪的现实世界，以艺术的方式重返人的完满状态，是对抗异化现实和走向人道主义不可或缺的强大精神力量。

斯维塔克文艺理论的最显著特点就是对人的关注。在文艺的起源和发展方面，强调人的观念和意识对文学艺术发展的决定作用，在文艺的功用方面强调文艺对人情感、认知和人格发展的重大影响作用。艺术是非逻辑性、创造和自由的真正的人的表达，艺术表达中的非理性因素是人的丰富性和自由精神的体现，这种对人性本质的回归对抗着现代社会人极度不自由、失去自我的理性异化状态。斯维塔克是一个清醒的理论家，他论述艺术对异化的揭示和抵抗，但并不意味着他认为艺术可以解决异化问题，在他看来解决现实问题的关键在于合理的政治结构，实现真正的社会主义民主。

二、斯维塔克文艺理论的独特意义

本章主要从宏观上审视斯维塔克理论的特色。分析其文艺理论的浓厚的存在主义色彩，以及在整个马克思主义理论相对开阔的视野上总结斯维塔克人道主义马克思主义理论的独特性以及对马克思主义的开拓。

（一）斯维塔克文艺理论的存在主义特色

从总体上来看斯维塔克的文艺理论，可以明显发现其具有鲜明的人类学

---

① Ivan Sviták. *Man and his World: A Marxian View*. New York: Columbia U. Press, 1971. p. 62.

第三章　捷克存在人类学派美学

和存在主义特色。斯维塔克对人类学尤其是文化人类学和哲学人类学的借鉴和鲜明特色已在诗的分析中直接提及和论证，本节主要分析其理论的存在主义特色。存在主义强调以人为中心，关注人的境遇和命运，斯维塔克的人道主义文艺理论与存在主义哲学具有很多相似之处，主要表现为海德格尔式的对人存在命运的关怀和萨特式的理智主义文学介入思想。

1. 海德格尔式诗的哲学

存在主义哲学的典型特色就是对人的关怀和再度关注。海德格尔强调世界的整体性和人存在命运的统一性，认为艺术作品勾勒出世界的存在境遇，而斯维塔克亦认同艺术在人与世界沟通中的重要作用。同时，斯维塔克关于诗歌对人类命运的看法也具有浓厚的海德格尔特色。

斯维塔克的诗歌理论具有鲜明的海德格尔式诗歌与世界通达的特色，强调诗歌揭示人与世界的联系，是人与世界联系的重要一环。两位理论家都选择诗作为艺术的典型形态来对艺术进行阐释。在斯维塔克看来，"诗歌充满意义和深深的关切性，诗歌使我们与宇宙融为一体，与荒谬的生物世界、混乱的存在成为一体，以一种直接性的方式唤起世界的价值和深层次的意义。"[①] 在这里斯维塔克指出了诗歌与宇宙和生物世界的联系，诗歌中世界以诗人个体独特的体验与现实中的万物蜉蝣通达，从而实现一种人与世界融合的整体性，而这种通达方式与海德格尔所指称的艺术作品与世界的意义关联具有很大的相似性。海德格尔认为，世界上存在的事物都有一种意义性关联，真理的世界就是存在的敞亮，所有的一切事物勾勒出世界的存在境遇和意义世界，事物本身和艺术作品本身与整个世界具有诗性的联系性，显示出一种世界性的景观和境遇。

斯维塔克认为，诗歌通过想象与这个世界发生联系，是一种以非客观科学而是主观途径实现的一种因果联系，具体说来，诗人通过生活经历中的偶然意外和关系的偶然相连或事物的独特相遇与这个世界发生内部相连的关

---

① Ivan Sviták. *Man and his World: A Marxian View*. New York: Columbia U. Press, 1971. p. 112.

系，这种呈现在艺术作品中个人经历中的因果关系比科学真理中的因果关系更为真实和具有意义。个体经历在艺术作品中的呈现将个人存在的命运同整个世界联系在一起，这种观点与海德格尔对梵高名画作的分析可谓有异曲同工之处，"在这鞋具里，回响着大地无声的召唤，显示着大地对成熟的谷物的宁静的馈赠，表征着大地在冬闲的荒芜田野里朦胧的冬眠。这器具浸透着对面包的稳靠性的无怨无艾的焦虑，以及那战胜了贫困的无言的喜悦，隐含着分娩阵痛时的哆嗦，死亡逼近时的战栗。"[1] 在这里，作为艺术品的农鞋关联了物—人的劳动—田垄、大地、泥土—时间，通过召唤使鞋与大地、时间、收获关联在一起，人的生死、奔忙、命运也由这一只既作为艺术作品的鞋又是存在世界器具的鞋关联在一起，整个存在世界成为一个联系的整体。

同时，斯维塔克强调艺术表现现实世界角度的整体性，他在论述诗的意义之时提到，诗歌表现现实的角度比科学的角度更具有丰富性和完整性，这一点与海德格尔强调的世界的混整性亦有异曲同工的特色。同时，斯维塔克指出，诗人的视角具有孩子般完整的眼光，不具有特定目标而是以一种整体的眼光观察世界，视野的完整性和具体性与成人世界的选择性和分化视野差异巨大，诗人这种孩子般的整体性眼光没有特定视角和对象性以及对目的世界的有意变形。斯维塔克对视野的整体性的强调在很大程度上也是对世界的整体性的强调，世界的整体性建立在视角的整体性基础之上。这一点具有鲜明的海德格尔特色，海德格尔强调存在世界的混整性，侧重生活中实际感受到的全体存在者的存在，与世界的整体性概念紧密联系在一起，所谓存在论就是从整体来对事物进行理解，如同诗人以孩童般天真而切实地感受存在的世界，而不是以对象性的视角进行主客对立的理性分析。

斯维塔克认为，诗歌中包含着诗人对现实和世界的认知，在某种程度上诗歌比客观科学更能反映世界的原始本质。这种看法与海德格尔艺术蕴含真理的观点有着极大的共同特色。海德格尔的艺术观与传统艺术观不同，不是

---

[1] 〔德〕马丁·海德格尔：《林中路》，孙周兴译，上海译文出版社，1997年版，第17页。

第三章 捷克存在人类学派美学

在艺术中探求和追寻美,而是追寻存在之真理。"艺术作品以自己的方式开启存在者之存在。这种开启,亦即存在者之真理,是在作品中发生的。在艺术作品中,存在者之真理自行置入作品,艺术就是自行置入作品的真理。"① 由此得出,在海德格尔看来,在诗中有真理发生,艺术对真理具有揭示性,揭示存在的真理。斯维塔克看重艺术作品的主观性逻辑,但他同样认为艺术作品揭示了人类存在的某些真理,"诗歌是一种对事物本质和关系的深入洞察,深入到本质存在着的世界。"② 在这里他强调的不是客观科学真理,而是人类存在的某些原始性质和人的本质性以及神秘性,而这些都是人作为一个物种与世界上其他物种互相联系的一种佐证,如同海德格尔所认同的,存在是整体世界混整的存在。

艺术作品对真理的揭示性与艺术作品与世界的联系这两个方面是紧密联系在一起的。从海德格尔对梵高画的分析中可以看出,这种揭示性显示了大地与世界之间的冲突和联系,直接进入世界中并使物世界化、意义化。任何一种事物在这个世界上与其他事物都具有因缘联络性,任何一种事物在世界的存在状态都凝视和关照着其他事物存在的意义,也就是每种事物都具有世界性,艺术作品通过对这种世界性的揭示使万物和大地意义化。同样斯维塔克也认为诗歌是人类生命与世界的意义联系,在第二章以诗为例探讨艺术的功能时已经提到,在斯维塔克看来,诗歌是人生命进程的一种边缘笔记,诗歌在文字的崩塌中联系着生命的伟大和人类的伟大,诗歌处处"是人类自身的影子,短暂的、认知的、自由的、开放的生命;诗歌使人与生命发生即时的对话……"③ 这种诗歌与生命的对话,打开在常态生存中经常被遮蔽的经验和景象,联系起诗歌对生命和灵魂的奥秘的揭示,与海德格尔关于艺术开启和建造世界具有内在相通性,海德格尔认为,艺术作品的存在就是开启世界与

---

① 马丁·海德格尔:《林中路》,孙周兴译,上海译文出版社,1997年版,第23页。
② Ivan Sviták. *Man and his World: A Marxian View*. New York: Columbia U. Press, 1971. p. 108.
③ 同上书, p. 106.

大地的"之间","作品张开了世界之敞开领域"①,作品的存在也就是建立世界和创造大地,从而显现大地与世界的因缘总体性。

另外,斯维塔克关于诗歌对人类个体及全体命运的看法具有浓厚的海德格尔特色。对于个体来说,他认为诗歌具有不可取代的个人经验的独特性,跨越媒材界限,就像海德格尔分析梵高画作中的鞋,鞋中扎实铸刻了农人的自我经历并将其凝聚在一双鞋上,个人的独特经历具有独特的、多价值的、多层次的意义。斯维塔克认为,只有在诗中人才能从当下的生存状态中解放出来,进入到体验的独特性和重要的特殊环境中去,只有在诗中人才能到达一种完美的存在状态,在正常的思维理性逻辑中体验不到的状态。而海德格尔同样认为,在诗中人可以达到一种真实的存在状态,获得此在的生存领会,阐释自我生存境遇的原初领会,这种原初的领会恰恰存在于斯维塔克亦强调的"个人的独特经历"中,存在于个体的最初的情绪状态中。诗歌凝结了主体原初的情绪和命运,包含了一系列情绪的牵动和主体作为存在者的活动,个体的存在之于全体存在者具有平等的意义。

2. 萨特式文学介入

斯维塔克主张,艺术家在进行创作时要把社会重大进程考虑在艺术表现范围内。这种通过艺术或表现或揭露之方式为社会争取自由和进步的观点有一种鲜明的萨特文学介入的特色。

第一章提到,斯维塔克文艺理论呈现出鲜明的内倾性特点,但值得注意的是,他在强调艺术家自由主观表达的同时,也极其重视艺术家的社会责任和历史使命。"对于那种拒绝把社会进程考虑在内形成其一个部分的艺术,我们就认定为它的意义在促进社会的积极演进和批判社会消极因素方面都是不健全的。"②斯维塔克认为,在政治专制、民主观念淡薄的社会,沉醉于主观宣泄或者对统治阶级毕恭毕敬而漠视社会黑暗现实的艺术家是失败的,原因在

---

① 马丁·海德格尔:《林中路》,孙周兴译,上海译文出版社,1997年版,第29页。
② Ivan Sviták. *Man and his World: A Marxian View.* New York: Columbia U. Press, 1971. p. 61.

第三章 捷克存在人类学派美学

于这种艺术家缺乏一种艺术家的社会责任感和知识分子的良心。在《现代文化的人类学条件》开篇斯维塔克引用了毕加索关于艺术功用看法的名言,"艺术不是真理,艺术是一种谎言,它教导我们去理解真理。"[①] 在斯维塔克看来,纵使有强权、保守势力和传统思想横亘在艺术创作的道路上,真正的艺术家也要牢记作为人对这个社会的使命和职责,为真理和社会正义做出正面努力。

斯维塔克的这种将社会进程考虑在艺术表现范围内的主张与萨特的文学介入说具有异曲同工之处。萨特作为20世纪存在主义哲学代表理论家、著名文学家、戏剧家和社会活动家,他主张文学是一种"介入",即文学介入政治和社会生活,要求作家在写作时履行作为知识分子的责任,在文学作品中对社会重大事件和问题做出表态与回答。但萨特所谓的文学介入并不指称所有的文学形式,"散文在本质上是功利性的"[②],而诗歌、绘画、雕塑、音乐等文学形式则不需要介入。萨特认为,散文作家应当在创作中正确地指示某些东西或某一概念,从而揭露世界的某种面貌,而揭露的最终目的在于改变。萨特在《现在比任何时候都需介入》中谈到,"对知识分子来说,介入就是表达他自己的感受……作家与小说家能够做的唯一事情就是从这个观点来表现为人的解放而进行的斗争,揭示人所处的环境,人所面临的危险以及改变的可能性。"[③]

可以看出,斯维塔克和萨特关于艺术家关注社会重大现实并将其纳入艺术表现内容的主张背后的理论支撑皆源自他们对知识分子的责任和使命的看法,他们不约而同地把艺术家的责任和知识分子的社会使命联系在一起。斯维塔克认为,艺术家应当正确把握与社会的关系,找到与社会和民众的联系,站在与政治相隔一定距离的地方对这个社会发出自己的声音,把褒扬社会积极因素和批判落后因素作为艺术创作应有之义。他强调,知识分子的任务之

---

① Ivan Sviták. *Man and his World: A Marxian View.* New York: Columbia U. Press, 1971. p. 58.
② 〔法〕让-保罗·萨特:《萨特文集7·文论卷》,沈志明、艾珉主编,人民文学出版社,2000年版,第104页。
③ 摘自萨特《现在比任何时候更需介入》,载何林编著《萨特:存在给自由带上镣铐》,辽海出版社,1999年版,第198页。

一就是解释社会变化的实际规律，弄清楚正在发生的事，这同样是马克思对于哲学社会功能的看法。"艺术家、科学家，或者知识分子在任何情况下都必须指出当下社会问题和变化的实质，当下社会进程所代表的意义和政治事件的含义。"①斯维塔克强调，艺术家和知识分子必须看清楚这个社会正在发生的变化，拿起手中的笔作为最强大的精神武器，以思想的力量介入政治，让不平者发出声音让极权政治的实质摊开在民众面前，以维护真理和社会民主为一切的最高原则。"艺术自由是文化的格言，不是因为艺术家在有些方面不同于其他人，而是因为艺术家享有和普通民众同样的自由权利。在当今形势下，一个艺术家的利益同普通的捷克斯洛伐克民众的利益是等同的。"②在这里斯维塔克意在强调艺术家与普通民众站在同一阵线上，以一种知识分子的社会责任对抗极权专制，对抗阶层化的权力精英以争取公正的民主和自由。

　　萨特所指理想的作家与他期待的知识分子角色也具有大面积性质重合。他认为，作家对社会和政治的介入是自然而然的，只要作家使用话语的力量进行思想的表达，他的语言在揭露世界和改变世界方面就发生实际的效用，因此作家必须明了和重视其知识分子身份，把揭露社会的不合理性以使社会走向更加理想和自由的发展轨道作为自己的责任。萨特认为，人道主义的一种意义在于，"人必须始终在自身之外寻求一个解放（自己）的或者体现某种特殊（理想）的目标，人才能体现自己真正是人。"③在萨特强调知识分子使命的背后，是其始终坚持的人的自由选择与承担责任的绝对性。在萨特看来，存在主义的核心思想是"自由承担责任的绝对性"④，人作为自由存在为自我承担责任，作为存在选择其本质，存在主义哲学意义上的自由，并不是绝对意义上的随心所欲和为所欲为，而是指没有任何先验的原则可以指导人在某种境遇中的选择，人的选择和行动是自由的，但是人必须为其自由选择的结

---

① Ivan Sviták. *The Czechoslovak experiment 1968–1969*. New York: Columbia U. Press, 1971. p. 45.
② 同上书，pp. 45-46.
③ 〔法〕让-保罗·萨特：《存在主义是一种人道主义》，周煦良、汤永宽译，上海译文出版社，2005年版，第31页。
④ 同上书，第6页。

果承担责任,即存在主义的后果是使"存在的责任完全由自己担负起来。还有,当我们说人对自己负责时,我们并不是指他仅仅对自己负责,而是对所有的人负责。"①知识分子有进行主观表达和选择其内容与方式的自由,而自由的价值体现在知识分子的自我选择对社会进步的意义,知识分子必须以个人行动说明他作为人的性质,这是一种自由行动与自我承担责任的伦理学。

综上所述,斯维塔克主张艺术应该表现社会进程的观点具有明显的萨特文学介入的特色,同时,都强调艺术家的社会责任和知识分子的社会良心并把两者结合在一起。跨越国际,真正伟大的思想家总是心系天下。

(二)斯维塔克人道主义马克思主义理论的特色

在文艺理论家之外,斯维塔克首先是一名捷克斯洛伐克公民、思想家、哲学家和社会活动家,其文艺理论与其政治、哲学思想相交融。不了解捷克斯洛伐克在20世界的苦难的政治背景,就无法理解他在文艺理论中对人道主义、自由和人的本质的追求,更无法理解他既主张文学艺术的主观自由表达又要求艺术家反映社会现实和对抗异化的多元文艺思想。斯维塔克的人道主义马克思主义理论,立足于捷克苏联化到对抗苏联的特殊国情,鲜明地区别于资本主义世界的西方马克思主义,又与其他东欧马克思主义理论家有着鲜明的异同点。

1. 与西方马克思主义理论的异同——以与马尔库塞工业社会异化批判的比较为切入点

西方社会的工业化和现代科技发展的进程导致了诸多社会问题,人在经济社会发展的过程中逐渐由主体而走向被技术操纵的客体。东西方社会的统治阶级权力膨胀问题逐渐凸显,政治专制和统治阶级对大众的操控等政治异化现象出现在社会制度不同的国家的广泛范围。

马尔库塞等西方马克思主义理论家深刻揭示和批判了现代工业社会的经济、政治、文化领域的控制、极权和霸权以及技术理性、官僚政治、大众文

---

① 〔英〕让-保罗·萨特:《存在主义是一种人道主义》,周煦良、汤永宽译,上海译文出版社,2005年版,第6页。

化、意识形态等异化的社会力量，而斯维塔克则对社会主义内部教条主义、官僚主义、极权专制和集中经济模式等政治经济异化现象进行批判和反思。其最大的共同点在于，从人本主义角度出发，对现代工业社会技术力量的发展造成的人的异化和政治结构中的专制极权对大众的绝对控制进行批判，深刻揭示出现存社会对人遭遇的问题和状况，关注人在工业社会中的普遍困境，对官僚政治、技术理性、意识形态和大众文化等异化的力量展开批判。

斯维塔克和马尔库塞都注重揭示统治阶级意识形态的虚伪性，这种虚伪性表现在统治阶级通过媒体、宣传、技术等手段制造一种虚假性，使民众在身心上服从统治。斯维塔克主要从政治角度出发，通过对极权主义政权实质的分析揭露统治阶级意识形态操控的真相，指出意识形态是虚假的服务于极权专制的政权利益的思想形式。斯维塔克指出，社会中最突出和最根本的异化因素是极权专制的政权，并详细分析了极权主义政权的特点[1]：一是绝对的、不受其他因素控制的权力独霸；二是体制系统的持续性，权力的空缺全部由统治精英内部来填补；三是精英阶层对权力的绝对掌控和大众的绝对无权的两极分化使双方都感受到永久的威胁；四是意识形态谎言持续保持其官方正统地位，维护精英权力的统治基础；五是人的自由被无止境践踏，人被贬低成一种被统治阶层操纵和利用的碎片化存在。马尔库塞同样揭示资产阶级意识形态对公众的欺骗，主要从技术理性批判的角度揭示出统治阶级利用满足民众物质等的需要从而使其驯服，依靠技术合理性统治和奴役人民并试图隐藏其实质，"思想和行为在多大程度上同给定现实相符合，它们就在多大程度上表达着一种对维护事实虚假秩序的任务作出响应和贡献的虚假意识。"[2] 资产阶级通过技术巩固和壮大自身，技术对现存制度的社会控制起到物质基础作用，技术社会的统治系统决定占支配地位的物质文化需要，物质上的满足为民众精神上的虚假满足建基。技术的合理性逐渐成为政治的合理

---

[1] Ivan Sviták. *Man and his World: A Marxian View*. New York: Columbia U. Press, 1971. p. 138.
[2] 〔美〕赫伯特·马尔库塞：《单向度的人》，刘继译，上海译文出版社，2014年版，第123页。

性，发达工业社会的技术和政治领域的融合把文化、政治和经济都并入一种无所不在的制度，这种制度的生产效率和增长潜力又反过来稳定了社会从而使技术合理性成为保护统治合法性的柱石，统治阶级的意识形态深入到既定的社会机构中成为其运转的必要条件和合理性的组成部分。

同时，两者都揭示出在统治阶级的政治操控下思想和理论的退化。斯维塔克指出，苏联化后的社会结构中极权主义的统治阶级控制所有政权机构和操纵媒体舆论，捷克斯洛伐克思想界出现全面的理论退化，社会现象和现状的科学分析完全被极端的个人崇拜所取代，社会基准和法则的判定仅仅以执政党少数精英的意志为转移和全然不顾广大民众。理论被夺去了其科学角色和它最本质的审查社会上的法律的意义，教条主义牢牢扼制着理论的咽喉，理论与统治阶级的关系成为一种屈从和绝对控制。哲学也沦为政治宣传的奴仆，完全失去了其本身揭示社会变化背后的实际规律的意义。在发达资本主义社会，马尔库塞同样批判思想界的退化，甚至尖锐地指出整个社会丧失了批判精神、否定性向度和超越性的因素。他认为，发达工业社会把个人融进现有经济体制的虚假需要，这种现存的体系渐渐将批判、否定和对立消除殆尽而变为单面的社会思想，人们深陷在虚假的幸福中丧失了一切批判思维和对抗倾向。"当一个社会按照它自己的组织方式，似乎越来越能满足个人的需要时，独立思考、意志自由和政治反对权的基本的批判功能就遭到了剥夺。这样的一个社会可以正当地要求人们接受它的原则和制度，并把政治上的反对降低为在维持现状的范围内商讨和促进替代性政策的选择。"①

两者的不同之处，首先显而易见的是在研究和批判对象上的本质区别。斯维塔克作为东欧人道主义马克思主义理论家，以苏联及东欧国家社会政治经济的异化为主要研究和批判对象，其实质是社会主义内部对苏联模式马克思主义的反叛。而马尔库塞所代表的西方马克思主义针对的对象是发达资本主义工业社会，是对当代资本主义发展形态的分析和揭露。其次是侧重点的

---

① 〔美〕赫伯特·马尔库塞：《单向度的人》，刘继译，上海译文出版社，2014年版，第3-4页。

不同，斯维塔克更侧重强调党的专制极权对民众的操控以及意识形态在根本上的欺骗性，而马尔库塞更为侧重表现发达的工业社会中人反思、批判、否定、超越等思想力量的丧失而成为被驯化的单面人，另外，斯维塔克所指的意识形态操控多为强制的审查制度、军队、警察、监狱等恐怖力量的直接威胁和民众言论的绝对不自由，而相对地，马尔库塞所指控的资本主义的控制更为无形和"高级"，如马尔库塞所指，表现为一种新型的极权主义，不是警察、监狱等国家强制力量的恐怖威胁和实施，而表现为一种民众不自觉的主动性，民众在欺骗性的虚假满足中放弃反对和抵抗的力量。

2. 与东欧马克思主义理论的异同——以与南斯拉夫实践派的比较为切入点

南斯拉夫实践派作为东欧对斯大林化的早期反叛者，掀起了在理论上和实践上批判斯大林主义的序幕。上文已经提到，东欧马克思主义理论是社会主义内部对斯大林模式的反叛，而斯维塔克与南斯拉夫实践派对苏联模式的批判既有极大的相同点又有各自的方法论和侧重点。

首先，斯维塔克与南斯拉夫实践派最大的共同点，也是整个东欧马克思主义理论的最鲜明特点，是对人道主义的马克思主义的强调和对人道主义的民主的社会主义的追求。与正统马克思主义不同，他们都强调马克思主义的人道主义精神和立场，认为马克思主义具有人道主义性质，他们的理论具有强烈的人道主义精神或者说人本主义的倾向，主张建立一种民主的人道的社会主义社会。南斯拉夫实践派强调，马克思主义从本质上、从根本上、从整体上是人道主义，这种人道主义的马克思主义表现为"以人为中心的实践哲学"。在实践派看来，社会主义的实质和核心是人道主义，是实践的人道主义和人道主义的生成。人道主义的实现必须以人的自由全面发展为基础，人在本质上是充满创造力的实践的存在，人道主义的存在方式是以自由的创造性的方式存在。他们认为，共产主义在很大程度上是人道主义的全面实现，共产主义社会克服劳动的异化从而使人真正自由地享受劳动。同样，斯维塔克强调社会主义和共产主义的实现离不开马克思主义人道主义，并且将马克

第三章 捷克存在人类学派美学

思1844年手稿的要点概括为没有人道主义的共产主义不是共产主义,人道主义离开共产主义也不成为人道主义。他认为,"对抗东欧教条化的斯大林主义的唯一行之有效的办法就是通过对马克思主义的人道主义阐释"①,无论是阶级斗争、统治阶层的利益或者是政权权力,任何试图将人道主义的基础清除出共产主义的思想和概念都是反人道主义和反马克思主义的。

其次,对斯大林主义的激烈批判也是两者鲜明的共同点。在实践派看来,斯大林的主要错误是对马克思主义的修正,斯大林主义的根本错误在于否定人在社会历史和实践中的地位,从而否定了马克思主义的人道主义实质。斯维塔克同样指出,斯大林主义将人贬低到被统治的工具的客体地位,甚至更为激烈和愤慨地揭示出斯大林主义维系统治的实质是利用权力、审查制度、警察、坦克维系制造恐怖统治,人在官僚统治下处于绝对被控制状态而毫无主体性和尊严可言,"斯大林主义不是一种新的思想而完全是一种丑恶,是灾难的集中营。"② 从总体上看,斯维塔克和实践派这种对斯大林主义贬低人的主体性的批判在很大程度上表现为对国家社会主义的批判,弗兰尼茨基认为,国家社会主义背离了原始马克思主义人道主义的本质,政党代替了工人阶级掌握政权从而把工人阶级置于被统治的地位,同样,斯维塔克认为,斯大林主义作为统治阶级的意识形态成为制度化的、代表着超级强权的国家政权意识形态,这种极权化了的官方意识形态背离了马克思主义人道主义以及其客观和科学的方法论以及批判的内容,把保障人民权利弃置在旁而致力于维系统治权力和操控民众。

除了这两点鲜明的共同特征,斯维塔克和南斯拉夫实践派的理论还具有相当多的共同点,比如对政党官僚制的激烈批判,斯维塔克毫不留情地揭示捷共政党政治的实质是共产党官僚和权力精英掌握着所有权力,马尔科维奇认为官僚制不止在政治领域造成民众的绝对无权,甚至渗透到经济领域中,

---

① Ivan Sviták. *Man and his World: A Marxian View*. New York: Columbia U. Press, 1971. p. 3.
② Ivan Sviták. *The Unbearable Burden of History: The Sovietization of Czechoslovakia* (Volume 3—The Era of Abnormalization). New York: Academia Publishing House, 1990. p. 57.

整个社会在官僚阶层的不断膨胀中正在走向畸形。除此之外，两者对真正的革命的理解也有很大相似之处，他们都认为真正的革命不在于一个阶级暴力地推翻另外一个阶级的统治获得胜利，而在于革命后社会结构的变化和人存在方式的变化，实践派认为，真正的革命意义包含人的存在方式的根本改变，而斯维塔克重视革命后人的自由是否能够得到更好的发展，他认为，如果革命后人民群众没有获得更多的民主权利和更大的自由，革命相当于一事无成。

同时，由于国情、历史传统、斯大林化程度强弱的不同，斯维塔克和南斯拉夫实践派的理论观点也有诸多不同。首先，值得注意的是，在东欧的理论家共同的批判对象斯大林主义之外，斯维塔克还将矛头尖锐地对准了列宁主义。斯维塔克认为，列宁主义的政党政治将马克思主义扭曲为一种权力的辩证法，在社会主义实践中将人民群众变为革命精英操纵的客体而不是马克思言说的历史的创造者。首先，列宁扭曲了马克思关于革命、阶级斗争和工人阶级和党的角色的概念，马克思强调，工人阶级通过自己的实践解放自身，没有任何的革命精英能够代替工人阶级完成自我解放的任务，无产阶级专政意味着工人阶级掌握着社会，人的自由得到充分发展，政治和生产过程走向民主化。而列宁认为，工人阶级自身不能完成革命的任务，必须被精英领导，列宁将政治置于经济之上，依靠暴力革命和军事行动夺取政权，并将革命专制压迫于工人阶级之上。其次，列宁的政党政治成为少数精英对多数大众的统治。列宁创造了一种工人阶级的精英权力并建立起精英官僚机构，把以党的专政为表现形式将这种权力机构作为社会主义系统的极权专制基础。斯维塔克认为，列宁主义完全是马克思主义的对立面，对马克思来说，社会主义革命本应是发扬欧洲民主传统的高潮，民主意味着代表多数人的政党、充分的自由权利、广泛的选举，而不是革命精英对其他工人阶级和公民的专政、胜利者对失败者的阶级压迫、公民基本权利的消失和布尔什维克党对权力的绝对垄断。列宁仅仅认识到马克思革命和暴力的一面，而严重忽略了他是一个对西方传统的政治民主具有广泛了解的人道主义者。

其次，两者对抗现实政治异化和实现社会主义民主的方法论各有侧重。

第三章 捷克存在人类学派美学

由于南斯拉夫的哲学传统和基础相对薄弱,实践派哲学家以哲学为切入点对斯大林传统辩证唯物主义展开激烈批判,指出这种辩证唯物主义割裂了唯物论和辩证法以及逻辑学和辩证法,导致绝对的决定论和对人主体性的压制。同时,实践派建立起实践哲学的一般理论,强调实践的人本学内涵和人的存在的主体性地位。通过哲学上对人主体性和创造性的强调清除斯大林教条主义和客观决定论的瘀毒,同时以哲学激发一种革命力量,通过哲学对现存一切的无情批判而推动人道主义力量和革命力量的爆发。斯维塔克也强调哲学的批判作用和力量,但更侧重于实际的政治和社会结构的变化,以及工人阶级和知识分子的联合以实现真正的社会主义民主。

3. 马克思主义的人道主义和真正的社会主义民主

为阐明真正的马克思主义人道主义的概念,斯维塔克首先对苏联的马克思主义模式进行全面的批判。他认为,俄国布尔什维克主义的革命不是马克思社会主义理论运用于现实的实践,相反,是对马克思主义的根本否定,"苏联毁灭了马克思"[①],苏联的社会主义体系"除了名称之外和社会主义没有任何共同点",苏联社会主义"建立在人权的完全泯灭之上"[②]。斯大林主义在理论上和实践上都忽视了人的主体性地位和作用,建立起束缚人的自由、限制人全面发展的极权主义官僚体制,这种党的专政式社会主义体系是对人道主义和人的自由的完全压制,是对马克思主义的完全背弃。斯维塔克指出,"列宁主义基础上的苏维埃共产主义的神话,连马克思恐怕也会觉得震惊,宣称工人阶级依靠自身的经验不能完成社会主义的政治觉悟。共产党,中央集权的政党,极权主义的意识形态——这些是列宁式迷信的仅有后果。社会主义建设的整个神话——或者说官僚主义下的工业社会建设——都只是掩盖现实的骗人的把戏……"[③],马克思坚持工人阶级以自己的力量推翻剥削和统治从

---

① Ivan Sviták. *The Unbearable Burden of History*: *The Sovietization of Czechoslovakia*(Volume 3—The Era of Abnormalization). New York: Academia Publishing House, 1990. p. 53.
② Ivan Sviták. *The Czechoslovak experiment 1968–1969*. New York: Columbia U. Press, 1971. p. 184.
③ Ivan Sviták. *The Unbearable Burden of History*: *The Sovietization of Czechoslovakia*(Volume 2—Prague Spring Revisited). New York: Academia Publishing House, 1990. p. 83.

而成为国家的主人,从未提及由一个政党的精英和官僚来领导工人阶级,官僚主义从来是马克思主义的敌人。进而,斯维塔克指出,1948年对苏联模式的照搬是捷克斯洛伐克走向专制独裁毁灭命运的开始,开启了捷共政党极权和政权官僚主义的道路而走向了马克思主义的对立面。

在对苏联马克思主义批判的基础之上,斯维塔克提出了解决捷克斯洛伐克现实问题的途径在于实现马克思主义的人道主义,改变权力机构和人民大众的关系,促进社会的民主化进程,实现人的意义与自由。

首先,斯维塔克强调自由之于人民的重要性,自由是马克思主义人道主义应有之义。"马克思主义是实现人类自由的工程,离开自由便不是马克思主义。"① 斯维塔克指出,马克思主义是为了解放工人阶级继而解放全人类所创造,是让人获得更大自由的一种方式,它包含了人类最具价值的人道主义传统。马克思主义在历史上把人民从剥削、痛苦、专制独裁中解放出来,而夺权后的政党却施行极权专政重新堕入权力异化的梦魇。社会的主要矛盾变为专制极权的官僚机构和人民民主权利和自由的矛盾,个人的自由被国家的权力机构碾压,同时政治勾结技术实现对人的全面控制,技术控制论凌驾于社会主义民主和自由之上。斯维塔克认为,区分民主社会和极权社会的标准就是人的自由和权利是否受到尊重,任何政党没有权利剥夺人的自由和人权,工人阶级必须依靠自己才能获得自由和解放,这是马克思主义的一条基本原理。

其次,在具体社会实践中,斯维塔克认为实现人道主义和社会主义民主的关键在于变革政治和社会结构,主要体现在两个层面。首先必须改变极权专制的官僚政治结构,斯维塔克指出,我们现在迫切需要"一场反对苏维埃模式的压迫大众的极权主义专制的政治革命","可以导向社会主义民主的真正意义上的社会主义革命"②。社会主义的民主革命意味着政权机构和民众之间基本政治结构的变化,意味着极权专制主义的终结和人民权利的开启,"一

---

① Ivan Sviták. *Man and his World: A Marxian View*. New York: Columbia U. Press, 1971. p. 165.
② Ivan Sviták. *The Unbearable Burden of History: The Sovietization of Czechoslovakia (Volume 2—Prague Spring Revisited)*. New York: Academia Publishing House, 1990. p. 21.

第三章 捷克存在人类学派美学

系列由民众运动为助力的激烈的结构变革推动政府的结构变化,打破权力机构中的结党和派系,破坏极权主义政权的结构装置。"① 这种变革的目的在于打破权力垄断,让每一个民众实际参与到关乎自身的国家的实际决策中,保障民众享有真正的权利、自由和尊严。其次,斯维塔克指出,这种政治机构的变化远远不够,社会主义目标的实现需要整个社会结构的长期变革而不仅仅是推翻精英阶层的统治。他对社会结构变革的强调主要指工人阶级与知识分子的联合,"只有以工人和知识分子的利益联合为基础的广泛的、民众的运动才能将既定社会结构进行民主化改革的革命继续深入发展。"② 斯维塔克认为,斯大林体制下的官僚和警察导致了工人和知识分子的裂隙,长久社会结构的改变和真正的社会主义民主必须打破这种裂隙而实现联合,"工人和知识分子对于共同的利益意识和认同感越强,通向社会主义民主的道路就越不可逆。"③

再次,在实现社会主义民主的过程中,斯维塔克强调知识分子必须始终致力于破除迷信、揭示意识形态谎言、追求真理和自由。斯维塔克指出,科学家和艺术家的最高原则是坚持真理,在革命进程中哲学家的任务和职责就是说真话、揭示真相、守卫真理。知识分子必须坚持自己的正确主张,"在任何时候知识分子必须维护超越个人、超越阶级和超越国家的真理、理性和正义的价值"④,引领公众向着民主和人道主义的开放的社会主义社会前进。现阶段知识分子的责任就是揭露极权主义政权的意识形态陷阱,不惧怕恐怖的统治权力,发挥其社会良心的积极批判精神,努力让基本、公正的社会价值走得更远。斯维塔克批评了国内批评界迫于压力趋向服从的现象,他指出,如果批评家局限在官方意识形态接受和允许的范围之内,对现实政治结构的不合理性置之不理以及撇清黑暗现实与社会结构之间的关系的批判行为只

---

① Ivan Sviták. *The Unbearable Burden of History: The Sovietization of Czechoslovakia* (*Volume 2—Prague Spring Revisited*). New York: Academia Publishing House, 1990. p. 38.
② Ivan Sviták. *The Czechoslovak experiment 1968-1969*. New York: Columbia U. Press, 1971. p. 209.
③ 同上书, p. 75.
④ 同上书, p. 38.

不过是隔靴搔痒，甚至在一定程度上是为统治阶层庇护和遮羞。他强调，批判必须在对对象深度理解的基础上从根本上揭示出批判对象的虚伪实质，让人民不要被虚假政治宣传蒙蔽和左右，而不是抓住浅层事物和现象做表面文章，当批评家对政治的批评与政府日常对自身所谓的检讨趋于一致时，批评就不再具有任何意义。斯维塔克呼吁广大知识分子坚守思想底线，"人可以被剥夺任何权利，但不能失去思考的自由。专制极权可以夺走人们的一切，但却阻止不了他反抗的意志。坦克可以攻城略地，但永远侵占不了人的思想。"[①]

总观斯维塔克的著作可以得出，他所谓真正的社会主义民主与自由、人权、真理、思想等词汇密切相关，实质与欧洲的民主传统极为吻合。欧洲启蒙运动产生的民主自由的价值标准尊重个人、理性、真理，与之相悖的教条的、注重集体压抑个人及其自由的苏联式马克思主义并不适合具有浓厚欧洲民主传统的捷克斯洛伐克。所以斯维塔克强调人道主义的马克思主义，尊重个人而反对权威压制，他认为，布拉格之春的短暂实践证明真正的马克思主义是一种欧洲的、人道主义的适合具有民主传统的发达国家的政治策略。斯维塔克，以及众多东欧理论家对马克思主义的开拓，就在于这种"具有人道主义面孔的社会主义"，强调人作为一个自由的有思想的存在的价值，要求普遍的民主、公平正义和追求真理的价值。但值得注意的是，斯维塔克充满斗士精神的理论未免有过于激进的因素，例如对列宁主义的全盘否定，过分强调列宁与马克思的差别而割裂了列宁与马恩思想的继承与联系，另外在苏军坦克入侵这种必须保护公民生命为先而不宜正面冲突时，反而号召以武力革命对抗占领，甚至在后期彻底否定捷共的全部历史功绩，并断言捷共没有能力带领民族和国家走向自由，这些都是斯维塔克思想过于激进型的一面。

斯维塔克深受存在主义哲学影响，其理论具有鲜明的存在主义注重自我感受、强调个体存在、关怀人类命运的特色。具体体现在他对艺术与世界的联系、艺术对存在世界特殊真理的揭示以及重视个体的独特经历和对人类命

---

① Ivan Sviták. *The Czechoslovak experiment 1968–1969*. New York: Columbia U. Press, 1971. p. 149.

第三章 捷克存在人类学派美学

运的关怀等方面的看法，与海德格尔具有极大的相似性，还有其艺术表现社会重大现实以及艺术家背负的社会责任等观点与萨特将文学纳入政治和社会领域的做法不谋而合。斯维塔克的萨特式文学介入的特色在根本上来源于其知识分子责任意识与他作为马克思主义理论家强烈的批判精神，他认为人道主义是马克思主义最重要的价值，强调实现人道主义马克思主义是拯救捷克斯洛伐克和实现真正的社会主义民主的唯一途径。通过与西方马克思主义和其他东欧新马克思主义理论家的对比可以得出，斯维塔克既注重揭示社会主义内部党的机器专制极权的政治异化，又主张在既有社会主义条件下建立人道主义的民主的社会主义，同时为其补充了西方民主制的特色，提出扩大无党派人士的力量并支持党派民主竞争等民主社会主义观点，具有自己鲜明的特色。

斯维塔克的人道主义马克思主义文艺理论归结起来主要有以下几点：

第一，具体文艺创作论。想象、幻想、直觉、感觉等非理性因素是艺术创造的最本质来源，艺术创造的最本质条件就是想象和幻想。就具体的艺术表现形式诗歌而言，诗歌创作遵循诗人内心世界的逻辑而不是理性逻辑，诗人表现世界的视角具有孩童般的天真性、完整性、真实性和未被异化的原始性。

第二，文艺发展和文艺功用论。文艺发展演变的根本依据在于人主观自我意识的变化，人关于自我意识和自我认知的变化和人类存在方式的转变。文艺对人的情感、认知、人格的发展具有重大影响和意义，在情感和认知的培养、感悟自由本质生命、完善人类品格和揭示生命神秘性及人作为人的本质方面对人类具有重大的意义。文艺促使人回到人原初的本真，揭示了异化社会对人性的磨灭和扭曲，并以其自由精神对抗异化社会的过度理性化、物化和虚伪的意识形态。

第三，人道主义是马克思主义最重要的价值，包括艺术家在内的知识分子必须破除当前意识形态迷信，追求真理、自由、民主、人道主义的真正的社会主义民主。

以上为斯维塔克人道主义马克思主义文艺理论的整体总结。从总体来看，斯维塔克的文艺理论有一个鲜明的特点，用马克思主义的理论话语说就是全面的观点和辩证统一性，体现在其对文艺的看法大都具有既重主观表达又重客观现实的两面性。在艺术创作层面，斯维塔克一方面重视艺术创作的主观自由性，认为非逻辑性体现了最丰富的人的本质，艺术的自由精神是人自由本性的揭示，另一方面又强调艺术的理性和思想性、艺术对现实的揭示与反抗以及艺术家的社会责任。以诗歌的孩童视角这个微观方面为例，斯维塔克既强调诗人孩童视角的天真性、原始性和自由性，同时又指出诗人以孩子的视角和看似天真的叙述承担的对既存社会和对整个人类精神和灵魂的责任。在艺术的功用层面，斯维塔克首先强调艺术内倾性地对人的情感、认知、精神和人格的巨大影响，其次又阐释了艺术的社会功能在于艺术对社会政治的揭示和批判作用以及艺术对异化现实的反抗，而这两者统一于斯维塔克理论灵魂的人道主义价值中。

作为人道主义马克思主义的重要理论家，斯维塔克同样对正统马克思主义进行了局部的反叛，并广泛吸收当代哲学和社会领域的最新理论成果，如同马尔库塞将弗洛伊德主义运用于马克思主义理论，萨特融合存在主义与马克思主义，斯维塔克对于正统马克思主义文艺学的反叛在于其广泛借鉴了人类学尤其是文化人类学和哲学人类学以及存在主义哲学的相关观点。举例来说，斯维塔克认为艺术发展的决定性因素在于人的观念和意识的发展变化以及人根本的存在状况的观点，这种对影响发展因素的看法具有鲜明的人类学和存在主义的特点。马克思正统文艺理论认为，文学艺术的产生和发展的根本原因在于生产方式的变化，而斯维塔克则侧重人类学方法的文化模式、人的自我意识和创造力，以及存在主义所关注的人的存在状况，并把两者统一到一种解释中，即人是自由的、富有创造力的、不断发展的存在，艺术问题的本质就是人的问题，艺术的起源与发展取决于人的意识、认知以及人整体的存在状况。斯维塔克的这种观点是对正统马克思文艺理论的创新，汲取文化人类学和存在主义哲学之长，为马克思主义文艺学注入了新鲜血液。

马克思主义是我国学术界长期重点研究并作为指导思想的理论，对于东

第三章　捷克存在人类学派美学

欧人道主义马克思主义，必须引起重视并批判地学习和深入研究。20世纪的人类处于全球性的焦虑、孤独、危机和悖论中，一方面科技的力量逐渐征服地球从而显示了人类的巨大能动性，另一方面技术的统治却带来生态灾难、人性异化、变本加厉的极权膨胀和精神文化家园的逐渐失守。文化批判成为20世纪理论界的重中之重，东欧新马克思主义作为存在主义、西方马克思主义之外文化批判的重要力量，以马克思主义人道主义为理论基点、以马克思的异化理论为直接武器在文化层面上批判了社会的官僚体制、技术统治和大众文化等社会力量和文化力量，为全面理解人类的存在状况和社会异化批判提供了强大的理论支撑。对社会主义的中国来说，在东欧社会主义实践基础上的新马克思主义理论更是不可多得的宝贵的理论资源，对马克思主义在当代中国的运用、发展和实践都具有重大的以史为镜的借鉴意义。

斯维塔克作为被忽视的东欧新马克思主义的重要理论家，他的文艺、哲学、政治理论都值得学界加以重视和深入研究。马克思主义理论包含无尽的生命力和再创造性，犹如历史上任何一种伟大的思想一样，它所包含的能量和创造力需要在不断地继承、研究、发散中取长补短、完善、实现以及升华。

第四章 波兰哲学人文学派美学

波兰的新马克思主义美学主要以沙夫和科拉科夫斯基的美学思想为代表。这两位新马克思主义者从波兰的文化传统与现实境遇出发,对异化文化理论和意识形态理论做出了出色的建构,形成了具有特色的东欧新马克思主义"哲学人文学派"的美学思想。

第一节 亚当·沙夫的文化异化理论研究

东欧马克思主义理论既具有马克思主义理论的普遍意义,也贯穿其特殊的历史文化因素。它代表一批东欧学者对于马克思主义文化理论的种种尝试性探索。东欧马克思主义在继承了传统马克思主义的基础上,批判性地吸收了西方马克思主义理论。理论家们以尖锐的批判眼光指出了带有特殊意识形态的 20 世纪东欧社会主义所在的弊端,同时积极地为社会主义的发展探寻可能的出路。东欧新马克思主义的研究对于我们剖析当前社会面临的文化困境,仍具有重要的启示意义。在东欧新马克思主义理论研究领域中,亚当·沙夫的异化理论一直存在争议,但是我们不能否认其理论的积极方面。将沙夫的异化理论运用于文化研究,对于当今文化研究仍具有一定意义。亚当·沙夫是杰出的东欧马克思主义理论家、语言哲学家。沙夫始终认为,异化理论是马克思主义理论体系的重要"支柱"。沙夫指出的"文化异化延伸到人类所做所思的一切事情之中,它涵盖了人类所有的社会生活。"诚然,文化的异化问题并不是某个时代的特定问题,文化本身具有的超时代特征决定了文化异化的研究将处于不断发展的持久过程之中。沙夫深入研究了马克思概念体系中的主观异化与客观异化,揭示出文化的主观异化与客观异化。虽然沙夫并没有明确建构"文化异化"完整理论框架,但是在沙夫毕生的著作中都对文化异化问题有所涉及。文化异化研究成为贯穿沙夫理论研究的暗线。如果将那些散布于各部著作的零星智慧点收集整合,便会发现一个隐藏在其哲学理论之下的文化理论框架。可以肯定的是,在当代的文化视角下,沙夫的理论并没有过时。即使 20 世纪以来各种关于"异化"的理论层出不穷,也不能将沙夫的理论轻易淹没。笔者认为研究沙夫,应该回到他最初的身份:作为语言学家的沙夫如何以青年马克思文化理论为基础,建立了其充满哲学思辨性的文化研究体系。沙夫结合特殊的时代背景,对文化异化的社会功能作用进行了多方面的审视。沙夫以语言学家的犀利眼光强调了马克思文化理论的一脉相承性,即使在苏东剧变之后,也未曾放弃对马克思主义的现实意义的探索。

一、文化异化理论的提出

(一)"异化"概念的语义学定位

作为语言学家的沙夫在其文化哲学研究中贯彻了语义学的研究方式。沙夫认为"异化"这一语词表现多种语义学特征。他在《语义学引论》中说道,所谓语义学是研究表达式意义及其意义的变化。语义学的重心在于研究语词的历史、语词意义的来源、语词意义的变化以及发生这些变化所依据的规律。语义学找出词语意义变化的原因,如果不是在语言本身中,就是外在于语言的因素中(即心理的或社会的因素之中)。"随着社会制度的变化,随着各个生产部门的发展,随着一般的物质文明与精神文明的发展(技术科学艺术的发展)……一方面,许多语词由于它们所指示的概念停止在人们中流通而失去意义,从而这些语词消失了;另一方面,更经常出现了,用以指示新概念和新观念的许多语词-指号。这些语词-指号是某种语言的使用者在实践过程中提出的"①。可见,语词意义的变化问题属于社会历史文化问题。沿着这种思路,沙夫认为当时理论界对"异化(alienation)"的概念解释偏离了语义学的正确性。他特别强调,在马克思的原著中没有出现"alienation"。取而代之,可以在马克思的成熟著作中发现三个相似的德语词汇"Entausserung(外化)""Entfremdung(异己化)""Verausserung(外在化)"。这三个词的意义相近,但是并不是同义。这三个词的意义集合才是"异化"的真正含义。然而,马克思在其晚年的著作中交替使用"Entausserung""Entfremdung"这两个词,导致了这个两词的区别完全丧失,原本具有差异的词汇统一被译介为"alienation"。因此,在沙夫看来,研究异化问题必须明确语词的原始概念。他分析指出,这"Entausserung"与"Entfremdung"的辨析可以追溯到中世纪神学文本。在神学文本中,对于"异化"的理解有三层含义,首先,神学概念"Kenosis(虚己),"圣·奥古斯汀援引圣保罗·腓力比书解说为基督的道成肉身使基督虚空了自己的神性。上帝摆脱了神格,化身为人的形式,也就是上帝与他自身的无限精神发生了异化,上帝成为了有限的实体。其次,在凝神观照与迷狂中精神脱离自身,从感性世界抵达了上帝的境界,达到与上帝的同一。但是,人与自身的关系发生了异化。再次,有罪的人与上帝疏远,发生了异化。圣保罗书中,这样写道"忽视内心,使理解变得黑暗,远离了上帝的生活,心灵变得盲目",加尔文评价说这是指"精神的死亡无异于灵魂从上帝的异化"。由此可见,Entausserung 对应 Kenosis,Entausserung 意味着"使某人失去什么""失去归属",而"Entfremdung"对应了后两种含义,意味着"疏远自己""成为外来的"。文艺复兴使得神学文化与世俗文化发生了碰撞,诞生出世俗文本的异化含义 Verausserung。这个词与卢梭的自然权利学说相关,词语含义是权利的"出卖""转让"。从词源可以看出,"异化"一词是神学文化与世俗文化结合的历史性产物。神学文本与世俗文本共同表达了"异化"。理解"异化"时不能只从单一的某种文化内涵出发。必

---

① 沙夫:《语义学引论》,商务印书馆,1979 年版,第 21 页。

须全面地看待词语的文化内涵。因此,"alienation"即我们熟知的"异化"包含了外化,外在化与异己化。沙夫认为语义学的研究方式运用于马克思主义理论研究是恰当并且合理的。他提出研究马克思主义理论应该回归晦涩的德语原著,结合著作产生的时代语境与马克思用词的丰富性加以理解。在沙夫看来,"异化"问题属于传统的马克思主义研究领域,存在主义作家们将"alienation"作为时尚的词汇引入文化文本,以 Entfremdung 作为 alienation 的"意义"造成了文化文本的质变。这是一种基本认知的错误。虽然存在主义者以"异己化"代替"异化"作为理论纲领,在战后复兴了异化理论,却背离了马克思主义传统。沙夫极力反对以存在主义学者不负责任的语词相互替代。他力求还原异化的文化内涵,延续马克思主义的传统,从而逐步建构了自己的异化系统。

(二)《巴黎手稿》与沙夫文化异化理论的渊源

沙夫坚信异化问题是马克思主义的核心问题,贯穿了马克思的毕生著作。从早期的《巴黎手稿》到理论成熟期的《资本论》都涉及了异化问题。经过沙夫考证,虽然在马克思的后期著作中鲜有出现"异化"这样的字眼,但是不代表马克思放弃这一伟大思想成果。沙夫进行马克思主义理论研究的初期,曾经表示过"不喜欢"异化这个术语,理由是这个词语有许多种含义。但是随着研究的深入,沙夫纠正了自己的理论,将自己研究重心转向异化理论,最突出的理论成果就是 1980 年出版的《作为社会现象的异化》。沙夫在《作为社会现象的异化》一书中,以专题的形式讲述了其异化理论与《巴黎手稿》的渊源。沙夫认为《巴黎手稿》阐述了异化问题的四个核心问题:什么是异化与自我异化?异化与自我异化的根源是什么?马克思主义区分出哪些异化形式?怎样战胜异化?沙夫强调的异化概念与历来的异化概念相比并无新奇之处。沙夫的尝试在于力图辨析语义的清晰性。沙夫反对存在主义作家们将复杂的异化问题降低为自我异化的心理学问题。这是错误地将异化本质主观化。因此,区分异化与自我异化具有重要意义。他指出存在主义作家加缪的《局外人》、萨特的《恶心》以及卡夫卡的所有作品表现出的不仅是主观异化,还是主观的异化现象。现象不能与异化的一般本质等同。异化更不是主观的自我异化。研究异化的第一要义是承认异化的客观性。关于异化与自我异化的定义,沙夫引证了马克思在《巴黎手稿》中对异化问题的经典概述作为区分的依据。

"我们从两个方面考察了实践的人的活动即劳动的异化行为。第一,工人对于劳动产品这个异己的、统治着他的对象的关系。这种关系同时也是工人对感性的外部世界、对自然对象——异己的与他敌对的世界——的关系。第二,在劳动过程中劳动对生产行为的关系。这种关系是工人对他自己的活动——一种异己的、不属于他的活动的关系。在这里,活动是受动的,力量是无力的,生殖是去势;工人自己的体力与智力,他个人的生命——因为,生命如果不是活动,又是什么呢?——是不依赖于他、不属于他,转过来反对他自身的活动。这是自我异化(self-estrangement),而上面所谈的是物化(estrangement from thing)。"①

沙夫认为马克思的构想具有显著的独创性,语义清晰地辨析了异化的主客观关系,即人类产品从创造者的异化(物化)和人的活动从人的异化(自我异化)。沙夫把异化的主客观关系分别看作两种社会关系。他认为晚年的马克思依旧专注于研究异化关系,比如人的产品怎样异化(产品不仅是物质产品也包括人的智力活动的产物,这些产物都是由人创造,进一步说,由国家创造等等)。沙夫一再强调马克思不仅重视异化的客观关系,也重视异化的主观关系。马克思对经济的兴趣使他的后期研究偏向异化的客观关系。但是这不意味着马克思否定了自我异化问题,即人与社会的异化,人与他人的异化,人与自身的异化。在沙夫看来,客观异化与主观异化同等重要。马克思的后期理论并没有出现所谓的人本学空场。

沙夫认为马克思的人本主义思想体现在主观异化中。然而,主观异化一直未受到研究者的重视。沙夫指出,早在巴黎手稿中,马克思已经涉及

---

① 马克思:《1844年经济学哲学手稿》,中央编译出版社,第55页。

"人的本质"的争论。马克思主义将"人的存在"与"人的本质"作为理论的出发点。以人本主义为基础,马克思区分了客观化(objectification)与异化(alienation),区分了异化与自我异化(self-alienation),甚至孕育了"商品拜物教"的概念。沙夫觉得,当"正统"的马克思研究者走向死胡同的时候,非马克思主义者在巴黎手稿中获得新的正确发现。Erwin Metzke 认为巴黎手稿隐性发展了黑格尔的主体性思想。黑格尔认为,"异化和超越异化的真实兴趣形成的疏离,是自我中的对立(in itself)和相对于自我的对立(for itself)。"① 所谓疏离化,就是黑格尔的"虚己"概念。在黑格尔的理念中,自我意识等同于人,等同于人类存在。因此,黑格尔的"自我意识"的异化就是"人的本质(human nature)"异化。然而,马克思没有将黑格尔的"虚己"停留在唯心主义的概念。马克思进一步分析,"异化不仅存在于结果中,也存在于生产行为中,包括生产行为本身。如果没有工人自我的异化,工人怎么会面临在生产行为中他的行为产品成为了陌生人的情形"。② 沙夫强调,马克思并没有局限于工人的自我异化对生产劳动的负面态度和自身的异化,而是涉及了人的异化的重要方面即人与他人的异化,人与社会的异化。"真正实践世界中的异化只能在与他人的实践关系中得到确证……异化的劳动者不仅创造了他自身与对象和生产行为的关系,即作为异己力量的生产活动的敌对关系,也创造了他的产品与生产和他人的异化关系。"③ 沙夫做出总结,异化劳动导致人丧失人的特征,因此"非人化"是异化与自我异化的结果。笔者认为可以理解为客观异化与主观异化的共同作用,导致了"非人化"的产生,即马克思所说人的"类本质"的异化。"生产不是简单将人类作为商品生产,即人类商品,人扮演商品的角色。而是将人变为具有精神性与物质性的非人存在。"④ 那么克服非人化的可能性,就是让人从异化生产中回归自身,即社会

---

① Adam Schaff. *Alienation as a social phenomenon*. England: Pergamon Press Ltd., 1980. p. 52.
② 同上。
③ 同上。
④ 同上书,p. 53.

存在。马克思倡导的最理想社会存在关系就是共产主义的社会存在关系。马克思简略勾画了共产主义的蓝图,"全面发展的自然主义(naturalism)等于人道主义(humanism),全面发展的人道主义等于自然主义。"[①] 人与自然的对立关系的消除,是消灭异化的第一步。异化社会关系回到社会关系的本真,人回到人的本质。

作为人道主义学者的沙夫将《巴黎手稿》中人在异化中的作用放在了本位,以人为参照对象。马克思定义人是"社会关系的总和"。在沙夫看来,异化本身就是一种社会关系。沙夫认为马克思的异化概念包含了主观异化关系与客观异化关系。虽然,沙夫将异化主客观划分被历来的研究者认为是一种诟病。然而,要想理解沙夫的异化概念体系建构,必须立足于以人为本位的社会关系:人的产物相对于人的异化就是客观异化,人与人的本质异化就是主观异化。这样问题才能迎刃而解。在沙夫涉及文化异化研究时,人作为文化主体更是具有举足轻重的地位。沙夫揭示了文化的客观异化与主观异化。前者涉及到文化作为意识形态的对象化产物问题,后者是文化个体在社会机制中的自我异化。沙夫还将文化异化分为广义的文化异化与狭义的文化异化。前者是文化主体-客体相互作用下的异化,后者是文化结构与社会结构的异化。

(三)异化相关的两组词语:商品拜物教与失范

沙夫重视语词的清晰性,他从两组词语辨析切入异化讨论。它们分别是拜物教与失范。两者在现象上与"异化"相似,在本质上存在差异。沙夫认为拜物教与失范都不能和"异化"立于同一层次。首先,商品拜物教表面是产品之间的关系,其实是人与人之间的关系。沙夫指出,拜物教学说不能代替异化学说,将拜物教看作与异化同等含义是头脑不清的想法。所谓商品拜物教,按照马克思在《资本论》的定义"商品的形式和它借以得到表现的劳动产品的价值关系是同劳动产品的物理性质以及产生的物的关系完全无关

---

① Adam Schaff. *Alienation as a social phenomenon*. England: Pergamon Press Ltd., 1980. p. 54.

的。这只是人们自己的一定社会关系,但它在人们面前采取了物与物的虚幻关系的形式,因此要找到一个比喻,我们就得逃到宗教世界的幻境中去。在那里,人的产物表现为富有生命的,彼此发生关系,并同人发生关系的独立存在的东西,在商品的世界里,人手的产物也是这样。我把这叫作拜物教。劳动产品一旦作为商品来生产,就带上了拜物教性质,因此拜物教与商品分不开。"[1] 商品交换揭示了人与人之间的关系,当人与人的关系表现为物的关系,商品拜物教代替了社会关系。或者用卢卡奇的说法是拜物教形成了"虚幻的关系"。沙夫以文化的符码崇拜现象类比"拜物教",譬如,在通讯理论中,当人们把语义的表达理解为字码之间的关系,而如果人局限在这种关系上,就会忽视通讯人之间的关系。于是人们就看到一种崇拜字码现象,类似对商品的盲目崇拜一样。当文化媒介代替了文化内涵与本质,人们就读取不到文化本身的信息,不自觉将媒介本身"神秘化"与"偶像化"。媒介变成了真正的权威,人的思维被字码的符号指示所取代,字码主宰了人的主体性的发挥,形成了媒介至上的观点,媒介的权威弱化了人的判断能力而成为将思维转换成对符码的依赖。异化关系的表现形式多种多样,商品拜物教只是其中之一,异化比拜物教有更加广泛的引申范围。站在范畴的角度,拜物教不能代替异化本身。

接下来是"失范"。沙夫在《作为社会现象的异化》中,将文化异化纳入主观异化讨论的范畴。沙夫借助由涂尔干提出的"失范"理论对主观异化做出阐释。沙夫从词源学解释"失范":人类共存的社会可接受规范的缺失,更加准确地说,是以往社会义务规范的瓦解。失范,意味着社会对人类丧失限制力量,对人类活动"解除管理",从而将整个社会秩序置于混乱之中。罗伯特·金·默顿进一步深化了涂尔干的"失范"理论。沙夫在主观异化讨论中以默顿的社会功能主义为理论支持,并且进一步深化了默顿的理论。他总结,默顿的理论出发点是寻求人类行为违背社会规范的典型根源。默顿

---

[1] 马克思《资本论》第一卷,第88—89页。

对"失范"做出三种解释,第一,默顿将失范看作文化目标重于制度手段的表现。默顿认为,在分析人类社会与文化结构时,要区分两种在具体情形中相互融合的因素"一种是由受文化限定的目标、目的及兴趣组成,是全体成员或广泛分布于社会各界的成员所持的合法目标;一种是由文化结构决定、管理和控制文化目标,以容许的方式追求并实现文化目标的手段。"[1] 前者我们称为文化目标,后者称为制度手段,制度手段代表合法化的社会行为规范。相对稳定的文化结构是文化目标与制度化的大致平衡。当人的行为被文化目标绝对支配时,只要实现目标的每一种行为就会被允许,这是一种负面融合的文化。当完全的顺从主义成为中心价值,制度化的规范转化为宗教礼仪、过分的制度化会导致文化的恪守传统、"恐新"的情绪的产生。因此,文化结构的失衡就是"失范"。第二,当文化结构衰落时,文化渴望与实现文化渴求的社会建构手段产生分裂。文化结构不能适应社会结构,文化结构(包含价值规范系统)与社会结构(社会关系)发生冲突,形成了"失范"。第三,文化结构中的文化个体成为"异性",也就是异化的人类。文化个体的行为的社会预见性接近零,这种行为预见性的最小化导致了文化的混乱。沙夫在以这三种理论为依据,引申出异化的各种范式。

同时,沙夫本着语义清晰性分析了"失范"的本质。他认为,"失范(anomie)"并不能从字面理解为"异化(alienation)"。沙夫将"异化"与"失范"进行语义辨析。异化是人类的活动产物与生产者的具体关系,产品脱离了生产者的控制甚至与生产者的意愿相敌对。"失范"是社会价值体系衰落的一种社会状况,消极反映了社会危机对人类个体的影响。"失范"与"异化"是两种看似字面相似却没有范围可比性的不同的社会关系,而"失范"与"自我异化"关系密切。自我异化是人与社会制度、人与他人、人与自我的异化关系。社会价值系统衰落或崩溃,将会引发一种"自我异化"趋势,因此,"失范"可以作为"自我异化"的根源。"失范"理论不仅延伸到主体性,还通过它

---

[1] Adam Schaff. *Alienation as a social phenomenon*. England: Pergamon Press Ltd., 1980. p. 147.

的"客观性"阐释补充了自我异化理论。从社会功能性看来,"失范"是社会成员被剥夺了行为选择的社会尺度的结果。行为选择的社会尺度或标准决定社会文化的建构。例如默顿抨击美国文化将"金钱"与"权力"看作社会"成功"的尺度,导致了美国文化的"焦躁"现象。马克思说,人是按照美的规律进行构造。美是人的本质力量的对象化。"失范"的文化呈现便是社会认可的美的内在尺度的丧失。由于美的内在尺度丧失,使得人们在创造作品或现实实践时不能正确直观自身。在新的文化结构尚未成熟之前,文化个体的非社会适应性导致了文化的主观异化。

(四)文化的主观异化

在沙夫看来,文化的主观异化是文化个体或文化群体自身的异化,即自我异化。那么自我异化究竟是一种文学表达还是一种科学表达呢?沙夫承认,以美文学与纯文学的表达"自我异化"是一种恰当的艺术方式。作家们都是生活的观察者。卡夫卡、加缪、海塞与萨特的作品都是具有一定文化现实价值。但是,"自我异化"不仅是一种艺术的表达。所谓"冰冷"的科学并不是文学艺术难以企及的,文学艺术可能刺激科学领域的发展,然而文学艺术表达不能代替科学表达。文学艺术能够反映自我异化的现象,但是脱离"科学性"的文学艺术不能揭示自我异化的本质。所以分析文化的自我异化,艺术与科学是并重的,二者是结合的。文化的自我异化,表现一种文化的身份感的失落。失落的文化身份感,造成了人们对文化的极端态度。人类原本用文化创造确立自身的身份感,而现代文化却与人的本质力量相对抗,甚至剥夺了文化个体与群体的身份感,将文化的主体流放到"真空"。无论以人的主体性去对抗社会文化结构,还是以顺从的态度让现存的文化结构消解文化个体与文化群体自身,都是文化的主观异化的呈现。前者是一种激进的文化观,后者是一种消极逃避的文化观。

沿用默顿的社会学理论,沙夫觉得在社会的转型时期对现存的文化价值结构体系的拒绝,以极端的方式表现了文化的异化。这种拒绝导致了文化的无政府主义,引发了文化主体的情感、态度甚至是文化价值规范的改变。可能发生的严重后果便是整个文化价值结构的崩溃，最终形成了文化的混乱。沙夫认为，没有人能够完全将自身从个体生活模式的压力中解放出来。文化影响人的世界观与价值观。世界观与价值观不是以语言为媒介来教育儿童的内容和对世界的特殊情感表达，而是一种现象评估和内在的情绪模式。在旧的文化结构衰落的时期，文化的革命以一种激进的姿态出现。当文化的革命走向极端，变革的将不只是文化，而是摧毁整个现存的社会结构。所以，文化的革命决不能是一种文化的放纵。极端主义者借助文化的革命的旗号，无视约定俗成的规则，拒绝权威与纪律。其初衷或许是缓解社会对小资产阶级造成的挫折感，释放个体心理压力，实质却冲击道德的底线。将挑衅道德底线作为文化的革命的本质是社会生活的异化。极端的文化革命是文化异化的一种形式。文化的革命反映了人们对文化禁忌的态度。沙夫以文化禁忌"性风俗"为例，阐释文化的无政府最尖锐状态。历史事实证明，在社会动荡时期，人们把突破禁忌的支配视为变革的表现，以牺牲道德的合法性为代价，这种所谓的"文化革命"其实是犯罪。比如战争时期侵略者对占领区女性的蹂躏。性道德看似是一种禁欲的压抑人性的力量，其背后是传统社会的道德原则。社会禁忌伴随特殊力量出现形成社会的共存性原则。文化的变革往往选择某种特殊力量进行挑战。反观现代文化，20世纪"性解放"运动同样是一种文化的革命，并且成为"资产阶级的惊世举动"，但是这场革命的合理性在于没有破坏社会共存的原则。沙夫指出，文化革命的本质是对现存社会规范的拒绝。文化结构不适应社会的发展，社会系统显露出异化的征兆。对先前的所有习俗的拒绝，否定传统习俗原有的合理性，是一种主观异化的外在表现。真正的文化革命不是一味对旧有的文化原则的否定，而是对建立新的文化原则的探索。文化异化的另一种现象就是逃避主义，或者是默顿的"退缩主义"，通过酒精或毒品逃避到一种"遗忘"的状态。个体通过一种知觉缓和方式的自我麻痹，对现实的社会结构与文化结构表示消极的拒绝，文化主体逃遁到虚幻的空间，主动放弃参与文化生活的权利。这种消极的抵抗主义，是一种慢性的文化异化病症，文化个体的自我麻痹的结果导致了对整个

第四章 波兰哲学人文学派美学

文化结构与文化价值规范导向的冷漠态度。文化个体对文化结构的发展的冷漠化趋势，虽然不像极端的文化革命造成文化结构乃至社会价值系统的动荡，但是文化冷漠情绪的蔓延，导致人的心理结构的异变，从而慢性腐蚀社会的道德文化规范。

值得一提的是，文化的变革中容易遭到忽视是亚文化群体的异化。亚文化的异化应当是主观异化的重要表现之一。亚文化隶属于主流文化之下的次生文化，亚文化对大文化圈有一定的叛逆性，同时存在自身发展的规律，有着自身认定的"合理性"，也存在极强的"可塑性"。亚文化的异化涉及特殊的社会群体，其中有成熟的群体如雇佣杀手，宗教群体等。亚文化最广泛的代表是心智不成熟的未成年。未成年犯罪是亚文化异化的最突出表现。然而，正因为亚文化的"可塑性"，对抗亚文化的异化的手段不应是暴力手段，而是教育的净化手段。亚文化群体的异化很大程度来源于用来获取社会尊重与认可的错误方式。沙夫认为，教育净化最有效的手段就是艺术手段。马卡连柯的"教育诗歌"就是充满文学智慧的教育典范。"教育诗歌"包含了对后革命时代的种种困惑，社会的不幸、饥荒与儿童教育问题的思考。所以，具有正面意义的文学艺术对重塑亚文化有着重要的意义。当然，不限于亚文化圈，而是在整个大文化领域中，艺术不该仅仅是对传统文化价值系统的反叛，还应该是传统价值系统中的正面因素的维护与宣扬的工具。艺术能够成为反映文化异化的镜子，而且正面的艺术能够成为反对文化异化、建构新的文化秩序的标尺。在科学揭示了文化异化的本质之后，艺术将成为缓解异化压力的有力辅助。

如果社会转型时期文化异化是文化主体对文化结构的拒绝，那么社会趋于稳定时期的文化异化又是什么呢？沙夫分析马克思与弗洛姆的理论，认为文化异化外在机制是市场机制。市场机制主导了人们的价值观，牵制了艺术主体发挥正面的文化教化作用，反而沦丧了原本作为主体的主体性。艺术家的艺术才能应该让他实现自己的理想与抱负。然而，有时艺术才能却不能实现他生活的定位，反而使他失去自我。文化个体出于对生活的恐惧而背叛自己的信念，扭曲的心态驱使他仇恨他人，畏惧权威，同时也轻视自身的价值。虽然在稳定的社会结构中，艺术不会成为凭借激情反对现存社会价值系统的反动力量，但是文化的异化让艺术家放弃了通过艺术努力实现理想的道路，放弃了艺术的价值观，将"艺术自我"弃之不顾，形成了艺术发展的恶性循环。市场机制将艺术个体的艺术才能纳入了商品范畴。每一个潜在的艺术家或是现在的艺术家，丧失了真正的生命意识，被迫让艺术创作成为了谋生的手段。艺术创作的目的变成了寻找艺术消费者的意图，"这个个体为获得公众的掌声，甚至为了从活动中挣钱过活，使活动成为他的职业，他就不能按照自己的愉悦来行动，而必须注意为他的活动和他的可能的成果寻找消费者。因而，他必须为获得批评家和公众的支持而作曲"，[1]市场机制以"时尚"评判主宰了艺术创造，大量的先锋音乐与非印象派作画出现。除非"市场"拒绝"商品"，否则无法杜绝艺术日益丧失内在发展规律的趋势。艺术创造在"时尚"面前卑躬屈膝，艺术家遭受了巨大的失落感与挫折感，对自身的艺术创作产生了厌恶，进而异化了艺术创作活动本身。不仅艺术活动的产品，连艺术创作本身都沦为了商品。

沙夫提出，艺术与商品的异化关系隐藏着创造行为与劳动行为的异化关系。人类的活动可以分为两类，改造现存的自然现实的活动和创造新的实体如文学音乐。不考虑独立于人的意愿的外在机制影响的情况下，人类的生活可以看作两种行为，创造行为（物质与精神的）与劳动行为（体力与脑力的），二者没有明确的区分标准。例如米开朗基罗的体力雕刻活动是一种纯粹的创造力的表现。标准的模糊引发了一系列疑问，裁缝的工作是不是一种艺术设计？艺术家为衣裙绘制花朵是为了赚钱还是为了让衣服变得美丽？花匠培育花朵是为了兴趣还是迎合卖家？沙夫将这样的问题回归到看似天真的儿童式提问：愉悦与工作的关系。人类从事的活动是自愿并且满足自身内在需求的，还是迫于生理或经济强制的生存手段。换言之，就是人类的活动是

---

[1] Adam Schaff. *Alienation as a social phenomenon*. England: Pergamon Press Ltd., 1980. p. 185.

出自"纯粹的创造"渴望，还是为了工资而劳动。因此，我们可以看见两种情形：抽象艺术家为了表达自己的情感与经历创作了由色块构成的作品；画家绘制了同样的作品并成千上万地复制，成为了某种昂贵商品的包装纸。由此可见，艺术的异化是艺术意愿在市场机制中的异化，经济利益的驱使让艺术的价值被货币量化。当创作成为了量产，艺术的永恒性与生命意识成为了一种机械的复制，艺术将不能满足人的内在需求，而是引发人对现实生活的不满，乃至艺术家本人对自身才能的失望。人类不再是为了艺术而艺术，而是为了生存而艺术。当艺术降低为生存的必需，就只是一般的强制劳动。艺术不再是为了满足内在需求而进行创造，而是屈服于商品运作的规程消解创造活动的自发特性。艺术唤起了不能实现生活目标的失落感，艺术创作过程变成了人的本质的异化过程。

二、文化的异化：意识形态与"真"的关系

（一）历史"真实"与意识形态的"真实"

沙夫抱着对语义学问题的思考态度，提出了一个问题：马克思主义理论者把异化看作对本质的疏远，那么本质又是什么？抽象地说，本质就是真实或真理。他进而又追问，真实是什么？真实，我们顾名思义，事物原本的样子。按照惯常的思维，还原事物的原本性，我们称之为还原事物的历史性。假如拿艺术与历史做比较，人们一定会说，历史是真实的，艺术是虚构的。毫无疑问，人们把历史当作评价"真实"的标准。那么历史的真实又是什么呢？沙夫对历史真实的评价依据进行了探索，分别对实证主义与现在主义的历史真实观做出了批驳，前者认为历史是纯粹的事实并且不带任何历史学家的主观猜想，后者则认为历史是现代的兴趣在过去的投射，是现代人的兴趣与意图构成的观念的历史。沙夫认为历史不是历史作品，历史一旦成为了作品，它必然带上了创作者的主观性。现代人看到的历史事实不一定是"真实"，因为历史不是砖块原封不动地进行堆砌就能还原历史的整体性，历史一直被不断重新书写。历史事实的收集过程是历史学家主观选择的过程。所以沙夫提出，即使是历史的事实也不一定是"真实"，历史的事实只能是"可能的事实",行为类似的单个的事件每天都在上演,比如著名的"凯撒横渡卢比肯河"事件,有什么能证明事件的真实性呢?后人能够找到的是标记着历史过程的复制品或历史的痕迹,即带着历史主体兴趣的物质与精神的文化产品。即使在客观的历史事件中,历史主体的活跃因素人不能被忽视,所谓"客观"只是尽量忽略了历史复制品与政治无关联的文化与艺术表征。人们看到的"真实的历史"是历史的"书写",是文献描述记载的简洁"事实"。因此,"真事实"只是一种特定的词组称谓。人类社会生活的每日呈现都可能是"历史事实",然而,我们认定的"真事实"其实是"一千零一种事实的简洁概括"(贝克),"真事实"意味着大量可能存在的事实的筛选。在沙夫看来,没有简单的事实,简化事实是忽略了丰富的具体的事实。真正的事实是一个确定的整体,它的元素拥有无数的关联与相互影响,当我们把简化的状况变成了事实,将会失去所有的意义,不再是历史的事实。① 所以,以概括方式获得"真事实"只是一种类型学的划分。沙夫还认为没有所谓"原始历史(raw history)",即使是未经加工的、粗糙的历史。"历史的真实"也不是不如贝克所言可以"直接"得到。事件发生在瞬间,瞬间过后就变成了历史。即使亲眼见证与参与行动,也不能辨别历史的真伪。贝克的"直接"说法其实是一种"主观感知",并不能决定历史的真相。但是,主观因素在历史中的作用是不能忽略的。寻求历史的"真实",就是还原整体性与丰富性的认知的过程。沙夫认为历史的真实不是历史事件的真实,而是历史认知的真实。那么,历史认知应该是一种客观的认知。历史的认知不是康德的"物自体(thing in itself)",而是通过历史的权威即历史学家的客观评价的历史现实。历史认知是历史主体(历史学家)与历史客体(历史事件)相互作用的结果。由此可见,历史的真实就是客观认知的真实。马克思主义认为认知是一种实践活动与感性活动,认知是无限的过程,通过积累相对的真理获得抽象的真理。沙夫指出客观的认知是一种具体客观性又不乏主观因素的认知。客观性是摆

---

① Adam Schaff. *History and Truth*. England: Pergamon Press Ltd., 1976. p. 176.

脱了感性色彩与片面性地对客体存在的反映，主观因素介入对客体的认知，使得认知变成了一种普遍的价值观，而非个人的价值观。主观因素不是主观性，主观因素本身拥有客观的社会特征。认知的"真实"是真实的判断或真实的见解。语言对"真实"的不确定表达会造成对"真实"的认知的误导。历史真实是一个与无穷的现实相连的一个过程，历史的主体不能断言它是部分还是全面，历史的主体只能不断提升历史的"真实"，历史的"真实"也意味着是对历史真实的认知，通过积累部分或片面的"历史真实"，在无穷的认知过程中获得绝对的历史真实。因此，历史认知是无限接近绝对真实的过程，历史的客观真实就是继续积累历史的相对真理的永恒过程。

意识形态是与客观性的历史相对应的对象性存在。意识形态的真伪问题是马克思主义者关注的焦点。意识形态的真伪争论围绕着意识形态与科学的关系展开。沙夫发现，在科学成为文化主导的当代，科学被当作了反抗现存社会结构的武器，而意识形态成为了文化批斗的对象。沙夫反对法国结构主义将意识形态作为科学的对立的观点。他认为笼统为意识形态带上贬义的感情色彩是一种语义的故意混淆。沙夫再次运用了语义学的分析手段，指出语言总是有歧义的，理论家必须将他们所运用的语词精确化，故意混淆词语或者使之模糊化甚至神秘化，将造成认识的误导。"思想上的晦涩较之认识上的错误更为危险，因为错误是可以纠正的，而晦涩却往往在认识上阻隔思考，并妨碍错误的纠正"。[①] 因此，滥用语词与制造文化混乱无异。理解语词不能忽视语词的自身的形成规律，任何语词的产生不可能摆脱语言的规则。"意识形态"也不例外。众所周知，特拉西从观念学的角度提出了意识形态的概念，即意识形态是思想观念的最一般科学，意味着知识的可能性。青年马克思在研究黑格尔与费尔巴哈哲学的基础上，提出了"虚假的意识形态"，认为意识形态是虚假的、幻觉的表现，意识形态隐藏了真实。马克思从发生学的角度对"德意志意识形态"进行解释，"德意志意识形态"是由资产阶级利益决定

---

① 〔波〕沙夫：《结构主义与马克思主义》，袁辉、李绍明译，山东大学出版社，2009年版，第43页。

的"虚假意识",它颠倒地解释社会事实,像照相机的暗盒那样使实物上下颠倒。资产阶级的利益通过理论家将现实的社会关系虚假化,资产阶级的利益将现实的社会关系神秘化,所以从发生学——功能性的角度,"德意志形态"其实是"资产阶级的意识形态"。在《政治经济学批判导言》中,马克思又提出意识形态"中性化"的观点,马克思认为意识形态没有价值导向,是一种中性化的存在,是一切观念、意识的总称,是理论建构的必然性问题,包含意识与社会的矛盾以及问题的解决,法律、政治、宗教、艺术、哲学都是意识形态。沙夫倾向于把意识形态作为任何一种思想观点的体系的名称。"意识形态是一种思想观点的体系,这一体系建立在某种价值系统之上,决定了人们与社会、群体或个体的发展目标相联系的态度和行为",[①] 价值体系产生于他服务的社会群体的阶级利益,并指向这一社会群体所认可的目标。所以,意识形态的意义不能局限在青年马克思"虚假意识形态",应当纵观整个马克思主义理论的发展轨迹。然而,从"虚假的意识形态"到中性化的解释并不是所谓马克思主义理论的"断裂",而是一种发展中的建构。沙夫认为,意识形态有自己的历史,有自己的生命,它随着社会的发展而发生变化。正如语词的意义总是以不同的方式发生着变化,意识形态与大众的生活息息相关。"意识形态"这一语词产生之初,不带任何的感情色彩,当它与社会问题紧密联系的时候,才拥有了明显的情绪色彩。

那么"意识形态"的真实是什么?意识形态属于意识的范畴。意识是客观存在在人脑中的反映。沙夫反驳了阿尔都塞的"意识形态是表象"说法,揭示了意识形态是"本质"的论题。阿尔都塞认为,意识形态是包括形象、神话、概念在内的表象体系,是一种无意识的表象体系。沙夫反驳说,"表象"一词是在心理学与认识领域指代明确界限的范式术语,表象与神话、概念没有相同之处。无意识的表现不通过人的意识强加于大多数人不过是"神秘主义"。意识形态本身并不是神秘的、异化的与人的现实生活相脱离的"表

---

① 〔波〕沙夫:《结构主义与马克思主义》,袁辉、李绍明译,山东大学出版社,2009年版,第45页。

象",相反,意识形态是每一种社会形式中公众生活必不可少的要素,它不会随着社会形式的变化而成为一种无意义、反科学东西。"意识形态"的"真"将真实地反映社会的本真状态。一时代有一时代的意识形态,资本主义社会与共产主义社会都不能缺少意识形态。随着社会生活的不断发展变化,意识形态在阶级斗争中的作用日渐突出。当新的需要产生时,语言必须为新的事物提供名称。有些思想观点从诞生之初就与阶级利益联系并且为某一阶级服务,对其行为进行指导。但是,这一阶级不只是资产阶级与统治阶级。"无产阶级的意识形态"就是革命的斗争中被发现,并且随着马克思主义的理论发展而日益清晰。作为社会成员的人为了达成某种社会目标而努力,人们对接受的价值系统的接受决定着人们对社会目标的看法。意识形态作为一种思想观念体系,指导并且影响人们对社会问题的看法。当社会进入更高的发展阶段,人们会克服社会发展的固有的自发性有意识地按照理想的方式创造自己的生活。所以,意识形态的"真"是适应社会发展的、为社会可接受的价值体系。

从泛意义的角度看,意识形态的"真"与科学的"真"相联系。这里的科学不是"科学"的内容而是"科学的思维方式"。一定与政治相关的"科学"的内容可能成为意识形态的内容来源,"科学的思维方式"作为具有严格逻辑意义的认知方式指导意识形态的功能发挥。从科学思维的角度,意识形态的"真"与历史认知的"真"有着相似之处。首先,意识形态的"真实"如实地反应社会历史的现实,意识形态的"真"符合社会主义发展的现实。将意识形态看作纯粹的主观作用是唯心主义的做法,意识形态是客观反应社会历史的主观因素。意识形态的"真"与历史认知的"真"都是坚持马克思认知论认识事物本质的过程。认识是一个不完全真理的不断的积累的永恒过程,这是马克思主义认识论的根本观点。恩格斯在《反杜林论》中将积累的过程比作渐近线与双曲线。沙夫觉得,人类的认知可以比作数学的数列,人类对绝对真理的追求只是永远接近但是不能抵达"极限"的过程,认知的过程的无限性伴随着认知对象的无限性。认知对象不是一成不变的,认知的对象处在不断的发展变化之中。因此,绝对的真理是不存在的,"意识形态"的"真理"也不可能成为"绝对的真理"。绝对真理对于人类是一个神话般的"奇迹",将意识形态的"真理"进行"绝对化"处理,是对意识形态本质的遮蔽。意识形态的"真理"与历史认知的"真理"都是一个过程,它是不断发展变化的,处于一种过渡的状态,为了适应社会历史的发展,始终向更高的层面发展。其次,历史认知的"自我批判"包含意识形态的"真实"。意识形态不是作为科学的批判对象而获得正确的认识,而作为影响历史认知的对象确证自身的"科学性"。尽管历史的发展有其自发性,历史主体却受社会发展的制约,历史的认知不可能超越它的阶级性与社会性。历史的认知渗透了阶级的兴趣与政党的观点。历史认知离不开阶级与政党的定位而有意识加入政治的主观因素,这就是意识形态的作用。意识形态影响了历史认知的时代性,历史认知不能通过超时代的形式获得对历史本质的认识。同时,历史主体对历史的阶级偏见的批判,也促成了意识形态的"真理"的发展。所以意识形态可以视为具有科学性的"历史意识"。再次,意识形态的"真理"反映社会价值体系的接受历史。意识形态作为认知关系的产物反映社会的价值构成,它具有自身的规律性也离不开社会历史的规律性。意识形态随着新旧社会价值体系的衰落、变革、过渡而发生变化。意识形态冲突最激烈的时期就是社会的转型时期,当社会的价值体系获得普遍的认同并为实现价值目标发挥指导作用的时候,意识形态的发展趋向一种相对的稳定状态,但这只是意识形态完善自身的某一阶段。

(二)意识形态的异化

当意识形态在社会作用中的中性立场发生了转变,以至于违背了社会合法的价值体系,站在了社会发展目标的对立面,这意味着特定意识形态的异化。文化的客观异化是意识形态异化的表现。沙夫认为,思想观念产物的异化是一种语言媒介传播的异化。语言作为一种联系方式是异化关系的不同寻常的复合体。在具体的情形中,语言不仅能够成为"独立"的存在,还能借助"专横的语言"作为一种统治人的工具而压迫人的思想,从而破坏人与客观现

第四章 波兰哲学人文学派美学

实的和谐关系。除了宗教的异化之外,文化客观异化还表现在科学、艺术等的异化,这些异化现象都揭示着思想观念的异化。一言以蔽之,意识形态的异化体现在人类的社会实践活动之中。具体地说,意识形态的异化是意识形态作为一种错误的意识呈现在实践活动中。意识形态可能因为其特定的内容与创造者发生异化。理论家通过解读意识形态可以解读人们的观念,社会价值体系以及社会目标实现的渴望。意识形态呈现了人们在特定情况中的特殊行为的接受态度。那么,意识形态是怎么发生异化?沙夫以透视基督教的命运阐释了意识形态的异化过程。原始的基督教的群众基础是奴隶阶级,宗教作为革命的意识形态反抗压迫阶级。在基督教的新约全书中,人们可以找到关于阶级斗争的具有革命性的社会内容,比如对社会不公正的语言描述,信徒们的理想生活方式的诉求。当基督教获得支配地位时,基督教与教会发生了彻底的改变,在实践生活中,圣经被进行了不同版本的解释,或者宗教本身成为了没有重要性的礼拜仪式。坚持原本的教义,试图回归宗教的原始观点,解释圣经原本的文字含义与精神表达的教徒被视为了异端者,遭受了火刑的处罚。原本为穷人而创立的宗教,成为一种非凡的社会力量,阻碍了社会的进步。由此可见,意识形态创造了具体的社会目标,意识形态的异化使它站在了实现社会目标的对立面。"一旦它被创造和加密,它就成为客观的存在,开始表现它自己的生命。它不仅忽视其创作者的意愿和意图,而且明确地和这种意愿和意图作对,它阻碍意图实现之路,威胁着创造者和跟随者的生命。"[①]宗教法庭将意识形态的异化清晰而尖锐地展现出来。沙夫认为没有什么比托斯托耶夫斯基的《卡拉马佐夫兄弟》更能表现宗教的异化。书中宗教大法官与重现在地上的基督的对话,表露出人类的精神创造成为威胁人类存在的力量。

沙夫警告,意识形态异化的危机不止局限在宗教,意识形态的异化应当有延展的可能。在社会运动中,人们经历过中世纪宗教审判残害更多人的大

[①] Adam Schaff. *Alienation as a social phenomenon*. England: Pergamon Press Ltd., 1980. p. 137.

宗教裁判所的年代，但是人们仍旧停留在小宗教裁判所衍伸不同变体的年代（笔者认为是暗指东欧极权主义）。每一种意识形态都有异化的可能，马克思主义意识形态也不例外。意识形态的功能对社会条件起着决定性作用，假如社会主义系统被引入一个还没做好准备接受的它的社会，不能满足经济的发展与社会力量的壮大，将可能成为一种反革命的力量，对社会形成威胁。凭借社会制度保持社会主义体系的"礼仪"，表面接受社会主义意识形态，将会给后者赋予截然不同的意义，导致社会制度中意识形态的本质与内容的改变。扎米阿提的《我们》与奥威尔的《1984》呈现了社会主义意识形态异化的夸张图景，表现出社会主义口号与社会现实形成强烈反差。是不是可以这样结论，社会主义的异化是社会主义的价值系统的超前性与现存社会结构的滞后性的矛盾，人们对新秩序的迫切渴望造成了意识形态的表象接受。在意识形态的本质没有完全被认识的情况下，意识形态原有的正面价值遭到了歪曲。

我们可以将沙夫的意识形态异化理论总结为三点：第一，意识形态异化的本质是一种文化的客观异化。意识形态是人的思维的产物，同时是具体的历史环境中的特定产物。意识形态的异化是意识形态摆脱了它的创造者而独立，甚至成为了对创造者的精神相对立并且反过来支配创造者。第二，人为地为意识形态蒙上神秘的"面纱"，将意识形态的作用神秘化，遮蔽了意识形态的本真，利用欺瞒宣传与鼓动，使得意识形态成为某种超验的力量根源，引诱民众对其产生盲目的崇拜，这就是宗教文化的异化形式。第三，意识形态作为文化结构的价值评判体系与现存的社会结构发生不一致，引发了价值评价的混乱。意识形态变为了反对社会进步的力量，这便是沙夫预测的可能的社会主义文化异化。

三、对于极权主义文化的批判

（一）极权主义的本质：政治的异化

文化异化在特殊历史时期的反应就是极权主义文化。历史上，波兰是一个多灾多难的国家。她先后遭受了20世纪上半年两种"极权主义"统治，即"纳粹统治"与"苏联式社会主义统治"。关于极权主义的批判，波兰的知识

第四章 波兰哲学人文学派美学

分子比叫嚣着"自由意志"的西方学者更有发言权。他们对极权主义的深恶痛疾与自身的民族性息息相关。纳粹统治时期，波兰的知识分子遭遇与犹太人相同的命运。希特勒认为波兰没有知识分子，波兰的知识分子被残酷镇压与屠杀。纳粹统治极大地摧毁了波兰的知识文化。当纳粹统治被推翻之后，波兰的知识分子并没有迎来文化重建的曙光。他们看到的是斯大林主义带来的"社会主义理想"的幻灭。苏联的统治使他们成为了"无国籍"者，剥夺了文化权力的自由。波兰的知识分子对苏联强加的"苏联式社会主义文化"表现出质疑和声讨，甚至是反叛。他们比西方学者更加深刻地体会到所谓的"苏联式社会主义文化"的真面目：一种东欧极权主义文化，即本质是一种异化的文化。这种文化破坏了既定的法律与道德法则，否认与隐藏了文化身份的认同，最突出的表现就是迫使东欧民族文化的"无力化"。面对文化的异化，波兰的学界陷入了分歧，一部分人接受了战后欧洲的虚无主义文化思潮，以沙夫为首的马克思主义者则艰难地在传统马克思主义文化中寻找文化的救赎，批判虚无主义文化，反抗极权主义文化。

极权主义是一种社会制度，其影响在文化领域形成了一种特殊的文化制度。在极权主义制度下，国家的一切资源都被最高统治者所掌握，统治者的统治不仅在政治、军事等传统领域，而且对经济、生活、文化，甚至日常生活都要严密监控，全体社会成员不但被剥夺了一切最基本的权利，而且还必须无条件地参与到统治者的意志中去，用希特勒的话形容，就是"同一种思想""同一种面孔"。社会成员没有个人的选择余地，如果是拒绝参与或者是不积极参与这个意志，就会受到必然的迫害甚至镇压。在极权主义的统治下，个人是不存在的，取而代之是统治者所代表的"我们"。极权主义文化不是反映文化个体的文化需要，而是带有强制性灌输的群体"大众文化"。大众的文化活动反而使大众"去文化"化，成为了野蛮与无知的人。极权主义文化将统治者神秘化，消解了个体的文化身份认同，彻底改变了社会文化的价值系统，极权主义文化以领袖的意志作为社会文化标准，形成了个人崇拜主义。在东欧，极权主义文化更是渗透到社会生活的各个领域。阿伦特说斯大林抓住了沙俄时期没有控制的宣传机器。斯大林模式将文化系统纳入了极权管制。斯大林时期没有画家与艺术家。斯大林死后，极权主义的幽灵仍然笼罩着东欧。曾经对"社会主义文化"饱含期待的知识分子，在艺术文化领域展开了反抗斗争，以艺术哲学批判的形式揭露极权主义的本质。

在沙夫看来，极权主义文化的本质是政治的异化。政治的异化是政治生活与相应的制度的异化。政治的权威主义来自政治个体的异化。政治个体对政治生活采取一种漠不关心和顺从的态度。个体以消极的态度适应了现存的社会结构，表现出一种"逃避自由"的思想。依据弗洛姆的观点，人从诞生之后就丧失了与世界联系的始发性纽带，人类因为孤独而恐惧，迫切寻求与世界联系的继发性纽带。人类为了安稳地生活而选择了"放弃自由"。尤其在社会动荡的时期，人类更加"渴求"安稳，将维护现存社会系统稳定的机制当作物神（费舍尔语）进行崇拜。个人以放弃自我获得自身与外部世界的"一体化"。然而，事与愿违，大众丧失了社会政治参与意识，日益变得像单子一样，失去了生活的整体感。大众意识到自我存在的"无意义"。大众自身的"无力感"使他不能对发生的事件进行干涉，导致了政治冷淡情绪的产生。个体对支配他的意识形态采取了听之任之的态度。个人将自由的选择交给政党或其他政治机构执行。因而，除非放弃自己的责任，个人不能表达他自己的政治决断。当"一党系统"承诺为成员提供特权与利益的时候，就不能分辨成员个体选择政治意识形态的积极动机。"一党系统"为了确保选举的胜利，将出于自愿动机的政治选举制度变成了社会成员的百分百参与，事实上这种选举变成了强制的参与。这种堂而皇之的强制行为加剧了个体对政治的冷漠，选举成为了一种强调政治热情的"示范形式"，个体残酷地感受到他的无助，他已经被强制剥夺了政治的感知。百分之百的"赞成"对个体而言是一种心理的挫败。个体不得不寻求一种"代理"来维持自我心理平衡。个体的"自尊"降低为寻求"领袖（the top）"的同意，从而全面忽视个体的心理性，磨灭了整个社会积极性，人为地培养了政治的异化。因此，个体越是被迫参与政治生活，越是感觉到自身的脱力，越是发觉自身的行为的无意义。个体越是追求自身的完整性,越是在实践中失去生活的总体性。个体对权威感到了恐惧,个体的意图变成了政党或政治机构的兴趣。"人们被告知别人将为他们做出决定,他们能够做的只有被迫举手赞同。"①

(二)反极权主义文化的斗争

沙夫的文化异化理论中贯穿着反极权主义思想,这种思想在1962年出版的《人的哲学》中初见端倪。这部学术论著争论的焦点是反存在主义的文化异化,其中暗含反极权主义思想的萌芽。笔者认为沙夫对极权主义文化的看法,包含在《人的哲学》中的一段隐喻。沙夫反复提到了果戈理小说中"企图隐藏美洲",美洲已经发现,那么就不可能被隐藏,隐藏就是欺骗。极权主义文化机器的做法就是暴力机构压制与宣传欺骗,通过强制手段使非合理化的东西取得合法性。

在《马克思主义与人类个体》中,他明确指责了极权主义文化的暴政文化审查制度。沙夫认为,马克思充分理解,科学和艺术是社会政治的暗示,要反对政治干预和政治背景下对于艺术自由的限制。纵观历史,"苏联社会主义制度"的极权主义文化将这种带有浓重官方政治色彩的文化审查制度再现。关于文化审查制度是否有必要存在,沙夫提出了自己的看法。在科学和知识的创造领域,有着自律性与他律性两套规则。具体地说,一是科学与艺术发展本身,二是科学与艺术在社会中的运作,这两套规则相互作用,但是这二者地位不是同等的,这状况就对分析造成了多种困扰和问题判断变得复杂化。不可否认的是,科学与艺术的自由发展的最好环境是自由争论与自由讨论。这是创造领域最显著的特征:不同观点相互碰撞,经过现实的考验,得到理论提升,从而获得真理。这是科学艺术问题辩证法的核心。从外部干涉和限制科学与艺术的表现、讨论和实验的自由,对科学与艺术的发展是有害的。当权者不能依据自己权力角度的认识去否定他者的认识。科学的成果通过科学家的调查研究,艺术的真实来自艺术家的探索。在文化的领域,应

---

① Adam Schaff. *Alienation as a social phenomenon*. England: Pergamon Press Ltd., 1980. p. 181.

该采取文化探索者的最高原则。马克思说,在事实挑战教条的时候,一切事物都要被重新检验。科学与艺术的发展处在社会中,科学艺术的发展受到社会的影响,反过来,也影响社会的发展。在文化日益复杂化和文化冲突中,靠一种前提是不能代表其他的观点。科学与艺术最好的发展条件是完全自由的讨论。所有的观点都应当被听到,甚至是错误的和反动的教条也可能包含大量的真理,促进文化长远的发展。这些最终都会对文化产品做出贡献。因此,值得冒险从误导理论中吸取有益的影响。促进社会文化的发展,最重要的是消除限制文化自由的障碍,消除文化审查制度带来的危害。因为文化本身有自己的价值审视方式。"然而政治家通过否决权参与其中……一种错误的或者反社会性的理论形成了人们的信仰,在社会历史形态中留下印迹。没有任何人有义务忍受理论的命运,无论他保护传统的社会关系而反对科学理论和藉由艺术表现的新的革命前景,还是反之亦然。"[1] 政治理论与文化的进步发生冲突是不可避免的。因此,政治理论和科学与艺术进步产生明显的冲突时,政治家必须明白,政治理论对于科学与艺术行动的干涉是有害的,尽管政治手段可能得到了社会授权,政治家必须有能力判断每一种自由的行为,不能过于乐观地认为,他的政治理论能够检验科学与艺术进步对社会健康影响。每一个领域都应该有自身的权威,在自身的领域中享有一定的自由。企图建立跨领域的权威是建立一种不合理的文化霸权。

沙夫也承认,适当的干涉是必须。无产阶级专政限制科学与艺术的自由,因为这是社会斗争的需要。"敌人不用明枪,而是遥控人们的思想。资产阶级的经济、哲学、社会意识形态有时比开放的政治对抗更有效。那么,戏剧,电影,小说,甚至诗歌呢?俗话说,绑住就能挨打……限制是必需的……随着社会政治系统的稳定,敌对意识形态的削弱,限制可以被消除。"[2] 因此,不是限制科学艺术本身,而是限制他们的过分应用和异化。然而文化强制范

---

[1] Adam Schaff. *Marxism and the human individual*. McGraw-Hill, 1970. p. 158.
[2] 同上书, p. 159.

第四章 波兰哲学人文学派美学

围扩展到了非意识形态领域,会将敌对的信念转化为马克思主义,造成了马克思主义文化的异化。但是,做出文化艺术的干涉必须是在文化艺术领域有发言权的人。"政治家在物理、化学、生物领域有发言权吗?这显然不行,这是没有事实根据的。这是可悲的,政治的限制造成了科学的停顿,甚至阻碍了科学的实践,必须付出高昂的代价。在艺术领域这样的情况也是同样清晰的,戏院、电影院、文学作品可以作为敌对政治的宣传媒介,但是非符号化艺术的音乐、抽象绘画、建筑呢?政治家政客对此一无所知。"[1] 所以,文化的干涉与限制,需要理性的前提。当艺术文化代表敌对意识形态和利用科学与艺术话语宣传敌对意识形态的时候,马克思主义政治家有权干涉与限制科学和艺术的自由。

极权主义模式将文化权力异化。极权主义者将对文化与政治关系的错误地断言,政治斗争手段直接用于文化领域,把意识形态合法性的标准在科学与艺术领域普遍化。沙夫坚决反对极权主义的文化管制,他指出,除非在政权的过渡时期,需要限制科学与艺术的自由,控制创造活动产生的额外影响。然而,共产主义理想是人的全面发展,对自由的限制是阶级社会的异化强加的。在社会主义社会,如果自由屈服于强制,文化将得不到发展。这些强制应该尽快被消除。沙夫戳破了东欧极权主义者的谎言,总结了一套反对极权主义文化的方案。社会主义国家的行政力量在处理文化的政策的时候,排除必需的情况,不要过度限制自由,政权对文化的领导,不能以高压手段处理知识与艺术的争论。科学家与艺术家应该认识到政治和文化的关系。处理科学与艺术问题的时候,应该充满政治的责任感。同时,他们应当明确,所有的争论以客观真实为最高目标。这条原则必须怀着清晰的理解去保护,科学与艺术创造应该含有道德责任感的职业,然后去诚实地、毫不妥协地执行。在社会主义环境下,文化领域的干涉与控制,最终是一个道德与社会准则的问题,是文化领域依照自身的发展规律的自我调节。

---

[1] Adam Schaff. *Marxism and the human individual*. McGraw-Hill, 1970. p. 160.

(三)个人自由与艺术自由

20世纪40年代末50年代初期,苏联在东欧推行"斯大林化",将东欧各国纳入了对抗西方资本主义体系的社会主义阵营。东欧各国的文化思想受到禁锢。1956年的苏共二十大,对斯大林个人崇拜的尖锐批评,使得波兰的文化界受到鼓舞,政治热情高涨。"波兹南事件"爆发,使得波兰的知识分子再度认清东欧极权主义的真实面目,重塑文化个体批判意识。以追求个人的自由与幸福,反对极权主义文化的钳制。然而,在经历了二次惨绝人寰的世界大战之后,人类的信仰陷入了真空。与此同时,波兰国内的文化危机,导致了对各种文化的盲目接收。沙夫认为,从马克思主义的立场观点出发,不光是要对极权主义文化说"不",还要找到行之有效的解决方法,而是这种方法并不是盲目地接受西方自由主义文化。沙夫对在波兰成为一种时尚的法国"存在主义"文化思潮做出了严厉的批判。

沙夫指出萨特的马克思主义存在主义文化指的是虚无主义文化。存在主义的文化观念中,人生是孤独自由的、与世隔绝的存在。萨特对文化个体价值的承认,实际是对文化个体价值的消解。"萨特的存在主义之所以成为最典型的存在主义,不仅是萨特的全部哲学充斥着无助与绝望的气氛,而且由于产生这种气氛的观念——反社会的个人观念,而这个孤独的离群索居的个人必须完全由他自己来决定其行为,而且只能由他自己的判断来指导他同活生生的和非活生生的敌对势力做斗争。这并不是一种新思想,但是在战后世界道德混乱的条件下,在传统的价值体系遭到破坏,而新的社会价值体系又还在社会的冲突和阵痛中形成的条件下,这种思想产生了强烈的影响。"[①]从这段话可以看出,沙夫分析了存在主义文化的本质,存在主义文化将文化个体与文化环境割裂,以消极的逃避手段消弭了文化个体与周围的文化环境之间的矛盾,甚至颠覆了文化个体产生的根源。马克思主义认为,个人是社会产物,个人受社会制约。离开了社会环境,个人只是虚无的个体。显然,个人

---

① 〔波〕沙夫:《人的哲学》,程孟辉译,江苏人民出版社,1988年版,第20页。

第四章 波兰哲学人文学派美学

没有像存在主义者所认为那样获得真正的自由,而是陷入更加强烈的虚无感与无助感。存在主义的实质是宣扬了"绝望哲学"。沙夫强调,存在主义所含的矛盾就在于自己是独立命运的创造者的个人对于"自主权"的要求(在最深刻的意义上,就是存在先于本质的命题的内容)和"绝望哲学"的全部内容之间。因为这种哲学认为,人只不过是命运之神手指的玩物而已。[①]沙夫认为萨特在其艺术作品中做出了充分暗示,比如萨特的剧本《魔鬼与上帝》中,恶是不顾人的选择而获得胜利的。萨特用命运的神秘性取代了人对社会的责任感。萨特的艺术作品与宗教的异化如出一辙。存在主义的神秘性体现了宗教道德学特别是摩西教道德学中所存在的矛盾。正如基督教是对摩西教的复制。存在主义复制了主观神秘主义。存在主义文化并不像鼓吹者标榜那样是现代文化时尚,而是宗教文化异化的衍生。在沙夫眼中,犹太教的耶和华存在和存在主义的命运之神一样地可恶;他们确实是根据自己的模样创造了人,他们十分巧妙地赋予人识别善恶的能力,而且只有这样,他们才可以给人定罪。这位掌握了像十戒这样一种认识工具的可怜之辈(指人)仅仅赢得最后的定罪而用心去考虑在复杂的生活情势中怎么办,在倾轧纷争与恐惧中怎样生活。然而,这些可怜又孤弱无助的创造物,值得怜悯,又值得蔑视,可是按照宗教的观点,他却是独立自主的人,即是上帝的最高创造物。无神论的和信仰宗教的存在主义都在复述着耶和华凶残狠毒的传说。沙夫悲悯地说,为了使个人孤立,耶和华按照自己的想象,创造了独立自主的个人。这些注定孤独无助和绝望的可怜之辈,当他们带上了"独立"这样一种空虚的桂冠时,都成了厄运的玩物。存在主义者变相地把自己塑造为自由的教徒,然而个人与社会独立,并没有给个人以任何独立性,相反,倒是剥夺了他的一切实际的独立性。"如果人们读了卡夫卡的《审判》与《城堡》或者在舞台上了看到《魔鬼与上帝》中萨特主人公的命运,就不会对此有怀疑。'绝望哲学'是彻头彻尾的打着人类名义的人道主义,说到底,是反道德的道德学,是

---

① 〔波〕沙夫:《人的哲学》,程孟辉译,江苏人民出版社,1988年版,第26页。

反人道主义的人道主义。"①

宗教文化异化将个人的自由与幸福寄托在个人之外的上帝的恩赐,存在主义文化将个人塑造成了自己的神,实质是将个人悬在了虚空,给予了人没有权威的权威。存在主义文化将自己塑造成反权威主义的文化,实质是一种变向的妥协。不能为个人带来真正的幸福与自由。针对个人的幸福与自由这个问题,沙夫有自己独到的见解,对存在主义文化的自由观做出了批判。他认为,应该区分自由的三种含义:一、一个人当他的行为意志不受任何人任何事物所决定时,他是自由的。二、一个人当他的活动不受社会生活或历史发展的客观必然性所支配时,他是自由的。三、一个人当他能够在几种不同的行为路线中任意选择一种时,他是自由的。②西方的自由主义文化总是将讨论的重点集中在第一、第二种含义上。在沙夫看来。问题的实质在第三种。当一个人只有没有任何东西去阻挡他随心所欲时,他才是自由的,这是一种狂妄而不切实际的自由观。根据马克思主义的历史观,人类创造了历史,但是人类赖以活动的历史环境和这些环境中产生出来的必然又影响着人类的决定与活动。支配历史发展的客观规律的存在,既没有消除人的创造性,也没有取消人的自由。"绝对"自由的观念只是一种纯粹的思辨幻想。正如狄慈根说过,绝对知识的信徒们只有在天使中间才有地位。沙夫借此讽刺"要么占有一切要么一无所有"口号所宣扬的极权主义文化。"绝对自由"只是个幌子,它掩盖了失去自由的真相。存在主义文化在面对权威主义时,将实在的、活生生的人变为抽象的人,从而获得绝对自由。绝对自由这样的幻想,即使不会导致绝望,也会导致失望与无望。沙夫将存在主义文化宣扬"孤独的""注定要做出选择的""在恐惧中生活"视为哗众取宠,认为存在主义文化不利于波兰社会文化的建构,不能形成一种"相信人的力量和相信人的社会本质"文化。

---

① 〔波〕沙夫:《人的哲学》,程孟辉译,江苏人民出版社,1988年版,第27页。
② 同上书,第74、75页。

第四章　波兰哲学人文学派美学

对文化个体自由的思考必然会联系到个人的道德责任。存在主义文化抛弃了个体的社会道德责任。所以波兰的知识分子应该坚决抛弃存在主义文化观。沙夫对存在主义文化观的坚决"抛弃"中存在着矛盾与艰难的抉择。一方面对西方的自由主义文化思潮有一定的羡慕,另一方面他又看到西方只有主义文化中海德格尔式的"虚无虚无着"的幌子。社会主义式的自由主义文化应该是个体实践审美的自由。在文化与政治一体化的特殊历史时期,沙夫把文化知识分子的道德责任与政党文化隐晦地联系在一起。知识分子与政党文化会产生冲突,说到底就是探求真理与集体纪律的冲突。马克思主义理论本身充分证明集体的人与个人的人犯错误是不可避免的,"任何事物都是可疑的"。如果被理智的麻木与教条主义所压制,科学与艺术是不会取得进步的。沙夫以布莱希特的戏剧《伽利略传》做出了形象的类比,表现出当时的文化知识分子的处境。年迈的伽利略由于思想的怯弱导致了道德的衰败,伽利略还是完成了他具有革命性的科学著作《关于两个世界体系的对话》,并将之向法庭隐瞒时,学生们改变了对伽利略的看法,而伽利略拒绝他的学生给予的安慰。"关于知识只有通过疑问才能获得,科学力图使所有的人成为怀疑者,使每个人成万事通……我,作为一个科学家,有过一个极难得的机会。在我生平,天文学已经普及,家喻户晓。在这样一个非常特殊的情况下,一个人的坚定性能震撼世界……我背叛了我的事业。一个做了我所做的事情的人,在科学行列中,将是无立足之地的。"[①] 沙夫引用这段剧本的对话,是对当时波兰文化艺术领域的现实折射,是对文化知识分子的处境的自问。在政党政治文化与艺术创造面临冲突的时候,知识分子该如何为自身定位。如果说伽利略的悲剧是宗教文化压制下造成的,那么马克思主义政党文化是否可以给予创造者一定的追求真理的自由?极权主义文化模式必将形成教条主义,必然遏制对艺术真理的追求。一个有开创力的工作者(比如艺术家)在面临政治和他的职业使他对确信无疑的真理产生冲突的时候,他该采取何种态

---

① 〔波〕沙夫:《人的哲学》,程孟辉译,江苏人民出版社,1988年版,第90页。

度。如果真理没有被社会普遍承认，那么这种态度取决于他的道德与社会责任。艺术的真理不可能起初就普遍得到承认，那么是什么造成了为艺术牺牲的"伽利略式"悲剧，是当权者。沙夫回避了这一点。针对波兰当时的局势，国内存在严重的阶级斗争，党内也存在斗争，所谓真正"自由"的文化氛围是不可能。沙夫希望文化发展能够回到正确的马克思主义政治运动的轨道。沙夫身上似乎体现了东欧学者的尴尬处境，尽管满腔政治热情，却只能小心翼翼地回避政治的直接冲突。那么，站在这一角度就可以理解沙夫对待存在主义文化的极端态度。沙夫既反对极权主义文化模式，又是社会主义文化的坚决拥护者，他必然将把矛盾指向西方自由主义。

（四）艺术与极权主义政治

真正的艺术首先是非异化的，更是反异化的艺术。艺术与政治有着千丝万缕的联系。沙夫认为艺术可以反映政治，政治可以影响或规范艺术。政治是艺术取得合法性的保障。但是，沙夫反对政治领导艺术的发展，艺术全面的政治化，带上浓厚的党派色彩。真正的艺术不是消磨人的意志，宣扬一种服从主义，而是唤醒人的本质，让异化的人回归原本的人，获得真正的自由与幸福，如同海涅所说，"我们要在地上幸福生活"。沙夫借这句艺术话语暗暗讽刺极权主义者承诺的给予民众天堂般的幸福生活。沙夫认为要辨析两种作者，一种是为政治党派服务的作者，一种是真正的艺术家。在特殊的历史时期，社会主义与资本主义两大阵营处于激烈的斗争，东欧各国内部存在严重的阶级斗争，为了稳定社会秩序，充满政治鼓吹性的作品可以存在，但是这样的作品不能取代真正的艺术。真正艺术是社会的，是社会价值体系的呈现，艺术的表达往往与政治权力相纠结，真正的艺术反映了广大人民的自由意志。艺术的生命力在于艺术的批判精神。极权主义的本质是精神的"奴化"，摧毁人们的判断能力，将强加在民众身上的"施虐——受虐（弗洛姆）"模式视作理所当然，真正的艺术应该突破这种强制并且为了消除强制而营造一定的舆论氛围。消除活跃的艺术思想氛围才是理想的社会主义文化氛围。艺术的反抗表达了文化个体追求自由。真正的艺术不是某种狂想，真正的艺术要具备社会道德责任感,不是一己私利的情感发泄,应该拥有宏观的社会眼光,对社会主义的发展产生积极的影响。艺术在自身规律性的作用范围内,要力图通过艺术实践,打破僵化的思想教条约束与墨守成规,开辟正确的社会主义文化的创新局面。真正的艺术会引导人们的价值评判,不是盲从于政治权威的说辞。比如奥威尔的《1984》揭示了官僚体制的异化,社会主义理想与社会主义发展机制的脱节。对艺术的评价不存在所谓极权主义文化宣扬的绝对标准,艺术的评价与具体的社会情境相关联。理想的社会主义艺术应该是多样性的,不是模式化。社会主义的艺术是文化个体的个性发展的艺术,不能单单以政治眼光看待一部小说或一首诗歌的艺术价值,艺术作品的思想内容暗含着远高于政治内容的文化个体的本质诉求。沙夫认为,所谓党的作家,无法表露出文化个体的自由情感,充其量是个肩负着特殊的思想职责的领导者。真正的艺术坚持马克思主义,将自己的艺术原则建立在马克思主义的基础上,它绝不是保守的,而是开放的。真正的艺术家具备创新精神,是文化的积极变革者。艺术家要勇敢地抨击社会政治的弊端,大力宣扬真正社会主义的优越性。沙夫含沙射影地指责了当时波兰社会中从政治波及文化的"鸵鸟政策"。文化的保守主义不利于社会主义文化的发展,更不利于波兰民族文化的复兴。艺术的进步要勇于维护真理的权力。纵观历史,真正的艺术具有历史的前瞻性,艺术的超前性决定了真正的艺术在异化的政治环境中一时无法得到社会的认可。对新事物的排斥是传统社会文化固有的保守性所决定的。政治权威对新事物的排斥则是一种错误。政治应该宽容对待艺术的发展,给予艺术一定的话语权,但是这并不意味着艺术可以跨越原有的领域干涉政治领域。艺术是表达一种政治的诉求,以自身的前瞻性影响社会文化结构的转变。沙夫隐晦地指出,真正的社会主义艺术是一种百花齐放的艺术,能够经受历史与政治环境的检验。

三、文化异化理论在当代的现实意义

(一)对文化时尚的质疑

沙夫自称是一个"不会追随时尚"的人,但是他绝不是固守僵化思想的

马克思主义者。沙夫对时尚的文化思潮始终保持一种谨慎的态度，尤其是对所谓的新马克思主义文化时尚持有尖锐的批判态度。"新事物"永远能够吸引人的眼球，然而并非所有的"新事物"是"新"的，很可能是"旧事物"为了不过时而改头换面的结果。某种文化思潮成为时尚虽不能否定其应有科学性，但是这种思潮是否拥有大众性则是值得怀疑的问题。沙夫关注的重点在文化思潮如何成为时尚。在沙夫看来，流行的文化思潮的时尚或许不过是语言的"陷阱"。沙夫从语义学的角度指出"时尚"为了制造新奇感，故意形成语词的逻辑混乱或是表述的艰涩。盲目追随时尚的结果是庸俗的大众化。沙夫把观察的眼光投向善于制造时尚的法国文化。法国文化对外来文化有相当的敏感性，在吸收的同时也容易很快将其排斥。正如法国的时装能够引领一时的潮流，又很快随波逐流。他认为，学术的文化时尚可能是自然科学压制人文科学的情况下，文化时尚的创造者对人文科学心理创伤的自我弥补。尽管这种说法有些尖刻，我们也不得不承认其可取之处。法国在1945年前后的一个短暂时期内至少两度领导文化的时尚潮流，首先是存在主义，接着是结构主义。非常讽刺的是，这两种文化都不是法国的本土原产，而是一种二手的倒卖文化。将二手货加工包装奉为经典，体现了一种文化饥渴中的文化虚无感。文化时尚的生命力是相当短暂的，当前一种文化思潮的吸引力耗尽的时候，社会迫切需要一种新的文化替代品填补文化真空，此时，一种新的文化时尚做好了心理准备。然后，当新的时尚占据上风的时候，时尚的创造者营造了一种文化进步的假象。以将文化片面表征化，忽略或掩盖其本质，是对文化的一种异化。

从沙夫的叙述中，我们发觉隐藏在文化思潮的渴求背后的文化现代性焦虑。现代性是短暂、过渡、偶然。"时尚"是现代性的产物，"时尚"却逃不掉成为"过去"的命运。当"时尚"失去其吸引力的时候，文化危机就产生了。沙夫的理论虽然是在半个世纪前提出的，但是在今天仍具有现实意义。尤其是在当今消费社会中，文化危机已经成为一种普遍现象。"文化时尚"制造的层出不穷或许并不是一种社会文化的进步，而是满足文化个体的心理虚荣感。当代人追随的是一种暂时的文化心理的满足感，而不再是文化的深层诉求。显然，当代社会膨胀的"文化时尚"可能是一种虚幻的文化假象，并非真正的文化大繁荣。所以，我们在接受"文化时尚"的时候，必须有一种清晰的批判眼光。在文化分析中引入语义学的分析方式可以对"文化时尚"的真伪做出鉴别。我们处在一个文化开放的时代，文化的兼容并蓄有利于培育社会主义的优秀文化，社会主义文化是处于持久发展的文化，发展的过程中会吸收部分"文化时尚"作为新鲜血液，所以我们更要用鉴别的眼光去伪存真。语词有其约定俗成的意义，我们可以改变一个词赋予其新意义，或者为其添加前缀与后缀。我们可以分析语词的结构渗透文化的深层结构。当文化的焦虑迫使社会文化名词纷纷加上"后""新"的时候，我们应该警惕，某种文化或许不是走向"后时代"，而是"新"的"文化虚无"时代。文化的焦虑心理很可能是一种新的文化异化的隐患。

（二）超越异化的可能性

沙夫认为人之所以能够反对某种现象并且最终能战胜它的前提是，这个现象是可以克服的。异化是一种历史现象，在特殊的情况下，人的活动的具体化（这是生活的必然，因而是超历史的）表现为异化的形式，它的社会功能被歪曲。① 随着既定的社会关系的消失，异化的关系可能消失。但是这不意味着"异化"现象的消失。因为在每一种社会形式中，只要有对象化的存在，在适当的条件下，就可能变成异化。沙夫提出了"异化现象具有历史性"和"异化现象具有超历史性"两种观点。在沙夫眼中，这两种陈述的矛盾只存在于字面，因为陈述的是不同方面的内容。"异化现象"具有历史性不仅指代人类社会生活的永恒内容，而是指的是具体的异化现象产生于具体的社会关系，异化随着这些社会关系的产生而发生，也随着这些社会关系的消失而消失。"异化现象具有非历史性"并非只指的是"异化"生命力的持久，而是指人类活动的对象化在某种条件下会产生异化的可能。异化不只是资本主义制

---

① 陆梅林等选编《异化问题（上）》，文化艺术出版社，第518页。

度的产物，在其他社会制度下也可能发生异化。从现象透视本质，沙夫找到了"去异化"的可能：如何改变异化的社会关系和避免异化条件的产生。

沙夫的异化理论虽然没有超越经典的马克思主义，但是沙夫在思考如何反异化、去异化或超越异化这些问题时，有自己的侧重点。我们分析过马克思认为异化是人类的创造物独立于它的创造者成为与之敌对的力量。异化既发生在劳动产品中，也发生在劳动过程中。异化的本质是人的"类本质"的异化，即非人化。在沙夫的理论体系中，沙夫将异化视为一种客观关系，沙夫所说的异化其实是"客观异化"。而"人的类本质"的异化，被沙夫看作了自我异化或主观异化。尽管沙夫的理论层次与结构同马克思的原意有所出入，但是理论的归宿点是同一的。沙夫在探索"去异化"的道路中从未偏离过马克思主义。沙夫认为明确主观异化与客观异化的关系是"去异化"的可能。首先，战胜主观异化的必要条件是去除去客观异化的成因。因为工人的"无力感（the feeling of helpless）"存在于工人不能控制产品产生过程的"客观情形"中。所以消灭异化就是废除私有制，使得生产的所有权社会化，工人拥有掌握或决定生产的权力。其次，人类的意识反映客观过程。客观异化以主观异化的多种形式产生于人类的意识之中，所以，战胜主观异化的根源就是去除支配主观异化的客观异化。然而，两者的关系不是单向的关系。虽然主观异化根源存在于客观异化之中，但是，如果不能战胜主观异化就会加剧客观异化。二者应该是一个不可分割的关系整体。

沙夫站在经典马克思主义的观点重申，消灭资本主义，消除私有制，消除市场，并不能代表异化的消灭。关键是要消除限制工人"自我管理（self-government）"的社会关系模式。否则，异化依然会延伸到社会主义社会。工人"自我管理"权力的首受限是劳动分工的存在。消灭劳动分工就是要让人类不再成为机械的附庸。沙夫将希望寄托在社会科学的进步形成社会的"完全自动化（full automation）"。"完全的自动化"不只会避免生产中的专门化区分，也是一种创造。"完全的自动化"将会消除工业与农业、体力劳动与劳力劳动的区分。Blauner 认为劳动的专门化加深了工人的异化，他绘制了关于个体自由的"U"形弧线,在手工作坊劳动时代,工人的异化程度是最低的,工人拥有最大限度的自由。在机械社会尤其是流水线作业中,工人的自由降至最低点,但是随着"完全自动化"生产时代到来,曲线出现了反趋势,工人获得了新的自尊与作为个体的真实存在感。沙夫对这种观点表示赞同,虽然在现时"完全自动化"类似乌托邦的幻想,但是他预测未来五十年拥有实现的可能。科学技术的全面的进步不失为一种"去异化"的可能。马克思主义告诉人们,人类创造自己的命运,而不是求助超验的思想。在沙夫的设想中,"完全的自动化"不仅是消除经济异化与个体异化的途径,也是艺术去异化的途径。"画家或作曲家创造他们的作品,理所当然地超越了各种所谓强制的脑力劳动规则的支配。艺术创造的目标不再是通过体力或脑力影响使人类活动变得更加容易,而是引发质的飞跃,满足人类的内在需求,给予人类创造性的满足"。[①]艺术将个体从劳动中解放,艺术为人的全面发展而贡献力量,个体为了实现真正的自我价值而进行社会实践,从而使异化的个体回归到本真。个体"去异化"的过程被沙夫称为冶炼"社会主义新人"。"非异化"的社会制度将会产生一种新的"社会性格",这种"社会性格"与文化个体有关,也受社会的整体文化影响,是一种建立在社会价值系统所承认的适当模式。这种性格模式在既定的文化环境中形成,但并不缺乏自己的个性。"社会主义新人"的思想、情感、行为与社会主义的利益一致,但并不是思想灌输,而是一种发挥主观能动性的自愿行为。为了确保达到这一目的条件成熟,文学、艺术、哲学、社会科学的影响起到至关重要的作用。诚然,实现超越异化不是一个简单的行为,而是一个持之以恒的无限过程。社会的变革既要适应自身历史规律,也要符合相应的文化结构。事物处在永恒的发展变化之中。"去异化"的过程就像社会存在本身那样是漫长的过程。沙夫说,"如果生产力与生产关系不断发展,那么文化,更广泛意义的文化,也必须不停地发展。在上层建筑与基础的社会辩证法中,文化不仅仅是一种职能作用和

---

① Adam Schaff. *Alienation as a social phenomenon*. England: Pergamon Press Ltd., 1980. p. 206.

结果。而且也是上层建筑，反过来影响基础。尤其是锻冶社会性格的重要因素。"①

（三）一个"西化"东欧学者的"中国观"

沙夫在《作为社会现象的异化序言》中曾经提出这样的问题：什么与马克思主义精神一致？在理论研究中我们还可以走多远？即使在苏东剧变之后，沙夫依然坚称是"马克思主义者"，竭力反对"马克思主义破产"的观点。他对东方的崛起的社会主义国家——中国产生了兴趣。沙夫深深为自己的异化研究没有涉及到"亚洲形态"而感到遗憾。他认为中国的社会主义问题可以为马克思主义建设新型社会的发展提供一些参考。沙夫说，因为自己不是汉学家，不能把问题谈得很透彻。分析中国的社会问题是一个跨学科的理论研究，包括中国当代的文化特点与中国人的心理特点。立足文化的视角，沙夫反观中国的制度表现。沙夫对西方社会对中国社会制度的三种认识都表示出了质疑，他否定了中国式资本主义的说法，认为看待社会制度是经济基础与上层建筑两方面的综合，中国存在资本主义的发展因素，但是并不是一般西方式的资本主义。中国社会的上层建筑具有明显的社会主义性质。他又否定了中国式封建主义的说法，因为中国幅员辽阔，每个地区的历史、文化甚至语言都有所差异。存在落后的旧习残余，是世界各地的普遍现象，并不是中国社会现象的特例。谈到中国式的社会主义，沙夫认为在"社会主义"前面加上"中国式"，其基本的含义没有改变。它既表示了一定的社会主义的形式，又是从"社会主义"原本的含义的衍伸，并没有违背经典马克思主义的原则。但是由于亲历了东欧的剧变，沙夫对现实社会主义持有一种批判的眼光。毕竟，苏联式的"现实社会主义"的破产，在西方世界产生了"社会主义"崩溃的论调。沙夫坚决反对这样的论调。他强调"现实社会主义"与真正"社会主义"存在本质的不同。虽然沙夫没有明确揭示二者关系，但是历史已经证明了"现实社会主义"是对"社会主义"的异化。长期受极权主义压

---

① 陆梅林等选编《异化问题（上）》，文化艺术出版社，第 552 页。

迫的影响，使得沙夫不得不警惕"社会主义"转换为共产法西斯的异化可能。关于评价现今的中国是否是"社会主义"，沙夫并没有做出明确的回答，只是将其看作一个变革中复杂的问题，毕竟，中国社会主义的特色是中国的文化渊源与公民社会特性造成的。中国社会主义属于社会主义的新现象，不能随便套用西方的公式加以解释。

沙夫站在文化视角对我国社会制度的分析有着一定的独创性。虽然，沙夫的结论是错误的。毕竟，连他自己都觉得从西方国家的二手资料讨论中国问题有些不妥。可以肯定的是，沙夫对中国的社会制度怀有期待，尽管态度显得有些暧昧。同时，从沙夫的论述中，我们可以看到一些正直的西方学者对中国的态度。中国特色的社会主义对于马克思主义的发展来说是巨大的成功。意识形态的冲突使得西方学界对"中国特色"持有怀疑的态度，他们又将中国作为研究对象表现出极大的关注热情。"中国特色的社会主义"是西方的文化学者暂时不能理解的，它突破了以往的理论公式，走出了遵循经典马克思主义又充满自身"独立性格"的发展道路。中国特色的社会主义是政治、经济、文化、社会、生态全面发展的社会主义。中国特色的社会主义文化是人的全面发展，人的本质力量得到确证的文化。文化西方学者提出的质疑也对我们构建中国特色社会主义的理论提供完善的可能性。马克思主义中国化是一个长期的过程，植根于中国当代文化特色的马克思主义已经成为一种本土理论，这种本土化是开放的，并不是盲目排外的，任何理论只要有益于社会主义的理论都可以成为有力的借鉴。同时，我们要警惕在文化的快速发展中文化异化的发生。反异化的斗争将是一个与文化发展并行的持久过程。

第二节　科拉科夫斯基艺术与文化理论研究

本书以波兰著名思想家科拉科夫斯基为研究对象，集中探讨科拉科夫斯基的艺术及文化理论。特殊的时代背景使科拉科夫斯基的思想充满了浓郁的人文主义关怀，而对人之自由的追求则贯穿了科拉科夫斯基思想的始终。在当今世界之中，时代虽然已发生了巨大变革，但对自由的追求仍然是人类奋斗的目标，尤其是以文化与艺术作为载体表现对自由的向往最为引人注目。科拉科夫斯基的思想也随着时代的改变被赋予了新的意义，并且反作用与当代生活，成为当下人们自我反思的一面镜子。

与大多东欧新马克思主义学者一样，科拉科夫斯基的思想理路可以以20世纪70年代为界分为前后两部分，前期对集权政治的批判奠定了科拉科夫斯基理论中的核心议题，即对人的自由的探寻。这不仅是20世纪中期之前斯大林模式笼罩下的社会主义阵营国家的诉求，同样也是当下社会中的被现代性囚禁的人们所面临的问题。如此看来，历史中的人类所受到的压迫只是变幻了各种形式而已，但始终没有彻底消失过，生活在经验世界中的人们从来没有获得过真正的解脱与自由。科拉科夫斯基对艺术救赎功能及其悖论的思考，对宗教回归的呼唤及批判，对日常生活的观察与研究其实都是在为人们寻找通往自由的道路而做着努力。再者，科拉科夫斯基作为马克思主义的跟随者、修正者、出走者，其思想中包含着对马克思主义深刻而富有悖论性的思考。进入20世纪70年代以后，东欧诸多理论家已经活跃在欧美多个地区，这一时期科拉科夫斯基一方面继续他的马克思主义及社会主义研究，另一方面他也融入到一般意义上的西方马克思主义研究中，将研究领域拓展到社会批判和文化批判等更广泛的方面。

总之，全球化的影响早已将东西双方勾联在了一起，而日渐开放与多元的文化氛围也使科学、艺术、经济、信仰等不同文化领域渗透融合，相互影响。所以在这一时期展开对国外马克思，尤其是重视人之自由与发展的东欧新马克思展开研究，是极有意义的工作，它即是对马克思主义的当代阐发，也是对当代社会的批判理论。就科拉科夫斯基而言，他的美学及文化理论研究成果对于以马克思主义为指导原则，对同样属于社会主义国家的中国而言就有着启发性的意义。诚如衣俊卿所言，我国要想取得社会主义建设更高的成就，"都不能仅仅停留于中国的语境中，不能停留于一般地坚持马克思主义立场，而必须学会在纷繁复杂的国际形势中，在应对人类所面临的日益复杂的理论问题和实践问题中,坚持和发展具有世界眼光和时代特色的马克思主义,以争得理论和学术上的制高点和话语权。"①

在国外,东欧新马克思主义在20世纪60年代就引起了较大范围的关注,尤其在90年代之际,东欧的社会变革再次吸引了学界的目光,而在这种语境下成长起来的东欧新马克思主义也得到了进一步呈现。科拉科夫斯基作为东欧最重要的思想家之一,他的思想也得到了较为广泛的关注和研究。科拉科夫斯基研究范围广泛,前期的他作为马克思主义的追随者、修正者,是东欧新马克思主义的领军人物,其研究内容包括作为意识形态的马克思主义、马克思主义的人道主义等。中后期的科拉科夫斯基由于其对待马克思主义的激进态度而遭到政治排斥,因而移居英国,此后其视角与西方资本主义世界有了更为紧密的联系,这一时期的他将思想扩展到宗教研究、现代性与日常生活批评等方面。但国外学者对科拉科夫斯基思想的研究,主要集中在他作为新马克思主义者对传统马克思主义所作的批判上,并对科拉科夫斯基这一方面的著作进行了大量的译介与评论,其中以《马克思主义的主流》(Main Currents of Marxism)最具代表性,该作成为了迄今最为严密全面地论述马克思主义思想的著作之一。同时该作也探讨了实践哲学和马克思主义认识论以及艺术理论等问题,相对而言在学界的关注度还不够高。

总体来看,国外对科拉科夫斯基的研究主要集中在他对马克思主义思想史方面的研究,而且具有较强的意识形态的色彩。而对科拉科夫斯基思想中的美学及文化思想却关注不足,其思想中的艺术及文化理念也还有待进一步发掘。

我国目前还没有对科拉科夫斯基的思想进行全面梳理的著作,对科拉科夫斯基思想的研究领域尚存在许多空白,但科拉科夫斯基思想的重要性已经在国内逐步受到关注。科拉科夫斯基思想最初被引入中国,在很大程度上是因为他的马克思主义的研究成果对于社会主义的中国具有借鉴意义,所以这

---

① 衣俊卿:《全面开启国外马克思研究的一个新领域》,《当代国外马克思主义评论》,2010年第8期。

一时期对科拉科夫斯基思想的讨论也集中在马克思主义及社会主义的框架内。

现阶段,国内对科拉科夫斯基展开研究的主要学者有北京大学的衣俊卿,他的《20世纪的新马克思主义》和《人道主义批判理论——东欧新马克思主义述评》对科拉科夫斯基的思想进行了介绍和解读。并于近年来组织编译了《东欧新马克思主义译丛》,其中包含了科拉科夫斯基的两部著作:《自由、名誉、欺骗和背叛——日常生活札记》与《理性的异化:实证主义思想史》。北京大学的唐少杰对科拉科夫斯基的思想也有较详细的研究,并译介了《形而上学的恐怖》、《马克思主义的主流》这两部科拉科夫斯基的重要著作。衣俊卿及唐少杰都主要把注意力放在科拉科夫斯基的马克思主义思想上,从政治及哲学的角度发掘科拉科夫斯基的思想宝藏,其侧重点与国外对科拉科夫斯基的研究是比较一致的。此外,黑龙江大学近年来对东欧新马克思主义作出了较为系统的研究,科拉科夫斯基作为东欧最重要的学者之一,也包含在其研究范围内,但其研究方向同样集中在哲学领域。近年来对东欧新马克思主义美学思想展开较为系统研究的主要有四川大学的傅其林,在其主持下开展的国家社科基金重点项目"国外马克思主义文论的本土化研究——以东欧新马克思主义文论为重点"以东欧新马克思主义的美学研究为主要对象,这在一定程度上填补了国内对东欧文化及艺术理论方面研究的空白。而科拉科夫斯基作为东欧最重要的思想家之一,其美学及文化思想还有待详尽的探究。

总体来说,目前学界对东欧新马克思主义的研究与整个马克思主义思想史相比还显得比较单薄;对东欧新马克思主义的美学意义研究与其意识形态研究相比也显得较为薄弱。当然,这与东欧新马克思主义学者庞杂的研究领域也有一定关系。就科拉科夫斯基个人来看,他的思想虽然正逐渐被人们所关注,但就目前来讲他的著作无论是从译本还是从评论上来讲,都还十分有限,其中大量作品及讲稿还没有被翻译成中文,这也使中国学界对他的研究造成了一定阻碍。而目前仅有的一些经过翻译的作品也还缺乏系统的阐述和研究。而其中研究者的主要目光都聚焦在意识形态理论方面,对其文化艺术

第四章 波兰哲学人文学派美学

理论的研究还显得十分贫乏。

本书将通过对科拉科夫斯基重要著作的研究来厘清科拉科夫斯基美学思想中的人道主义情怀，及对自由的不懈追求。主要涉及著作包括《马克思主义的主流》（1992）、《形而上学的恐怖》（1999）、《宗教：如果没有上帝》（1995）、《自由、名誉、欺骗和背叛——日常生活札记》（2011）《经受无穷拷问的现代性》（1990）、《柏格森》（1911）、《与魔鬼的谈话》（2007）等。通过对著作及资料的研究对科拉科夫斯基的文化理论进行一次较为全面彻底的梳理分析。

自由作为科拉科夫斯基文化研究中最为重要的范畴，不仅体现了他对马克思主义的人道主义精神的把握，更体现了马克思主义在东欧特殊语境下的发展演化。纵观科拉科夫斯基的美学思想，动态性是鲜明的特征之一，从对马克思主义的态度来讲，科拉科夫斯基发生了从信奉到背离的转变，从研究内容来讲，科拉科夫斯基发生了从东欧美学向全球文化的转变，这些转变与其生命中不同阶段的境遇有着密切联系，因此对科拉科夫斯基思想的研究不能得出铁板一块的结论，而是应该将其思想要点置于当时的语境中作出灵活的动态性的理解，这种充满批判性和时代性的研究方法也是科拉科夫斯基自身推崇并采用的研究方法。

但是，无论在科拉科夫斯基哪一研究阶段，也无论其研究的具体对象，人道主义始终都是贯穿其中的红线。科拉科夫斯基在后期之所以与马克思主义决裂，正是因为后期的马克思主义从人道主义走向了阶级斗争。在科拉科夫斯基看来，这是研究对象出了问题，他认为马克思思想真正的精髓就在早期对人自身的关注，这也是我们这个时代的主题。值得注意的是，科拉科夫斯基思想中虽然一直将自由视为人之存在的最重要价值，但也清楚地认识到自由对于现阶段的人类而言具有乌托邦的色彩。因此在他的思想中存在着追求与幻灭、幻灭与救赎的悖论性特征。科拉科夫斯基一生中研究内容不拘一格，庞杂纷呈，其中包括马克思主义思想、宗教研究、艺术理论、日常生活批判等，本书选取其中最能代表科拉科夫斯基整体思想的部分加以研究，力求为其庞杂的思想触角梳理出"自由"这一隐含的主线，并将从文化研究的视角出发，兼顾到与此相关的艺术理论，对科拉科夫斯基的自由理念进行剖析，从而达到对科拉科夫斯基文化艺术思想的较为全面的认识。

本书拟从三个部分对科拉科夫斯基的思想展开阐述，这三个部分层层演化推进，最终达到较为清晰的呈现出科拉科夫斯基思想理路的目的。第一章将对科拉科夫斯基的马克思主义思想进行总体的梳理，在对这一部分的梳理中，可以较为明晰地看到科拉科夫斯基对传统马克思主要思想的沿革与反叛，并最终导向他走上人道主义的马克思主义的道路，这也是展开后文讨论的基点，即自由作为个体发展的必要因素，对于抗击异化的重要意义；以及在当下理性主义横行的社会中，个体自由的缺失所导致的经受无穷拷问的现代性。第二章将对科拉科夫斯基的文化异化理论展开进一步阐述，人在根本上的不自由是引发人类走向异化的罪魁祸首，而异化现象已经渗透到人们日常生活的各个方面，拜物教的盛行、艺术本质的扭曲、计算功用的膨胀，我们的日常生活正在异化中走向沦陷，而人之为人的自由也在异化中一步步走向消逝。这一部分集中表现了科拉科夫斯基对现代文化境况的忧虑。第三章则是针对上述问题提出科拉科夫斯基的解决途径。作为宗教学家的科拉科夫斯基把宗教视为打破异化统治的重要缺口，宗教作为截然不同于理性的一种文化形式，是现代文明中唤起人类自我意识的不可或缺的存在。而笑作为一种滑稽形态，则是人们对已经畸形的思想形态的一种矫正。科拉科夫斯基对宗教神话及笑的研究并不是止步于片面的形式研究，而是更向里走了一步，旨在揭示其背后的隐喻，使人类走出禁锢，为通向恒久的自在的精神家园提供出可能的途径。最后的结语部分对科拉科夫斯基的思想作出总结，着重梳理科拉科夫斯基观点中的悖论与张力，通过整理科拉科夫斯基思想中的龃龉，就不难理解在现代社会中，人类追寻自由的所要面对的矛盾与困境。

一、自由的追求：科拉科夫斯基美学思想中的个体意识

东欧新马克思主义既然是对传统马克思主义的发展与革新，那么必然在传统的马克思主义思想中注入了新的内涵，同时东欧新马克思主义也并不等

第四章 波兰哲学人文学派美学

同于一般意义上的西欧马克思主义。它的产生具有与西欧马克思主义相似的时代背景,但西欧面对的是资本主义世界的发展困扰,而东欧新马克思主义面对的更紧迫的问题则是社会主义语境中的集权统治,在这一背景下,对自由与人性的渴望就成为东欧新马克思主义最鲜明的特质。对个体自由的追求也是科拉科夫斯基美学思想中最为突出的特征,这与当时整个东欧特殊的文化氛围有密切的联系。东欧新马克思主义兴起的直接原因——苏联斯大林模式的刺激——使其理论体系中必然把对教条主义和官僚主义的反抗作为思想核心。斯大林模式高度集中的政治经济统治同样延伸到文化领域,造成了对人民思想的禁锢,而苏联模式最终的失败也宣告了这种形式的马克思主义是行不通的。

就科拉科夫斯基个人而言,他最开始为大家所熟知是作为一位马克思主义者,但这一名号仅仅只能定义科拉科夫斯基初期,作为苏东正统马克思主义者的身份。我们决不能将科拉科夫斯基的身份用一个简单的名词加以定义,因为对于马克思主义,他的态度呈现出明显变化的趋势。科拉科夫斯基对于正统马克思主义的第一次反叛的直接导火索是相继发生的波茨南事件与波兰事件,苏联模式的破产使身为马克思主义信奉者的科拉科夫斯基开始对马克思主义产生了批判性思考。这一时期,他认识到列宁主义与斯大林主义其实都不是真正的马克思主义,而是本土化甚至是扭曲化了的马克思主义。1959年,科拉科夫斯基发表了《卡尔·马克思和对真理的古典定义》一文,真正在严格意义上划分了马克思主义与列宁主义及恩格斯思想的界线。科拉科夫斯基把马克思主义视为一种科学的方法论,而不应该被强行冠以政治的名头,因此他主张回到马克思主义本身,并从青年马克思的思想中寻找理论支持,其中青年马克思对于人的解放与自由的主张便成了科拉科夫斯基最锋利的武器。同时,作为波兰哲学人文学派的代表,科拉科夫斯基的文化及美学思想也具有浓厚的哲学色彩,他思想体系中的自由意识就受到来自于黑格尔、马克思及现象学等多方面的影响。

(一)对传统马克思主义的沿革:人道主义的马克思主义

整个东欧新马克思主义所呈现出的最为鲜明的特征就是其理论体系中渗

透着浓郁的人文关怀，这也是东欧新马克思主义又被认为是人道主义的马克思主义的原因。科拉科夫斯基作为东欧思想界的代表，也始终坚守着人道主义的信条。

东欧新马克思主义在传统马克思主义看来不免带有一些"离经叛道"的意味，这跟他们所处的时代历史环境不无关系。20世纪前期，斯大林模式的弊端日益暴露，高度集中的政治经济体制不仅抑制了社会的正常发展，也成为禁锢人民思想的枷锁，人的主体性在这种高压模式下完全无法张扬，这也是东欧新马克思主义崛起的最主要的驱动力。在东欧思想家们看来，这种政治强压已经对马克思思想的人道主义和民主意识造成了严重破坏。因此，东欧新马克思主义的矛头就无疑指向了这种教条主义的马克思主义，他们成为了社会主义阵营内部对斯大林主义的思想反叛者和激进的反教条主义批判者，从而在50年代形成了"非斯大林化"的浪潮。而事实上，作为马克思主义的信徒，这一时期东欧新马克思主义者所做的反抗也都是为了坚守他们的理论核心，即秉承青年马克思主义的人道主义传统，他们认为马克思主义是人道主义的理论，而后来延伸出的马克思列宁主义和斯大林主义"所主张的等级制的和官僚化的政治结构用周期性地增加消费来抚慰被异化的工人，并进一步认为，列宁主义已不再是一种对真正马克思主义的正确'修正'。"[①]因此，东欧新马克思者所要做的就是使马克思主义"回到马克思"。马克思坚信的是，通过社会主义的革命与建设，能够最终使人走出异化的压制及政治的抑制，实现全人类的解放，从而让人能够释放自己的潜能，自由地创造自身。这也是科拉科夫斯基所秉承的马克思主义中最核心的部分。

20世纪50年代，科拉科夫斯基在苏联留学期间充分认识到斯大林式的马克思主义已经悖离了马克思主义的思想要义，这种集权性的政治严重违背了马克思主义关于人的自由的理解，是对马克思主义的扭曲。而此后发生的波兰事件再次证明了苏联模式集权政治的失败，这也从根本上改变了科拉科

---

① 〔加〕本·阿格尔：《西方马克思主义概论》，慎之 等译，中国人民大学出版社，1991年版，第294页。

第四章　波兰哲学人文学派美学

夫斯基的思想轨迹，使他彻底转向人道主义的马克思主义，并以理性的马克思主义来批评教条化的马克思主义，真正使马克思主义成为一种方法论。科拉科夫斯基认为只有用马克思主义的视角来看待世界才能使整个人之存在的过去、现在和将来连缀起来，才能使这个世界具有总体性，从而才能实现人的意义的建构，因此真正对待马克思主义的态度应该是将其视为信仰，而非规则体系。

如果说斯大林主义是引发科拉科夫斯基走向人道主义的马克思主义的客观导火索，那么从主观上讲，青年马克思的思想和以卢卡奇为代表的早期西方人本主义马克思主义则是科拉科夫斯基极具人文气息马克思主义的两股源头活水。

科拉科夫斯基思想源泉之一是青年马克思思想中的关于人的理论，马克思的人本主义思想主要体现在从《博士论文》到《共产党宣言》期间的作品中，而自由乃是人之本质的最恰当的彰显，"自由是人的自由，人类追求自由的过程就是人类不断超越必然性的过程，也就是人的自我实现的过程。所以马克思的自由是与行动、与革命紧密结合的。马克思自由观是人类思想的精华，要想超越它，或回避它而解读人类社会的发展无疑是不可能的。因为它是人类自由与解放的真正科学的理论。"[①] 在这一时期，马克思还没有将注意力集中在后期最为引人注目的阶级斗争方面，而是着力对人的本质与人的存在加以思考，对资本主义世界中用劳动创造物质，反倒被物质所操控的人们发出异化的警示。因此，青年马克思主义思想中的人道主义精神也成为了科拉科夫斯基展开其文化批判的出发点。早期马克思的思想深受黑格尔的影响，最核心的一点在于二者都表示了对人之存在的深切关注，但是黑格尔的思考带有强烈的理性色彩，而马克思则是把人置于现实世界中加以考量。新马克思主义继承了这种人本主义精神，并更看重现实世界中实践着的人，因而整个新马克思主义也被概括性地认为是"黑格尔式的马克思主义"。科拉

---

① 《马克思恩格斯全集》第1卷，北京：人民出版社，1956年版，第77页。

科夫斯基在概括马克思主义时认为浪漫主义、救世情怀与理性启蒙是其最显著的三大文化动机，其中浪漫主义与救世情怀都可以追溯到黑格尔思想，这二者也是包括科拉科夫斯基在内的东欧思想家们从马克思思想中秉承的精华。由此也可窥见黑格尔思想、青年马克思主义以及新马克思主义三者之间一脉相承的联系。在科拉科夫斯基的整体思想中，黑格尔思想的踪迹是时常可见的，其中最为突出的表现就是对自由，即人的自我意识的强调。在黑格尔那里，人之意识是超越一切的根本所在，而外在的经验世界反而是精神，即意识的阻碍物，因此，黑格尔追求的是一种绝对的精神的自由。青年马克思对黑格尔这种的观点既有汲取也有否定，他认为人的精神进入经验世界，其实是对经验世界的一种创造，是对世界平衡的打破，在人与世界互动中，人的精神仍然占据了主导，这是对人类力量的肯定。科拉科夫斯基基本延续了马克思的这一思想，他赞同马克思思想中对人之力量的肯定，认为黑格尔的精神第一性原则其实是将作为人类的产物的精神置于人类自身之上，这是一种本末倒置的体现。从黑格尔到马克思，再到科拉科夫斯基，他们都是人道主义的呼喊者，坚持"人是唯一的价值，其他一切都是当作手段的从属的东西。"[①]但科拉科夫斯基的独到之处就在于他更加看重个体的人的实践能力和认识能力，他认为的创造能力和主动意识是不受其他条件制约的，在追求自由的历程中，人之潜力是无上限的，但人必须通过实践这一中介将自身与外界联系起来，这也造就了科氏的实践的艺术观与思想观。在这一点上，科拉科夫斯基深刻地受到了马克思的影响，马克思就比黑格尔更为关注现实世界中实践的人，这也是马克思主义最可贵的突破，科拉科夫斯基之所以站在马克思的一方，是因为他认为只有将人置于他们所处的现实世界中来理解，才是这场讨论的真正意义的回归。马克思认为人的存在具有偶然性，因为现阶段人类的状态是与其本质所不符的，而导致这种偶然性的原因就在于异

---

① 〔波〕科拉柯夫斯基，《马克思主义的主流》（一），马元德译，台北：远流出版事业股份有限公司，1992年版，第140页。

化,人们无力选择自己的处境,只能被动地接受这种奴役。他认为人类只有"意识到自己是本质的人,那时思想和行动将不再有所区别,思想与行动都无差别地共融于人们的生活之中了。"①人类才算得到了自由,并且消除了个人存的偶然与异化,达到主体与客体的真正融合。科拉科夫斯基也看到了人的这种未完成性、不完美性,认为人处于一个没有完结的结构之中,这种偶然性是必然存在的。为此他也提出了克服这种偶然性的方法,即用艺术与宗教等审美体验来实现终极的救赎,重塑人的本质,使人不再是偶然的无根的存在,科拉科夫斯基将这看作人类走向完美的方法。为被奴役的人类提供一种通往自由的可能,这也是科拉科夫斯基展开文化研究的根本意义所在。

科拉科夫斯基的另一重要的思想源泉便是以卢卡奇为代表的早期西方人本主义马克思主义。在东欧反对斯大林化的斗争中,卢卡奇是一个先锋式的人物,他的思想中对人性的尊重与对自由的追求也是东欧整个社会主义批判的理论支柱之一。而对科拉科夫斯基而言,卢卡奇的总体性思想、人本主义思想以及批判性思想可谓是影响最为深刻的三点。卢卡奇主张用结构主义的眼光来审视资本主义世界中的人的境况,寻求一种"整体的人",并将社会的各个层面视为有机的结合,认为整个社会包括人性在内的物化是导致人类不自由的根源,而物质世界的物化也必然扩展到精神领域,形成意识形态的僵化,因此他力求通过审美为人们提供一条通往自由的路径。在卢卡奇的美学理论中,寻求对资本主义的文化危机的救赎是其最终的归宿,而"人本主义"就是这条救赎之路的核心因素,在《审美特性》中卢卡奇就对艺术的人道主义做了系统的阐释,他将艺术看作是人所必须的对乌托邦的构建,是与现实相抗衡的、去拜物教的必由之路。同时通过艺术这一载体实现对人之记忆的保存,这种记忆具有历史的维度,最终达成对整体性的构建。根据这一思想指导,在艺术实践中,卢卡奇对现代主义艺术持反对的态度,因为现代主

---

① 〔波〕科拉科夫斯基,《马克思主义的主流》(一),马元德译,台北:远流出版事业股份有限公司,1992年版,第132页。

义艺术不可避免的会表现出资本主义特质——碎片化的社会面貌以及拜物化的审美倾向。在这一类艺术形式中，人的地位被无形放低，人的自由也就无从谈起，因此为了警醒身处现代社会中的人们，归复人在现实中的主体位置，卢卡奇提倡的是一种能够揭露资本主义社会劣行的现实主义艺术。科拉科夫斯基在《马克思主义的主流》中也坦言卢卡奇这种对马克思主义美学的建设性解释对他自身乃至整个东欧新马克思主义美学的发展都具有深刻影响，他认为现实主义的艺术是一种与现代主义艺术相对立的艺术形式，能有效遏制现代主义所带来的支离破碎，实现对人之总体性的弥合。因此在科拉科夫斯基的艺术理论研究、宗教研究，以及日常生活研究中我们都可以或多或少地看到卢卡奇的影子。

从马克思到卢卡奇，人的"异化"问题成为了最引人注目的议题，而这也是科拉科夫斯基关于现代性理论中所要探究的关键性问题。所谓的异化，简言之就是人在发展过程中被他们自己所创造出来的东西所奴役，从而失去人之为人的自由本性，成为物化的人。在资本主义世界中，资本的积累从手段变为了目的，在人们无休止的追求资本的过程中，人类成为资本的奴隶，劳动的本质被异化。这也是科拉科夫斯基所关注的重点。异化在不同的时期具有不同的表征：在较早前高度集中的苏联模式时期，异化与政治联系更为紧密，人们成为高度集中的政治经济体制的奴隶；而在现代社会，异化与经济联系更为紧密，人们成为拜物教与消费社会的奴隶。随着时代的变迁，束缚人类自由的异化也变换了不同的形式，科拉科夫斯基也针对不同的语境对此作出了不同的阐释。因为在科拉科夫斯基看来，任何社会形态都不是先验性的，而是在人的创造性中得以产生的，新马克思主义就是要将马克思的方法和概念在新的研究领域加以应用，这也是对马克思主义整体性的实践。"由于劳动以其特有的人的形式而进行，由于在劳动之前已在头脑中建立起了目标，历史便成为人类的创造。"[①] 不同时期的人类劳动创造了不同的社会语境，

---

① 〔德〕W.查德马赫：《新马克思主义的自由观》，波兰《辩证法与人道主义》杂志，1990年，第3期。

第四章 波兰哲学人文学派美学

因此对于马克思学说的理解也不应该是铁板一块，而是应将其视为一种灵活的指导，在这一点上科拉科夫斯基继承了卢卡奇的灵活的批判性观点，但同时他也认识到任何批判理论都不是一成不变的，卢卡奇观点所指涉的对象也只是"那个特定的历史社会，即在现形式下的资本主义世界。那个社会阻碍人的发展，有使世界返回到野蛮状态的危险。批判理论寻求另一种社会，在这种社会里人能决定自己的命运而不受外在必然性的支配。在未来的社会中，将不存在必然和自由之间的差异。"[①]因此批判理论虽然是特定社会的产物，但它追求的是独立在"社会以外"对现行社会形态的批判，而最终的目的是要寻求一个终极自由的社会。

从信奉到修正，再到最终的出走，而随着20世纪70年代《马克思主义的主流》的出版，他在书中宣告的马克思最终走向"崩溃"结局也使他被认为正式放弃了对马克思主义的追求。这一方面是由于在他看来马克思主义所想要创造的社会形态是乌托邦式的，另一方面也是因为后期马克思转向阶级斗争，这在指导实践时与自由与解放的本质已经发生了偏离。但是从马克思主义者的身份中脱离出来的科拉科夫斯基并没有中断对马克思主义的研究，而是站在一个客观的学者的角度来审视马克思主义的历史性意义与时代性局限。但无论他对待马克思主义的态度发生怎样的转变，有一点是肯定的，那就是他对青年马克思的人道主义精神始终坚定不移，并以此作为他整个思想体系的温床。

（二）对个体自由的追求：通向总体自由的路径

科拉科夫斯基的美学理论仍然是一种结构主义的美学理论，自由作为其美学思想中的重要范畴必须要被置于总体结构中来考察才能还原其完整的意义。对总体性的追求在科拉科夫斯基的先导马克思与卢卡奇的理论中已经占有相当重要的位置，"只有辩证的总体观才能使我们把现实、客体理解为社会

[①]〔波〕科拉科夫斯基、张庆熊：《法兰克福学派和批判理论》，《现代外国哲学社会科学文摘》，1982年，第12期。

过程,从而揭开资本主义生产方式所必然产生的商品、货币、资本等拜物教的谜底。"① 在科拉科夫斯基的美学中对自由的总体性的理解可以从由表及里的三个层面来看,一是使破碎的个体结构回到完整统一的总体状态。以科学主义、工具理性、拜物教为特征的现代社会中,本应该作为整体而存在的个体被划分得破碎不堪,人类自身被外部力量操控,自由成为奢侈。二是使分离的众多个体融入一个和谐的关系整体。在浪漫主义者看来"真正的集体生活正在消失。"② 现代社会中集体生活赖以维系的文化动机——道德,正在被逐渐瓦解,取而代之的是人为的利益关系,人类之间天然的有机结合已经被打破。"社会是一个人工的创造物,是为了约束人的天生的自私、贪婪和残暴的天性,以部分自由为代价而换取所有人的安全的一种立法制度。"③ 三是总体性最本质的内涵,即将整个社会看作一个整体构成,在结构性的关系构成中发现主体与客体的相互作用,使人实现全方位的解放。

科拉科夫斯基之所以要在总体性中探索自由的出路,是因为在现代语境中,主体的自由已经被客体严重阻碍,甚至沦为社会关系的牺牲品。传统马克思主义对资本主义社会的这一弊病加以揭露,将人看作是社会—历史结构的产物,这纵然是对人的关注,但却是将焦点放在大写的人上。而科拉科夫斯基却摒弃了传统马克思主义的这种研究视角,将重心放在作为个体的人身上,把人与人之间的关系问题视为人之存在的重要载体,并以此为切入点来讨论人之自由问题,在他看来,个体的选择与行为才是铸造客观历史的最直接因素,只有将个体自由从被压制的角落挖掘出来并给予关注,才能够真正找到一条通向大写的人的整体性自由的之路。因此对科拉科夫斯基文化理论进行研究的首要步骤就是厘清"自由"在其文化理论中的基础性作用。

自人类诞生以来,对自由的本能的渴求就从未停止过,因此对自由的思

---

① 孙伯鍨:《卢卡奇与马克思》,南京大学出版社,2000年,第81页。
② 〔波〕科拉科夫斯基:《马克思主义的主流》(一),马元德译,台北:远流出版事业股份有限公司,1992年版,第463页。
③ 胡蕊:《科拉科夫斯基对马克思思想的理论来源与文化动机的考察》,《学术交流》,2012年,第8期。

第四章 波兰哲学人文学派美学

考也反映出对人之存在的思考。科拉科夫斯基对自由的认识在基本出发点上与赫斯是大致相同的,赫斯认为"自由的精神由自己的思想和行动的一切对象会认出本身,从而使整个世界成为自己的;自己和人、或一个人和另一个人的相异不复存在;人会真正熟悉宇宙。"[①] 这里,赫斯是在政治视角下来论述自由的,他把自由的实现看成是实现共产主义的先决条件,认为当自由真正为每个人所拥有时,人与自身以外的异质性的特质就将被打破,实现个体与个体、个体与外界的融合。一言以蔽之,赫斯认为自由是跨越异化走向"完美社会"的重要步骤。这也是科拉科夫斯基对自由的研究的基本观点。但赫斯对自由的理解始终是站在一种宏观视角,而科拉科夫斯基则经历了一个从细腻微观向最终整体过渡的过程。

科氏认为,人们往往只看到了单纯的自由的选择性而忽视了它的创造性特征,以至于"自由"的观点常遭到决定论者的质疑,决定论者将凡事的发生都归咎于逻辑的联系,一定的条件与原因必然带来相应的结果,根据这一观点来看,世间的一切事物都已经被外在的逻辑所圈定,按照因循的轨迹进行,人的意志并不能改变事物运动的轨迹,自由选择也就无从谈起。针对这一点科拉科夫斯基就鲜明地指出,这种观点是典型地忽视了自由的创造能力。"自由不只是在既定的种种可能之间进行选择的能力(ability);自由还是创造相当新颖、相当难以预测的情况的那种能力(capacity)。"[②] 这就是说,人的自由并不仅仅是在已有条件中发生作用,而更重要的是具有创造与生产的能力。人的意志的自由虽然受到外界因素的限制,但这并不意味着人在世界中就处于被动状态,一方面人可以根据自己的自由意志创造条件,另一方面人仍然保有自由选择的意愿与权利。在科拉科夫斯基看来,那些无需经过选择或创造的本能欲望是不能与人类特有的自由混为一谈的,对欲望追求只是人之动

[①] 〔波〕科拉科夫斯基,《马克思主义的主流》(一),马元德译,台北:远流出版事业股份有限公司,1992年版,第132页。

[②] 〔波〕莱泽克·科拉科夫斯基:《自由、名誉、欺骗和背叛——日常生活札记》,唐少杰译,黑龙江大学出版社,2011年版,第73页。

物性的体现,而只有选择与创造才是人区别于其他生物的根本所在,自由对于人来说也绝非可有可无。自由意识表现了人天性中对自由的遵从,这是人与生俱来的能力,在这一点上科拉科夫斯基认为自由带有一种直觉性的特征,虽无法通过科学理性的方式加以证明,但是却真实地存在并作用于每一个人。而这一点也恰好揭示了文艺创作的实质,即自由的创造与展现;同时也投射出审美活动的意义所在,即在对象化的外观中得到心灵的满足。人道主义的艺术就是要克服物化社会对艺术创作及审美选择的影响,使艺术回归其本来的意义,成为自由的载体,成为联系主观与客观的中介。艺术应该以其反映现实、忠实内心的本质特征成为现实社会的柔性矫正器。因此,当现实对人之自由的本性造成压制时,自由的枝蔓便从另一片天地成长起来,形成艺术的奇观。从这个角度来看吗,艺术使破碎的"人"具有了回到"总体"性的可能。

其次,从涉及领域角度来看,自由又可分为一般意义上的个体的自由(Liberty)以及社会活动的自由(Freedom)。科拉科夫斯基注意到,大多数情况下人们所讨论的对象仅是指个体的自由,在谈及自由意志与自由选择时往往也只局限于在个体范畴内对其进行讨论,而社会活动中的自由却成为被忽视的对象。社会活动的自由是指作为群体的人在更宽广的意识形态领域中的自由。科拉科夫斯基对这一点的重视与他所处的社会历史语境有着极为紧密的关系,正是斯大林模式的高压严重破坏了社会结构中的自由因素,人之自由遭到整体性的社会化的挑战,才引起了对科拉科夫斯基对社会活动中的自由的关注。由于在社会活动中,意识形态的控制不可避免地关涉到一部分人的选择权力,所以这也给作为个体的人的自由带来了一定阻碍,也就是说当把自由置于社会生活的范畴中加以讨论时,它实际是指"法律允许我们进行我们自己选择的自由。"[①] "法"为自由圈定了"合理"的范畴,这与自由本

---

① 〔波〕莱泽克·科拉科夫斯基:《自由、名誉、欺骗和背叛——日常生活札记》,唐少杰译,黑龙江大学出版社,2011年版,第77页。

第四章 波兰哲学人文学派美学

身就形成了一组悖论。在阶级社会中,这组悖论是必然存在的,也是可以被调和的,因为权力机制是社会正常运作的保障,只有当权力控制膨胀到一定程度时,寻求自由的个体才会与之形成不可调和的矛盾,要求改变权力控制的社会革命也就会随之爆发。那么,在可承受范围内个体又如何消化这种抑制呢?上述所论及的自由的另一属性——创造性,便是途径之一。人们通过创造性思维,将他们在经验世界受到的抑制投注到精神思维的领域,如艺术、宗教等,以达到内部自身与外部世界的平衡。这也是往往严酷与浑噩的社会背景下能够产生出伟大艺术与思想的原因。所以当自由意志在一方(如社会环境等外部条件)被限制之后,人们总是试图在另一方(如思想艺术等内部环境)将其挽回,这足以证明自由对于人之存在而言的不可或缺的重要条件,它不仅是维护个体平衡的必要手段,也是维护社会稳定的隐形支架。然而从反面看,正是因为受限才使自由真正具有了意义,"自由,在或大或小的程度上,只能存在于某些事情被禁止而另外一些事情被许可的地方。"[①]因此,也是社会中法律、道德等意识形态上的限制才赋予了自由社会意义。

最后,个体的自由与社会活动的自由是整个人类存在的两个范畴,共同组成了对自由的定义,这二者之间并不存在着谁决定谁的问题,而这也是大多数人会产生误解的地方。他们认为在个体的本能需求得不到满足的情况下,自然也无暇顾及社会境况,从而社会活动中自由对他们而言也是无意义的,这种盲目将自我的随心所欲视为自由的第一性的思想是具有明显的狭隘性的。针对这一点科拉科夫斯基明确指出,社会活动的自由程度可以对个体的自由程度起到反作用,一个相对自由的社会能够激发个体对自身境况进行改善。而在集权社会中,社会活动的自由因子极低,个体选择与创造的条件被剥夺,这将最终导致人们对该社会形式的反抗。因此,一个社会的管理者

---

① 〔波〕莱泽克·科拉科夫斯基:《自由、名誉、欺骗和背叛——日常生活札记》,唐少杰译,黑龙江大学出版社,2011年版,第76页。

应该尽可能为公众提供允许范围内的自由的空间。然而，尽管自由于人而言是不可或缺的重要因素，但并不代表越多的自由就越有益，这也就引出了另一个重要问题，即，究竟获得多少确切的自由才是合理的。而这个问题在实际中却是无法得到解答的。一方面，人们并不能总是清晰地判断自己怎样的选择才是正确的；另一方面，选项越多并不意味得到的更多，甚至会带来反向的结果。现代性社会为人们提供的纷乱拼贴的景象盛宴就是典型的例子，当人们拥有了更多选择项目时，选择的能力与意志反而下降了，成为被动沦陷的接受者。因此，人们甚至会不自知地放弃自由选择的权利，尽管放弃这一行为本身终究也是人自由选择的结果。

从宏观的角度看，科拉科夫斯基倡导个体自由的最终目的是要实现人类的整体的自由。

首先，在传统的马克思主义看来，暴力革命是推翻压迫实现人类自由的重要手段，这种观念有将自由局限于政治层面的嫌疑。在以科拉科夫斯基为代表的东欧新马克思主义者看来，政治革命只是实现人之自由的途径之一，而绝非全部，自由包含有更为广阔的意义，而最为重要的是自我意识层面实现人的全面解放，使人从物化的现状中解放出来，达到心灵与行动的统一，实现人性的复归。这种变革必须是一种结构性的、总体性的变革，需要从个体心灵走向总体人类，从政治层面走向整体构建，要达到这样的目的仅靠暴力革命是难以为继的，必须给予文化、艺术等内在的精神层面以更多的关注，充分发挥它们作为总体的黏合剂的作用。

其次，如果说20世纪70年代以前，科拉科夫斯基等东欧新马克思主义者的目光主要集中在东欧本土，针对高压政治这一特殊语境展开对集权政治、意识形态的批判，以期达到局部的社会主义改革中的自由。那么70年代以后的他们则将目光投诸于更广泛的全人类的视角，对辐射整个东西世界的技术理性、大众文化、异化现象展开批判。在工业文明的影响下，现代社会中的人对于真正的自由的理解已经完全扭曲，这也是科拉科夫斯基在其批判理论中所流露出的忧郁所在。马克思在对资本主义的批判中认为，工业文

第四章　波兰哲学人文学派美学

明造成了对人的本质破坏,"这种文明使人异化为无个性的、无名状的'物',主张回归个人与共同体之间以及个人与个人之间没有任何中介的东西(如国家)的完全和谐状态。"① 在当今物质世界中的人们将追求大量财富与占用新奇事物作为前进的动力,其实这很难算得上是一种前进,因为实质上他们所迈进的方向并非是自发的内心的自由选择,而是受控于整个社会营造出的生产—消费模式,这也使自由意义上的人变成了商品意义上的人,最终导致的结果也并不是实现马克思所说的人的全面自由。自由只有与社会的发展相结合,与人为争取自身的生存所进行的实际斗争相结合,才能得以真正的实现。而现实却在向着恰恰相反的方向发展。

最后,通过对自由的追求实现人类的整体解放其实也是科拉科夫斯基对于马克思主义思想的延续,尽管后期的科拉科夫斯基将马克思主义视为一种乌托邦的幻想,从而放弃了以无产阶级革命的方式达到解放人类的目的,但他始终没有放弃对整体自由之路的探索,诚如马克思在《共产党宣言》里的郑重声明:每一个人的自由发展是一切人自由发展的条件。因此对个体自由的尊重是达成整体自由的必经之路。当科拉科夫斯基的思想与西方世界相碰撞时,他展开了对资本主义及现代性社会现状的批判。在全球化的今天,资本主义世界以其强大的经济后盾软性或硬性地用其价值观影响着世界,因此对它的批判是对现阶段人之现状的最真实、最直接,也是最全面彻底的揭露。

总体来看,科拉科夫斯基对人的研究虽然没有完全遵从马克思主义路子,但从思想本质来看仍然与马克思主义有吻合之处。在科拉科夫斯基看来,马克思的思想中具有一种普罗米修斯式的救世情怀,即一种总体的救世情怀,个体最终应实现与整体的完全融合,消除分化与异化。在马克思看来这个结果的达成依靠的就是无产阶级的力量,这是马克思站在阶级立场上的看法。但抛弃阶级意识,从更本质的角度来看,这一救世目标的实现依靠的

---

① 复旦大学当代马克思主义研究中心编,《当代国外马克思主义评论》(第二辑),复旦大学出版社,2001年版,第106页。

就是人类自身的自由意识所带来的无限的创造力。因此,马克思所期望的人类的整体解放同样是科拉科夫斯基的终极目标,只是二者为达成这一目标所采取的路径不同。马克思把阶级斗争作为武器,而科拉科夫斯基则转入了更能与时代特征相结合的文化艺术研究、日常生活研究和现代性研究。

二、自由的沦陷:渗透入日常生活的文化异化

进入 20 世纪以来,美学家们的关注点逐渐向生活世界转向,美学不再局限在形而上的框架中,而是介入到现实存在的日常生活中,试图为人们的精神世界寻找出路。日常生活研究几乎在同一时间在东西欧乃至全球范围内掀起热潮并非不是没有原因的。一方面,进入工业社会以来,面对全球的高速发展这一整体语境,技术理性批判、大众文化批评和启蒙现代性等现代性问题不仅困扰着西欧世界,也成为东欧所面临的重要问题。另一方面,由于东欧特殊的历史背景,即曾受到"斯大林主义"集权控制的深重压迫,东欧新马克思主义比西欧新马克思主义更为强烈地对个体自由的渴望,这一点也是对东欧新马克思主义前期理论的延续。而随着时代的发展,东欧新马克思主义与整个世界马克思主义的研究有着越发紧密的联系,其原因有二:一是 20 世纪 50 年代后,东欧对斯大林主义的失望使其期望在外部找到一种依靠,诚如卢卡奇所作的比方,"当社会主义国家的人们对斯大林主义歪曲马克思主义感到失望的时候,他们转向西方哲学,这是可以理解的,这很像一个遭到自己丈夫欺骗的女人倒入任何人的怀抱,道理完全一样。"[①] 二是进入20世纪 70 年代以后,东欧新马克思主义学者多分散在欧美各地,其研究领域也进一步拓展。从科拉科夫斯基自身经历来看,1968 年他由于发表抨击当时波兰政府的演讲而被革职,然后移居英国,这一转折也使他的研究领域进一步与西方资本主义世界接轨,他此后的启蒙现代性、理性主义及日常生活研究也颇为引人注目。值得注意的是,他的这些研究始终都坚持以自由与民主为落脚点,从这一点看,他后期的研究其实是对前期的拓展与深化。

---

① 〔匈〕卢卡奇:《卢卡奇自传》,李渚青、莫立知译,社会科学文献出版社,1986年版,第42页。

(一) 自在的场域及其悖论：日常生活批判

自17世纪以来，启蒙运动的发起使基督教神权在西方世界的霸权地位明显削弱，取而代之的是理性精神的崛起。然而随着西方世界的迅猛发展，尤其是自然科学取得的卓越成就，理性的功用开始不断膨胀，甚至被神化，功能性成为了人们衡量一切事物的统一标准，而计算成为了确立一切标准的手法。原本作为对神权的反驳而被倡导的理性，在当今社会却发展成为了一手遮天的理性主义，并且渗透到日常生活的各个层面。原本是为了摆脱神权的掌控的人们，在打破了一种桎梏之后，又不幸掉入了另一个樊笼，而这样一个樊笼却是人们在通往自由的路上一手为自己打造的，这就是现代性所带来的后果，而这种事与愿违的悲剧便是我们今天所要面对的文化异化。

文化异化现象已经渗入到日常生活中的各个方面，或者说现代社会之中对异化现象的研究已经不再是站在形而上的高度进行宏观概述，而是回归到现实生活当中考察异化对现实文化的影响。科拉科夫斯基对日常生活世界的研究也是他现代性理论的重要组成部分，和大多数西欧马克思主义学者一样，科拉科夫斯基认为理性与工业的发展将我们本该完整的世界割裂开来，人类的文化根基在现代性社会中慢慢腐蚀改变，异化在生活的方方面面蔓延，并影响人类的精神世界。针对这种情况，现代性中日常生活的批判也自然成为整个东欧新马克思主义的一项重要内容。东欧新马克思主义诞生之初就把"教条主义"作为抨击的首要对象，因此在它的整个发展历程中，对现世的关注，对现实的回归一向是其鲜明的特色。

关于何为日常生活，科拉科夫斯基并没有作出具体集中的解释，但是我们可以援引在日常生活研究领域的具有代表性的阿格妮丝·赫勒的观点来阐明这个问题，她认为日常生活，一言以蔽之，就是指"那些同时使社会再生产成为可能的个体再生产要素的集合。"[①] 这句话简明扼要地指出了日常生活的两大参与要素，一是个体，二是社会。日常生活是每一个个体最真实的

---

① 〔匈〕阿格妮丝·赫勒:《日常生活》，衣俊卿译，重庆出版社，1990年版，第3页。

存在场所，它不像哲学、政治，或者艺术等高不可攀的领域，只能为少数精英参与。日常生活将每一个独立的个体涵盖其中，组合成一个社会的"类"的最基本的形态，因此能最为真实确切地反映作为整体的特定社会的存在样貌。事实上，日常生活是将看似脱离一般人现实生活的哲学、政治、艺术等内化到自身之中，将这些因素灌输给一般大众于无形之中。但是也正是因为它具有这样的特征，所以也更容易让人"视而不见"，忽视了其学术研究的价值。进入20世纪以来，日常生活从长期被冷落的角落显现出来，成为思想界的重要议题，"日常生活领域对于了解更高且更复杂的反映方式极为重要。"[①]从胡塞尔的现象学研究试图弥合主体与客体的鸿沟，到西欧新马克思主义者列斐伏尔等人对日常生活的批判，他们所做的都是从生活表象入手去探究人的生存状态。而进入20世纪中期以后，科拉科夫斯基乃至整个东欧新马克思主义对日常生活领域展开全面批判主要由两方面原因造成：一方面是受卢卡奇思想影响，卢卡奇的研究对象主要集中在美学领域。他通过对艺术与美的研究发现了整个社会整体所存在的弊病，也试图以艺术和美来作为对人类的救赎，因为只有关涉人的心灵的美的感受，才能够唤醒在资本主义社会中被异化了的灵魂，而日常生活就是美与审美的存在之所，所以晚期卢卡奇将目光主要集中在日常生活领域，从人们能够切身感受到的世界去寻找救赎的出路。另一方面则是因为这一时期科拉科夫斯基及诸多东欧学者与西欧马克思主义进行了更为深广的交流，在这一期间，科拉科夫斯基的诸多研究领域都与西欧马克思主义有交叠之处，他尤其称赞法兰克福学派的文化研究方式及理论成果。"它不是把马克思主义当作必须效忠的规范，而是当作分析和批判现存的文化的出发点和工具。"[②]这种对正统马克思主义持修正与扬弃的态度与科拉科夫斯基自身的观点也不谋而合。而在西欧世界，对日常生活的批判由来已久，而全球化的趋势也使社会主义的东欧面临着相似的问题，也使

---

① 〔匈〕卢卡契：《审美特性》（第一卷），徐恒醇译，中国社会科学出版社，1986年版。
② 〔波〕科拉科夫斯基、张庆熊：《法兰克福学派和批判理论》，《现代外国哲学社会科学文摘》，1982年，第12期。

第四章 波兰哲学人文学派美学

得日常生活批判在东欧新马克思主义中所占的地位日益上升。在东欧新马克思主义学者中,对日常生活研究影响最大的当属布达佩斯学派的代表阿格妮丝·赫勒,她的思想深受卢卡奇的影响,她猛烈抨击资本主义所带来的人的物化,并借以对日常生活的研究来需求个体与类的统一,另外,柯西克、沙夫、南斯拉夫实践派等都对日常生活有较为详尽的研究,他们普遍将目光对准前工业社会的日常生活,并将其视为文化的根基,其研究的目的在于"使人超越自在的日常存在状态,成为自由、创造性、人道化的个体。"[①] 对日常生活的研究其实这也是东欧新马克思主义者始终坚持的使马克思主义"回归生活"的表现。

尽管对日常生活的探究有着这样的总体趋势,但科拉科夫斯基的研究方法还是表现出与上述学者迥然不同的特色。从批判角度上来讲,如果说上述诸位是以思想家、哲学家的身份对日常生活进行理论建构上的概括与批判,那么科拉科夫斯基则拒绝对日常生活作体系化研究,他对日常生活的解析完全是建立在现实现象之上的,从现实中提取哲思,因此科拉科夫斯基对日常生活批判的文章往往抛弃了宏大的哲学命题,以浅显明了、深入浅出的方式来对日常生活做出微观分析,提炼其文化内涵,他采用的研究方法以呈现现象为主,很少做出综合性和概括性结论。"我根本不认为需要任何像传统马克思主义那样宽范围、高要求的哲学。我在原则上对那种想对一切问题提供答案,把自身当作关于世界、人、历史、水等的包罗万象的知识的哲学有反感。"[②] 简单地说,科拉科夫斯基摒弃了一般的抽象性理论,而从具象性的事件与现象中去整合它们的整体性结构框架。从批判方式上来讲,科拉科夫斯基主张的是对日常生活采取一种抽离式的态度,这可以理解为站在日常生活以外对日常生活中那些司空见惯的事态进行对话,只有这样才能打破既定的模式,发现那些因为习以为常而难以发现的问题。正是日常生活中这些自动

---

① 〔波〕莱泽克·科拉科夫斯基:《自由、名誉、欺骗和背叛——日常生活札记》,唐少杰译,黑龙江大学出版社,2011年版,第4页。
② Lesek Kolakovski. Zasto sam napustio Marksa, In Intervju, Beograd, 28 Februar 1986, p. 40.

自发形成的模式，就会"阻滞特定时代的科学、艺术、哲学等自觉的精神生产领域和有组织的社会活动领域的创新和超越。"① 诚如衣俊卿所言，"生活世界虽然内在包含着科学等更高反映形式的意义源泉或意义基础，但是，这些意义并不是现成地摆在那里等着人们去取，而是只有在理性与日常生活世界的对话和反思中才能逐步走向自觉，逐步生成。"②

在《自由、名誉、欺骗和背叛——日常生活札记》一书中，科拉科夫斯基集中论述了他对日常生活中一些突出现象的批判。他从平凡细微处入手，但却从根本上颠覆了人们对生活中司空见惯之事的观念，从而达到"醒世"的目的，使人们从异化的催眠曲中清醒过来寻找已经迷失的自己。科拉科夫斯基认为，哲学家及理论家通常所论及的形而上的观点都是以日常生活作为基础，具体的日常生活被抽象化，概括化，理论化，多种学科从中独立出来甚至凌驾于日常生活之上，但日常生活终究是一切理论的最直接的来源。在强大的科学主义面前，日常生活的价值丝毫没有被削弱，"日常思维并没有被科学思维所取代。相反，即使在那些以前很少与日常生活的对象有直接关系的领域里，也在生产着日常思维。"③ 卢卡奇的这一观点充分说明了日常生活的研究价值，同时也说明了东欧新马克思主义者包括科拉科夫斯基在内，对日常生活进行深入研究的原因。

科拉科夫斯基还在他的另一部著作《经受无穷拷问的现代性》及多篇论文中谈及理性主义与科学主义的膨胀对当代日常生活的影响。当下，人类生存的时代前所未有地被割裂开来，无依性成为生存在这个时代中的人们的普遍心理特征，人们过意依赖于那些琐碎的、与自己短暂照面的事物，却从不认为"这就是我们可接近关于部分中的整体（The Whole-in-the part）的洞察力的路径之一：整体就在我们之中，而这就是我们为什么要去认识一切的

---

① 衣俊卿：《思入生活细微之处的哲学——论科拉科夫斯基的日常生活批判理论》，《哲学分析》，2012年，第3期。
② 同上。
③ 〔匈〕卢卡契：《审美特性》（第一卷），徐恒醇译，中国社会科学出版社，1986年版，第76页。

原因。"① 这句话其实表明了科拉科夫斯基的研究方法及其目的，他就是要采用结构主义的手法，通过对日常生活中与我们所照面的单个事物研究，去探寻它们背后的社会文化意义。这种对总体性的寻求是要超越呈现在我们面前的表象，在繁复的经验世界中找到"永恒"，同时这也是一个确认个体价值的过程，最终目的是将这些表征连缀成一条通往整体自由的道路。

同大多数对现代性展开批判的理论家一样，科拉科夫斯基认为现代社会呈现出被割裂的面貌，破碎性与瞬间性让人们在经验世界中无根可寻，而在这种社会语境中，对整体性的追求却成为一种奢侈，如果抛弃掉整体，那么现存的一切就是虚无的、无意义的，这是我们所处的时代的异化。科拉科夫斯基一方面认为这样的异化是时代的发展不可避免的，一方面又认为尽管不可避免，也不代表我们要在异化面前束手就擒。正如他认为人类本身是未完成的、不可能达到终极的完美，但向着完美不断靠拢却是必要的。因此，科拉科夫斯基就是要通过对经验世界中我们日常生活中的事态进行剖析，来展示其背后的文化意义。试图为碎片式的生活快照寻找一种连续性，这种连续性可以看作是总体性表征，而对总体性的发掘与探索，才是一切日常生活研究的根本目的所在。

但值得注意的是，科拉科夫斯基对日常生活中的现代性的产物也并非是一味否定，而是从相对客观公正的角度出发，他承认现代社会在诸多方面是优于以往任何时代的，在此基础上再对这个时代的缺陷做出批判。比如我们的物质世界的丰盛程度确实已经超越了过去，物质生活本身的丰富并不构成批判的理由，或者说这恰是我们最终消除异化的物质基础。而我们现在所面临的问题是走向终极丰盛的过程中所不可避免的，由于我们还没有达到真正的终极的丰盛，所以计算性人格、金钱主义以及拜物教等文化异化现象才会滋生壮大。科拉科夫斯基客观地认识到，这些对生存以外的"奢侈品"的追求是促进社会向前迈进的重要动力，因此，纵然人类还未获得终极的解放，

---

① 〔波〕莱泽克·科拉科夫斯基：《宗教：如果没有上帝……》，杨德友译，牛津大学出版社，1995年版，第81页。

但人的自由创造精神却在对"更好的"追求当中得以实现。"人性正是通过创造新的需要和创造满足这些需要的新的方法而得以进化。"[①]而那些为了坚持"回到自然"而放弃享受人类自由创造的成果的行为也是不必要的,甚至是愚蠢的。因此,科拉科夫斯基认为,在道德或人性上值得批判的恶的因子从社会进步的角度来看却未必不是好的,科拉科夫斯基也在黑格尔和布莱尼茨的理论中找到了对这一点的验证。同时科拉科夫斯基也看到日常生活领域是人们最为自在的场所,它看似不直接受理论等框架的约束,但理性、艺术等多重因素从日常生活中分离出来后却能形成系统的规则,并再次反作用于日常生活之中。这种反作用是渗透式的,内化于无形之中的,并且是一个循环往复的过程,人们在生活中立定这些无形的规则,再以这些规则来驱使自己的行动,日常生活的秩序就在这样的过程中得以为继。

在现代社会中,对日常生活的研究具有独特的意义,它一方面以其"自在的"存在方式成为藏污纳垢、有碍人之发展的场所,一方面又不可能让人摆脱。因此回到日常生活是重新发现问题、解决问题的必要步骤。而对日常生活的研究最终将导向对物化的讨论,或者说,正是因为马克思对于商品拜物教的批判,才发现了日常生活这个自在世界,之所以"自在",是因为人们沉浸在物化了的日常生活之中,却丝毫没有察觉,但从根本上来讲,这种"自在"是不自由的,人类成为了物的奴役。而使人们获得真正自由的方法就是揭下拜物教的面具,唤醒人们的自由意识,使生活真正回归以人为本的轨道。

(二)艺术的救赎及其悖论:文化拜物教批判

正如上文所述,日常生活在人们毫不自知的情况下沦为现代社会中异化集中体现的场所,但艺术作为从日常生活中抽离出来的一个分支,却扮演着抵制日常生活异化的角色。艺术作为人的自由精神的表征,具有一种结构上的整体性,这种整体性正好可以弥补日常生活碎片化、片面化的特征。同时

[①] 〔波〕莱泽克·科拉科夫斯基:《自由、名誉、欺骗和背叛——日常生活札记》,唐少杰译,黑龙江大学出版社,2011年版,第81页。

第四章 波兰哲学人文学派美学

艺术又具有打破日常生活的特殊性,这样,艺术既来源于日常生活,又能形成对生活的反观。在科拉科夫斯基对日常生活世界进行现代性批判的论述中也涉及到诸多关于艺术与救赎的观点。科拉科夫斯基对文化的艺术的态度一方面离不开马克思主义的文艺理论的学术背景,一方面也脱不开当下生活世界的现代性语境。正是这两个因素促成了科拉科夫斯基对于文化与艺术的独特理解。

科拉科夫斯基认为,艺术作为上层建筑虽然不是维持人类日常生活所必须的存在物,但却不能抹灭它存在的价值。艺术是人类传达思想的方式之一,艺术作品作为抽象的人类精神的具体化载体,具有独特性与唯一性,是个体人格的外化。艺术还具有鲜明的直觉性,而科拉科夫斯基就把这种源于人本能冲动的直觉视为与理性对抗的有力武器。"当我们的行动放射出整个人格时,当行动表现整个人格时,当我们不是在艺术家和其作品之间看到这种人格,而行动与这种人格又具有不可言传的相似性时,我们便是自由的。"① 在强调直觉的柏格森看来,艺术行为与艺术作品也有着质的区别,自由不是存在于已完成的艺术作品之中的,而是存在于艺术行为中,即创作的过程中。他所要强调的是,人作为创作主体的心灵作用,认为创作是艺术家由心而发的,在这个过程中人能得到自由的释放。科拉科夫斯基虽然并不赞同柏格森这种绝对的二分原则,但对他这种跳出瞬时性,从整体的"绵延"的角度来看待艺术的策略却是十分认可的。因此,科拉科夫斯基也坚定地将艺术看作是个体的人追求自由精神与自由灵魂的体现。由于每一个个体都有着不同于其他个体的内在思维,所以每一件艺术作品都是一种独一无二的表达。从艺术创作者的角度来看,正是因为艺术是心灵的自由表达,所以艺术的创造又被赋予了无法言喻的多元性,这就包含着"创造"这一层意义,反过来,创造也是人的自由性的要素之一。社会生活中的人们必然会受到来自于多方的约束,比如意识形态、道德规范、法律律令等,这是市民社会不可抗拒

---

① 〔法〕柏格森:《时间与自由意志》,吴士栋译,商务印书馆,1958年版,第171页。

的问题,所以现实生活中的人们并不是完全自由的个体,这时,艺术便成为一种救赎的方式。艺术家从现实生活中抽离,从精神层面的艺术创造去寻找自由自适的快感,通过艺术表现形式来打破经验世界的束缚,向着那条自由之路接近。在艺术创作过程中,人们可以获得心灵的解放,将无法在现实世界中抒发的显性或隐形的情感寄托在艺术作品之中。因此艺术也是人们摆脱理性与功利的操控,向着自由迈进的一种方式,并带有直觉的神圣性。"艺术是特殊的灵魂所表现出来的努力,其旨在摆脱这种功利的态度,摆脱在实践的努力上为了方便而使用的抽象概念,不能够在事物的原始的纯粹中领悟事物,直接面对世界。"①从艺术欣赏者的角度来看,艺术作品能为欣赏者提供一种超越物本身的美感,这种美感来自于人之心灵的对整体的感知,并使人暂时从麻木的日常生活的图式中抽离出来,心灵得到自由的释放,并以作品为启发对日常生活进行反思,燃起人们对自由人道的渴望。这样看来,艺术是真正的使现代人克服异化,挽救自由与人性的重要途径。但是现代社会中拜物教的控制却使这种救赎变得难以为继。

艺术理应具有一种抽离现实世界的超脱性,应该成为一把钥匙,将人们从现实的枷锁中解放出来,但事实上,在现代社会中艺术却难逃拜物教的左右,沦为异化的一部分。所谓拜物教,简单来说就只是人们对某物的附加价值的重视已经超越了对它实用价值的需求,从而形成对某物的盲目崇拜。拜物教的产生与蔓延与西方资本主义经济的发展有着直接关系。马克思将拜物教用于货币与商品领域,借以说明在资本主义发展历程中,经济的膨胀带来的人与人之间关系的异化,即人与人之间的关系纽带不再是人特有的情感,而变为冷漠无情的货币或丧失了实际意义的商品。这种关系的异化导致人类情感的放逐,人们将资本的积累置于前所未有的高度,成为一切行动的最终目的。手段成为了目的,这也使得原本生产出的用于交换的物的作用也发生了质的改变,它不再是为人的生存与自由服务,而是成为驱使人行动的皮鞭,

---

① 〔波〕拉·科拉柯夫斯基:《柏格森》,牟斌译,中国社会科学出版社,1991年版,第92页。

让人们失去自由成为它的奴隶。而在当今世界，政治、经济、文化的全球化趋势愈发明显，马克思所提出的异化现在也早已经不再是西方资本主义社会独有的弊病，社会主义国家中同样存在着异化现象所带来的文化危机。一直以来艺术都以其自由性与创作性被视为是拜物教的对抗力量，但在现代性社会中异化已经不仅停留在商品领域，也渗入到文化艺术领域，艺术在对抗异化的同时，也陷入一种"被异化"的悖论。可以说，以艺术作为代表，我们的精神领域也在经历一场前所未有的异化，拜物教的盛行也是人的异化的最明显的特征之一。同时这也是现代性社会弊端的一个缩影——即使是在象征人类精神生活较高层次的艺术领域，同样也逃不掉拜物教的触角。

实际上，在人类文明的早期，艺术作品的神圣性就以另一种视角得以体现，早期艺术以宗教为母题，伴随着魔法仪式和宗教仪式而产生的。人们在仪式中将它们置于佛龛用于膜拜瞻仰，并对这些艺术作品表现出极强的虔诚的敬畏之心。这种带有神秘色彩的产生方式注定了艺术作品对于早期先民而言是高高在上不可企及的，它的主要甚至唯一功能就是仪式功能。在以法兰克福学派为代表的西欧马克思主义中，这一部分的观点已经得到了很充分的讨论，西欧马克思主义的代表学者本雅明就认为，"原真的艺术作品所具有的独一无二的价值根植于神学，艺术作品在礼仪中获得了其原始的、最初的使用价值。"① 艺术作品的独一性成为其崇高地位的最重要保证，那时人与艺术作品的关系并不是平等关系，更不是人对艺术作品的操控主宰关系，而是人对艺术作品的无限崇敬和膜拜关系。由此可以看出，艺术作品的唯一性与神圣性是自它诞生以来就具有的特性，而这种特性却随着复制技术的发展与拜物情结的滋长逐渐扭曲，人们已经忽视了最重要的一点，科拉科夫斯基在这一点上的观点与法兰克福学派基本一致，他也认为艺术作品的独一无二性才是它自身的目标与价值所在。所以"无论赝品多么完美，我们中的大多数人都更喜爱真品；毫无疑问，这里有一种占有了我们所知的独一无二的东西的

---

① 〔德〕本雅明：《机械复制艺术》，浙江摄影出版社，1993年版，第57页。

某种满足。"① 这种满足在科拉科夫斯基看来是无需加以斥责的，尽管它超出了人类存在的必需品的范畴。

在现代性社会中，艺术作品的这种唯一性与神圣性已经日渐淡化。商品经济的发展使艺术作品也成为了待价而沽的商品，它在经济方面的效益已经远远超过了它的精神及审美效益。在资本主义私有制经济迅速发展的今天，对物的占有量的多少最直观地反映出个人的社会地位、财富积累，乃至所谓的气质品位。人们对物的单纯的占有欲望超过了以往的任何时代，拜物教成为当今世界的典型标签。拜物教驱动下的人对艺术作品的占有欲望已经不再因为它是精神的产物、自由的象征，而是因为一件杰出的艺术作品是财富、地位、品位的表征。"现代性社会是一个最终由商品生产、流通和交换的支配地位造就的幻想和假象的世界。"② 艺术作品不再承载人之为人的诗意情感，而成为人们追逐虚拟的荣耀与名望的载体。艺术作品沦为一个空洞的符号体系，其原有的丰富内涵和情感承载在拜物情结的支配下荡然无存。对艺术作品趋之若鹜的追求使工业复制品也被冠以艺术作品的名号，而人们通过对缺乏情感性、原真性的摹仿物的占有来达到所谓的对艺术作品欣赏的目的，艺术作品真正的涤荡人类心灵的功能也随之消逝。当艺术品沦为商品时，非但不能实现它的救赎功能，反而是对艺术尊严的践踏，"即使艺术品被购买与出售，但是它们的价值不能等同于花费在它们再生产的工作时间的数量。艺术作品的交换价值取决于其内在的精神和价值，或者至少取决于接收者正确或者错误赋予它的内在精神和价值。"③ 而将目光集中在现代社会中的艺术作品上时可以发现，现代性浓郁的艺术作品将总体性悬置了起来，这使得艺术与人的本质相分离，剥夺了艺术作为介质的重要作用。

这便形成了现代性社会中艺术救赎功能的悖论。人们对于占有艺术作品

---

① 〔波〕莱泽克·科拉科夫斯基：《自由、名誉、欺骗和背叛——日常生活札记》，唐少杰译，黑龙江大学出版社，2011年版，第83页。
② 〔英〕戴维·弗里斯比：《现代性的碎片》，周宪、许均译，商务印书馆，2003年版，第360页。
③ 〔匈〕阿格妮丝·赫勒：《艺术自律或艺术品的尊严》，傅其林译，《东方丛刊》，2007年，第4期。

第四章 波兰哲学人文学派美学

的目的与态度的改变反映出艺术作品实际功用的转变——艺术原本用于心灵解放的功用逐渐淡化了,相反的,它成为了一个标的,驱使在现代社会中追逐名利、地位、荣耀的人们机械性地不断向它靠拢,之所以说是机械性,就在于这种靠拢行为与人们精神与心灵的切身需求无关,而是一种外部强加的力量驱使人们去追求。因此艺术的性质向着它初衷的反向发展,从解放心灵变为禁锢心灵,原本想要通过它摆脱异化的人们,又沦入另一种异化之中。

从整个现代社会的整体语境来看,拜物教的触角无处不在。拜物教之所以能够形成,与现代社会所形成的符号系统有着密切关系,当某物作为显赫的符号被大众所认可时,人们便会为之趋之若鹜。这是现代社会中群体与个人关系的最明显的特征之一,个体在群体关系及所谓群体趣味的左右下失去了自我判断与自我审美的能力,将自身品味与价值完全委身,或者说藏匿于群体之下,这就导致了人之自由被抛弃、符号掌控生活的现状。在社会生产力低下、物质供应不足的时代,人们的不自由来自于个体对群体的依赖,个体需要依附于群体而获得生存所需,而在现代社会中,人们对物的需要的目的不再是单纯的支持生活所需,而是企图用物来确立个人与他人之间的关系。也就是说,商品经济的发达和物质世界的丰富使人们看上去获得了比过去更多的物质成果,工业的发展为消费者和异化劳动者提供了更多的物质成果,异化的实质被掩盖,看似高尚的"高消费"成为异化实质的遮羞布。但在这种情形下,个体不但对于群体的原始依赖大大削弱,反而更渴望从一般的社会人群中脱颖而出,这种脱颖而出是要以凌驾于其他人之上为代价的,所以这并不代表个体就真正从代表一般性的群体中解脱出来获得了自由。首先,人们目前"享受"到的"幸福"在很大程度上是一种虚假的幻觉,除了真正的资本掌控者,大多人实质上正在经受着剥削而毫不自知;其次,这种妄图超越群体拔得头筹的个体反而更容易依赖于群体,因为当作为"一般"的表征的群体消失时,他们苦心营造的个体优越感便会立刻化为乌有,作为个体的独立性反而弱于以往。因此,纵然人类看似获得了比以往更多的自由,但实际上"个人只是被看作是一个意识形态上唯命是从的消费者。"① 当然，身处于物质占统治地位的现代性社会中的人们很难真正发现这一点，获得并展现资本上的优势成为彰显仍然被认为是有别于人并"高人一等"的最好方式，人们对无止境的"更好"的物质的需求也就造就了拜物教也就有了存在的合理性。可是从另一个角度看，人们努力想要从群体中摆脱出来的心理也成为现代性社会中个体孤独体验的根源，人们一方面想要显示出与群体不一样的特质，一方面又将孤独认为是不可承受之轻。人们被自己制造的枷锁重重捆绑，异化延伸到人类生活的各个角落，这也是现代性社会难以回避的矛盾。

三、自由的救赎：宗教神话与"笑"的隐喻

尽管科拉科夫斯基在后期宣布放弃了马克思主义，但在他的研究思路中依然可以深切地感受到马克思主义的影响。马克思哲学中鲜明的批判性与实践性在科拉科夫斯基的理论研究中体现得尤为明显。马克思认为哲学应该回到生活，起到批判并指导生活的作用。科拉科夫斯基也将目光投诸于当下社会中，并表示出对理性主义、文化异化等原因导致的现代性危机的深重忧虑，他认为这些因素是当下语境中阻碍人们实现自由的主要障碍，由此他也提出了他认为可行的解决方法，其中宗教与笑是科拉科夫斯基研究对象中最具有突出意义的两种救赎形态。在科拉科夫斯基看来，宗教尤其是基督教，是人们挣脱现代性牢笼走向自由的重要途径，而作为宗教精神载体的神话更成为科拉科夫斯基反抗束缚的寄托与表达。科拉科夫斯基提及的另一种救赎的方式便是笑，所谓的笑，与其紧密相连的便是滑稽的艺术。科拉科夫斯基通过对柏格森的笑论研究，梳理出笑的文化意义，即矫正与警示的作用。科拉科夫斯基对宗教神话与笑的研究已经远远不止停留在对这两种事物做形式上的研究，作为思想家的科拉科夫斯基，是要通过对这些事物表象的剖析来呈现其背后所蕴含的深刻的文化内涵。

---

① 〔加〕本·阿格尔：《西方马克思主义概论》，慎之等译，中国人民大学出版社，1991年版，第293页。

第四章　波兰哲学人文学派美学

（一）作为对现代主义的对抗：宗教神话

就对宗教的态度而言，科拉科夫斯基的观点与传统马克思主义的观点表现出了鲜明的不同。在传统马克思主义看来，宗教最终是必定走向衰亡的，因为宗教作为上层建筑的表现形式之一，必定要以一定的社会基础作为基质，而随着社会的发展，宗教赖以存在的社会基质不断的瓦解消失，因此宗教本身也将不复存焉。马克思甚至认为"宗教是人民的鸦片"[①]是人类麻痹精神的工具。从总体来看，马克思对宗教是持批判态度的。但在科拉科夫斯基看来，宗教却是社会存在必不可少的组成部分，虽然它曾经辉煌然后又走向衰败，但在理性主义大行其道的今天，宗教意识应该也必须被重新唤起，作为与理性抗衡的力量。

在西方文化视野中，基督教所树立的信仰机制几乎被视为西方文化的生长的温床，而基督教的思想几乎渗透到了西方文化生活的各个方面——它的"一神论"思想曾为西方封建统治提供理论上的支持；原罪、救赎等论说为西方社会提供了道德上的规范；而它的教义、经典则为西方艺术、文化的发展提供了不竭的源泉。从这些方面来看，基督教在一定时期内对西方社会的稳定与发展起到了相当有益的作用，并且从一定程度上来说，西方社会的整体架构里都流淌着基督教的血液，它为整个社会提供顺利运作的条件，渗透到西方社会的各个方面，同时也构成了西方民众的集体认同感。但任何事物的发展如果超过了一定的界限便会适得其反，基督教的不断壮大使它在此后的发展中走向负面效应。漫长的中世纪是西方文明史的黑暗时期，而这与基督教肆无忌惮的发展不无关系。

中世纪时期，基督教与政治紧密结合，几乎失去了它作为精神信仰的意义，已然沦为政治统治的工具。16世纪的宗教改革试图归复宗教作为信仰的意义，但在另一层面却引发了西方世界理性意识的觉醒。人们不再一味以皈

[①] 中共中央马克思恩格斯列宁斯大林著作编译局编，《马克思恩格斯选集》第一卷，人民出版社，1995年版。

依宗教来寻求救赎,而开始相信人的理性与自觉才是拯救自身的真正手段。直至启蒙运动时期,理性终于迅速崛起,成为西方文化舞台上的主角。17世纪末至18世纪初,西方社会资本主义经济的发展和自然科学的成就表明陈旧腐朽的封建专制统治已经不再适应社会进步的需要,以基督教教义为托辞的政教结合的统治模式成为了阻碍社会前进的枷锁——对人的尊重、对自由的渴望、对民主的呼唤,以及对理性的推崇成为这一时期的社会的主流思潮,而长期以来作为软性统治工具的基督教在此时已成为众矢之的。因此,这一时期的"理性"概念一经提出,便成为了与丧失了信仰意义的基督教相对立的角色。"推崇生命统一和对生命表示一视同仁的尊重的各种宗教不适应于增进对物质的技术的征服。"[①]

这样看来,这种从神义论向人义论的转变是与社会发展相适应的,理性精神的崛起也是社会历史发展的必然趋势。科拉科夫斯基对这一点并不表示否认,他也承认理性意识的觉醒不仅促进了自然科学的发展,社会经济文化的进步,更重要的是从思想上使作为个体的人得到了解放,让人们不再被动依附于神灵的庇佑,而是主动去发掘自身的力量。但同时理性的壮大也引发了一些弊端,进入17世纪以来,理性的膨胀式发展使原本健康的理性精神演变为理性主义,过分依赖并且信任理性的作用使理性的工具性、计算性特征逐渐显现,并最终成为主导,原本以理性作为武器来寻求自由的人们再一次失去了自由,成为理性的囚徒。而当工具性与计算性构建起社会主要价值体系时,人性的价值便不得不退到边缘,人们本是以理性召唤人性,但最终却使人性成为理性的俘虏。科拉科夫斯基的宗教理论正是基于这一点而提出的——既然宗教与理性一开始便以对立力量的形象出现,那么通过对宗教信仰价值的重塑来对抗客观冷漠的理性主义则不失为一种矫正的路径。由此,科拉科夫斯基作出了与正统马克思主义者迥然不同的选择,转向了宗教的一方。

---

① 〔波〕莱泽克·科拉科夫斯基:《宗教:如果没有上帝……》,杨德友译,牛津大学出版社,1995年版,第42页。

第四章 波兰哲学人文学派美学

究竟该以怎样的态度来看待宗教对于人的作用，这个问题一直以来都存在着分歧，费尔巴哈就把宗教看作是奴役人的工具，因为他所关注的是异化以后的宗教，他认为神是人的创造物，神结合了人类身上最优秀的部分，成为了一个完美的对象，科拉科夫斯基在总结费尔巴哈的观点时说，"宗教是人，人的理性和情感的自我一分为二，是把人的理智性质和感受性质转移给一个想象中的神圣存在物，它坚持自己的独立立场，并开始暴虐压制它的创造者。"[1] 因此，费尔巴哈持的是一种彻底的唯物主义和人本主义观点，所以与其说费尔巴哈不认可宗教的存在，倒不如说他是把对上帝的崇拜转化为了对人的崇拜，这一点也对马克思产生了重大影响，并展开对黑格尔宗教的批判。但其后的赫斯却对费尔巴哈进行了反驳，他认为真正对人形成奴役的不是神而是金钱，而人的异化虽有宗教精神领域的异化的成分，但最主要还是社会物质领域的异化，这其实是他们对于异化的类型的认识出现了分歧。赫斯对宗教与金钱的论述最终目的是为了找到异化的根源，为人的自由解放找到一条道路，但科拉科夫斯基认为赫斯并没有真正阐释明白精神解放与社会解放二者究竟哪一个才是先决条件，尽管如此，科拉科夫斯基还是看到了赫斯观点中不容质疑的一点，就是在当下的时代环境中，金钱与物质的地位已经远远凌驾于宗教之上，对拜物教的信仰取代了神学信仰，人们从对超验世界的追求转变为对现世的体验式追求，人的精神世界与文化根基已经遭到前所未有的冲击。

所以，科拉科夫斯基虽然是在倡导宗教神学，但其实际的目的却是以对信仰的呼唤寻求人的价值回归，这也是科拉科夫斯基在现代性社会这个整体语境下发出的回响。科拉科夫斯基认为宗教存在的意义不是单纯的对宗教道德和宗教教化的宣扬，而是在人的精神世界中重塑信仰的概念，否则宗教就会陷入虚无的绝望。这也是解决现代性危机的本质途径。在现代性社会之

---

[1] 〔波〕科拉柯夫斯基：《马克思主义的主流》（一），马元德译，台北：远流出版事业股份有限公司，1992年版，第136-137页。

中，经验世界被认为是唯一可靠的对象，技术与理性的客观公正性成为裁定一切事物的准绳。这种看似科学合理的倾向实际上却把作为整体的世界割裂开来。在科拉科夫斯基看来，经验是由意识与宇宙两部分组成的，这两部分分别指代了人类自身，以及自身以外的一切，它们都"与终极的实在相联系，而实在不可能有任何科学上有效的经验来定义"。[①] 现代社会中的人们抛弃了对形而上学的追求，相信科学是解开一切问题的终极手段，却遗忘了经验世界背后的原初状态。而所谓的科学理性分析并不足以为经验提供所有的解释。"我们的知识不可避免地要始于、并归结于感官的感受。因此，尽管我们的知识可能会变得渊博，却永远要保留在我们的世界上不稳定地位的限制范围内。"[②] 所以，那些试图用科学与理性的语言来构建宗教的做法都是不可行的，宗教所具有的直觉色彩是语言逻辑所无法承载的。

从另一个角度看，正是宗教的不可捉摸的形而上学的色彩也使它遭到了科学主义者的诟病，他们企图将一切宗教都与迷信等同起来，但科拉科夫斯基则认为宗教只是超越了一般科学意义上的决定论范畴，并非所有事物都被纳在决定论的范畴内。在对宗教与迷信的界定上科拉科夫斯基援引了德国天主教神学家卡尔·拉纳的观点，即与上帝不相称的方式来模仿对上帝的敬畏。因此，无法用科学与理性的教条加以证实的事物并不能代表它的存在是不合理的，而恰恰是那些以经验与科学为依托作出的分析，才仅仅是对事物表层的认识，要达到对事物本质的把握还需要从整体结构入手。宗教就是一种向着那个终极整体，也就是原初状态靠拢的方式。当人们认识到理性无法对我们存在的世界中的裂痕作出弥合时，宗教能够为这个世界提供一条整体连续性出路。事实上，并没有任何一种存在是永恒不灭的，但在人们的精神世界，却需要一种对"永恒"的信仰来作为个体价值的支撑。因为假如除了上帝以外，一切都是暂存的，那么一切到最后都会归于虚空。神话存在的

[①] 〔波〕莱泽克·科拉科夫斯基：《宗教：如果没有上帝……》，杨德友译，牛津大学出版社，1995年版，第80页。
[②] 同上书，第50页。

第四章 波兰哲学人文学派美学

价值在很大程度上是为人们提供一条摆脱世界瞬间性和偶然性的途径。尽管在这方面，科学也以自己的方式在做出努力，但最终却都以失败而告终。上帝在科拉科夫斯基看来才是一切意义的提供者，才是无所不包的终极整体。然而反驳者则认为对上帝的信仰并不能促成人类世界的完美，罪恶的因素一直存在于人类历史的各个阶段，科拉科夫斯基对此不置可否，但他更强调对人之完美境界的追求才是终极目标，但他也清醒地认识到人本身就是不完美的存在，即使向着完美无限趋近也终不可完全到达。但他同时提出，世间的恶并不能构成抹煞上帝存在的理由，上帝的善让人的自由意志成为可能，这必然也给人为恶提供了可能，但也正是人本身的残缺才造就了真正的人的本质。对宗教的信仰其实是对人自身的发掘，是向着完满的不断接近。

值得注意的是，尽管科拉科夫斯基对宗教存在的价值给予了极大的肯定，但对宗教与理性的态度却是较为辩证客观的，既没有无原则地倾倒与信仰的一方，也没有极力贬低理性的作用。首先，科拉科夫斯基在推崇宗教的同时仍然看到了宗教存在的问题，并提出"形而上学的恐怖"，他本身也并没有真正皈依宗教，所以他对于宗教回归的呼吁绝非是信徒传教式的游说，而是站在一个公正的角度来探索宗教与现代性社会之间的关系。科拉科夫斯基虽然认为宗教在现代社会具有与理性相抗衡的作用，但宗教与人二者之间本身就是存在矛盾的，宗教，尤其是宗教神话，总是试图建立一种完美的结构，但事实上人却总是不完美的。超验的宗教以神话的形式为人们在意识领域编制出美好的愿景，但在实际中却并不能直接实现对理性社会中的人的解救，人们"不可能在神话中发现科学真理，就如不可能将一个神话降低为个人、存在性的内容。"[①] 尽管科拉科夫斯基认为宗教的最终目的是为人服务，但在超验世界中寻求对经验世界的解救却反而使人的本质遭到了放逐。其次，他

---

① Leszek Kolakowski. *Modernity on Endless Trial*. Chicago: The University of Chicago Press, 1990. p. 102.

其实是承认理性存在的合法性的。真正捣碎信仰的不是理性和科学,而是理性主义与科学主义。理性与科学以其严密的逻辑性占有了话语权,这一点是宗教所无法匹敌的。宗教超验的本质特征使它缺失强有力的支撑,信仰者只能凭直觉无条件地相信它。事实上,在科拉科夫斯基看来,硬要将理性与宗教对立起来并分出伯仲是不可能也不必要的。理性与宗教分属于不同的领域,彼此分立互不干涉,因此任何一种想要以一方来统辖另一方的观点都是不合理的。科拉科夫斯基用物理学家与宗教信仰的例子对此作出了说明:"科学是肯定不能阻止物理学家相信上帝的,在他思考极为复杂的自然机制时,他的信仰会找到一种心理学上的鼓励;但是他没有资格把这种信仰看作是科学意义上的解释性假设,遑论物理学理论的总结。他也不能因为身为物理学家就必定更有条件解决关于上帝的问题。"① 综上所述,科拉科夫斯基在当代社会重提宗教存在的合法性,并不单纯的只是呼唤宗教本身的回归,他更多地是将宗教视为一种精神诉求,期望在这个精神无根的时代为人们提供一种信仰的支撑,为人类存在找到最本质的根源。在科拉科夫斯基对费尔巴哈的宗教观进行总结时,我们也可以从中看出科拉科夫斯基自身对于什么是真正的宗教的理解,"废除那种教条式的神秘宗教,开辟建立新的真正人性的宗教的道路,使人能达到各派宗教一直追求的永恒目标,即满足人对幸福、团结、平等和自由的需要。"② 作为人类精神活动的宗教以神话、教义等载体为依托,传达的内容往往是客观经验世界无法真实把握的,在今天理性当道的社会背景中,宗教神话这种不可经验性往往使它的价值受到质疑,但科拉科夫斯基认为,这也才是宗教最宝贵的存在意义,它对经验世界的超越能构成对当下唯理主义社会的挑战,而对看似虚无的上帝的信仰,却寄予了人们精神世界的终极追求。

---

① 〔波〕莱泽克·科拉科夫斯基:《宗教:如果没有上帝……》,杨德友译,牛津大学出版社,1995年版,第51页。
② 〔波〕科拉柯夫斯基,《马克思主义的主流》(一),马元德译,台北:远流出版事业股份有限公司,1992年版,第140页。

第四章　波兰哲学人文学派美学

(二)作为对个体人性的矫正:笑的隐喻

对自由的追逐一直是科拉科夫斯基思想理论的主轴,而真正对于自由的认识显然并不是局限在行为方式上的,而是人的行为与心灵的统一化。意识是行为的指导,只有当意识获得解放,人类才有可能实现真正的自由。所以,精神范畴其实才是自由发生的真正场所。与上一章所论及的宗教相似,精神同样表现出一种非理性的神秘性,这些"不可言喻"的存在是对现代性科学主义的挑战,因此,作为形而上学理论及心理学研究的重要代表,法国哲学家、文学理论家柏格森也成为科拉科夫斯基研究的重要对象,柏格森关于直觉、自由等方面的很多观点都成为了科拉科夫斯基思想的佐证。

对非理性的研究是柏格森思想体现中颇为引起科拉科夫斯基关注的一部分内容,因为当理性成为社会主宰的时候,只有诉诸于与之对立的非理性才能形成对它的最有效的挑战。柏格森所认为的非理性并不单纯指理性无法解决的问题,而是指"不搀杂任何实用的考虑或理智的先天图示"。① 可见非理性代表着一种自由自适的状态,是一种人与生俱来的、人之为人的重要特征。柏格森作为生命哲学的重要代表,把人自身的难以言表的直觉置于至高的位置,认为直觉才是唯一真正本体性的存在,才是生命存在的"绵延",而刻意为之的科学主义并不能从根本上把握世界,只是对事物表层的研究。从另一个角度说,对感性的信任在一定程度上也就意味着对理性的怀疑,理性用它的话语构建起一个超感性的世界,这个世界是概念化的,无法被实际触碰的,人的真实感知被搁置起来,所谓的对世界的认知也是只是虚空而已,因而整个用这套理性思维构架起的世界也是值得怀疑的。因为要把握世界的真实意义就必须回归到人的感受本身,它是无法被外化或是被指定的,而是存在于整个时间的绵延之中。

柏格森这一系列的哲学研究也为其艺术理论研究提供了有力的支撑点,从其基本的哲学延伸开来,柏格森在艺术理论方面也提出了独树一帜的观

---

① 〔波〕拉·科拉柯夫斯基:《柏格森》,牟斌译,中国社会科学出版社,1991年版,第40页。

点，他完成于1900年的作品《笑的研究》虽然短小，却是其文艺理论领域的重要著作，这部作品在谈论艺术的同时更以艺术作品、艺术现象来反观人类社会及文化，以艺术为明镜，折射出人之境遇。这也是科拉科夫斯基关注柏格森思想的根本所在。在这一论著中，柏格森以其心理学研究的视角集中论述了生命、记忆和自我等这些与个体存在密切相关的内容，并以此来研究"笑"这一人类司空见惯的行为，及其在文艺活动中的特殊意义。科拉科夫斯基就指出了笑所具有的直觉及理性的双重意义：一方面笑被视为人的生命冲动的一种典型表现，因为它不以语言为依托。在这一行为中，语言逻辑被悬置，人的情绪与本能成为主导，使人达到一种自然的本能所带来的平衡，这一点体现出笑与上文论及的宗教一样，都是关涉直觉反映与心灵自由的对象，这些对象是无法用语言承载的，语言不能完全契合地传递行为的意义，但行为的意义却可以通过心灵完整感知。但另一方面笑也具有理性的意义，他认为笑所意味的是一种超脱于物外的态度，这正与对悲剧的态度相对，悲剧的表达效果在于人们对象产生悲悯与同情，而滑稽则要求人们保持理性的态度对对象加以反思，从而达到自我警示的效果。总体来看，柏格森之所以突出强调笑的理性意义就是要淡化笑的情感性，从而突出它的社会评判意义。事实上，笑——这一日常生活中司空见惯的现象成为了柏格森剖析个体乃至社会文化的横截面，这也是科拉科夫斯基所关注的重点。而后科拉科夫斯基在其专门论述柏格森思想的著作《柏格森》中，不仅对柏格森的"直觉"、"绵延"、"生命"等重要概念作出了他的注解，也将"引人发笑的艺术"独立为一节阐释了笑背后所隐藏的社会文化意义。可见，虽然变换了时间与空间背景。笑，却无论在何时何地都可看作是文化折射的一面镜子。

科拉科夫斯基对笑的阐释是以柏格森的笑论为基础的，二者都将笑这一现象背后的社会意义作为研究的最终目的，不同在于作为生命哲学家的柏格森则更重视从人之生命本能来对笑的条件、作用作出分析，具有极强的哲学意义，而作为现代性研究者的科拉科夫斯基则更看重笑在当今现代性社会中所具有的不同于以往的社会价值。

第四章　波兰哲学人文学派美学

在柏格森的观念中，滑稽现象，是人所特有的一种机制，笑的直接源头是生命与物质之间产生了对立。更浅易地说，是内在人性与外部世界的矛盾所引发的结果，当外在力量压倒生命运动时，滑稽就会产生。"滑稽表现了个人和公众的不完善性，并要求直接矫正这种不完善性。"① 因此，笑，可以看作是一种矫正的手段，它不是通过强硬的政治或策略手段来实现对人之不合理现象的矫正，而是一种软性的、温和的矫正手法，人们在审视中唤醒麻木的自我意识，在修正中更趋向于完满。这就与科拉科夫斯基对人的看法有异曲同工之处，科拉科夫斯基同样也认为人是一种未完成的、不完美的存在，但也正是这种不完美才造就了人类自我创造的无限可能。文化艺术领域是现实中人类最易展现出创造才能的领域，这种创造性与工具理性所表现出的功利性的创造性是有截然不同的区别的。由于艺术本身的无功利审美特征，人类在创造美和欣赏美的过程中实际是在实现对自我缺陷的修复，实现对自我的不完美的矫正，而这一矫正就是摆脱束缚的过程，体现出人对自由本质的向往。

柏格森认为滑稽的产生可以有多种原因造成，科拉科夫斯基从中选择了其中与人的自由本能联系最紧密的两点加以深发阐释，以此来探寻笑这一人体机理反映与人类个体和社会文化之间的深刻关系，从而进一步发现笑与自由这看似不相关的二者间实际联系。

首先，机械的重复是引发滑稽的重要根源之一。当本该由心灵与意志支配自身行动的个体，僵硬而重复地做出某一个或一系列动作时，滑稽现象就出现了。因为在柏格森看来，人之所以为人的一项重要特征就在于人具有自主性与灵活性，是具有生命的、富于变化的个体，能够自由支配自己的行为，而重复的机械运动则体现出机器的特征，机器冷漠、刻板，复制着一成不变的内容，是物化的表现。生命是不可逆的，而重复却是对这一理念的违背，所以当人的身体做出机器的反应时，个体和外在便形成了一组矛盾，显现出滑稽的特征。柏格森的理论中往往透露出某种神秘主义的色彩，这是因为生

---

① 〔法〕昂利·柏格森：《笑：论滑稽的意义》，徐继曾译，中国戏曲出版社，1980年版，第67页。

命本身就存在着神秘性,他企图用这种源于生命本能的神秘来打破物化所带来的禁锢,然而科拉科夫斯基却对此做出了更为理性、更易于从理论角度进行把握的注解:"如果一个人给人以物的印象,便一定是荒谬可笑的。重复是最好的喜剧手法。"①从科拉科夫斯基的分析中,我们可以将人类这种机械化的行为看作是一种最直接的物化表征。进入现代性社会以来,科学技术势如破竹的发展使人们更相信遵循逻辑的思维方式,这种看似严密的思维模式导致了人与生俱来的灵活性与创造性被放逐,似乎一切都可以纳入决定论的范畴,一切都是因果成章的,这实际上是理性主义对人之生命境地的入侵。人作为自由的个体,其最重要的特质就在于人有着其他存在所不具备的思维的能力与自由的意志。人的行动是受到大脑与心灵的支配的,而非机器般的程式化的预置设定。因此如果物的机械性代替了人的灵魂,便是对人的本性的违背是对常态的打破,这种对常态的打破使人的认识平衡被打破,产生惊奇意外的情绪,从而在一定程度上造成了滑稽的表现效果。

此外,心不在焉则是滑稽产生的另一重要根源。如果说机械的重复是由于背离了人之特质而导致的滑稽效果,那么心不在焉从根本上讲也是对人之本质的放逐——心灵,即精神是指导人行为的根本所在,而心不在焉则意味着人精神的抽离,丧失了心灵指引的人犹如行尸走肉,那么他的行为特征也就无异于一般的物了——这同样是对人之本性的悖离。人作为思想的载体,具有充分的自主性与灵活的应变能力,这都是人作为自由的个体的表现,但当人缺乏自由的思辨能力时,他也就自然失去了应对周遭变化的能力。对心不在焉的理解其实是广义的,科拉科夫斯基援引了柏格森《笑:论滑稽的意义》中堂吉诃德的例子来说明了这个问题,堂吉诃德的行为在世人看来之所以充满了滑稽色彩,就在于他不能随着外部世界的变化来调整自己的思维模式,他总是以自己的预置思维来构造他的感知。②这也就是说,他的精神世

---

① 〔波〕拉·科拉柯夫斯基:《柏格森》,牟斌译,中国社会科学出版社,1991年版,第93页。
② 同上书,第94页。

第四章 波兰哲学人文学派美学

界与真实的现实世界是完全脱轨的,他的"心"根本不存在于他所处的客观世界之中,这二者的脱节使他的行为总处于"失范"状态,从而形成了滑稽。

无论是人的行为的机械化还是人的行为缺失精神的引导,其实都可以归结为作为个体的生命特质的沦陷,即人的行为的物化。而对滑稽根源的探讨最终引发的结果就是笑这一现象的产生。在柏格森的理论中,"笑首先是一种纠正手段,笑是用来羞辱人的,它必须给作为笑的对象的那个人痛苦的感觉。社会用笑来报复人们胆敢对它采取的放肆行为。如果笑带有同情和好意,它就不能达到目的。"①可见,柏格森所认为的笑带有些许嘲弄的意味,这与柏格森所处新旧社会形式交替的社会语境不无联系。任何文化研究都不可能抽离特定的文化背景,身处于资本主义上升阶段的柏格森也借由笑的反机械性等特征表现出对刻板的贵族阶级的嘲讽,他们的可笑之处在于无法与现实社会融为一体,从而为社会主潮所抛弃,成为群体中被孤立的个体。这样看来,柏格森理论中的滑稽行为具有明显的社会性,透露出人之关系的隐喻,它包含着一个社会群体中多数与少数的对立,当某种行为表现出与时潮相逆时,滑稽也会产生。所以笑这一行为本身也存在着个体性与社会性的双重性质。科拉科夫斯基则在这一基础上对笑做出了更为严肃的理解,他认为笑其实是对上述背离人本质的现象的一种矫正——这种矫正并非是直接的、硬性的,而是间接的、软性的,是从内心对这些反常行为的反抗。"笑是一种人的理智的矫正反应,是理性对把人与机械相混同的反抗,是对人性的再次肯定。"②滑稽现象是对正常行为的打破,这种打破能唤醒人们麻木的意识,从而引起人们的注意与反思。滑稽所引发的笑,这一行为本身其实正是人们对事物"不赞同"的反映,这更像是一种温和的警示,提醒人们精神与心灵的自由是其作为人的第一要义,否则就与麻木冷漠的机器并无二致。当滑稽作为一种艺术表现形式时,它的矫正功能就变得更加显而易见。

---

① 〔法〕昂利·柏格森:《笑:论滑稽的意义》,徐继曾译,中国戏曲出版社,1980年版,第120页。
② 〔波〕拉·科拉柯夫斯基:《柏格森》,牟斌译,中国社会科学出版社,1991年版,第94—95页。

那么笑这一行为与自由之间又有何关联呢？从上述可以看出，科拉科夫斯基认为的柏格森笑论中最具现实意义的一点就是，滑稽不是因为传统观念中的丑所造成的，而是违背人之本质的机械性重复——僵。僵化在一定程度上是与自由相对立的一组概念，僵化是思维受到外界影响而导致的行为固化，而自由却是人的本质属性之一。因此当人们欣赏到滑稽艺术时，机械重复与心不在焉的表演诱使人们长期被抑制的自由天性得以释放，在笑这一人性自然状态中实现对自身不完美的修复。当然，以科拉科夫斯基的学术立场而言，对滑稽艺术的讨论除了具有文艺意义，更重要的是发掘其社会文化方面的意义。僵，这一本不属于人之特质的状态却压倒性地扳倒人性中的自由，成为现代社会中人们存在的常态。人在被物化的过程中变得像机械一样重复轮回，却毫不自知，这是人之本性的沦丧。现代性社会中理性、拜物等社会外部刺激不断侵蚀着人类的精神家园，人成为被动接受和习惯性被操控的固化对象，而天性中自由与创造的因子却逐渐减少。所以笑在这样的语境中更具备了社会意义，即使已经麻木的人从自身存在的社会中抽离出来，站在一个旁观者的角度来审视现代生活，从而发现自身的物化，认识到这种可悲的滑稽。因此笑在这里具有打破物化的震惊效用，也只有人类认识到自身正在被物化的现实，才能对这种束缚与重复作出相应的矫正。

四、悖论与张力：自由的憧憬与困境

从对马克思主义的深切肯定到经历"斯大林模式"后对马克思主义的重新反思，特殊的时代背景使科拉科夫斯基对马克思主义的态度经历了从信奉到出走的过程，这使我们很难在马克思主义的范畴内对其身份进行定位，但有一点是毋庸置疑的，那就是科拉科夫斯基是始终坚守着马克思主义中对人的尊重。作为人道主义的忠实信徒，科拉科夫斯基在他的理论追求中将自由看作是人类存在的最本质的意义，并从艺术、宗教、审美等领域为人的精神解放寻找出路。20世纪50年代，社会主义内部实践带来的挫败与动荡使科拉科夫斯基在东欧率先走上了人道主义马克思主义的道路，并使他在追求自由的道路上表现出对意识形态的强烈反叛。尽管科拉科夫斯基思想经历了这

第四章　波兰哲学人文学派美学

一次明显的转向，但这种批判性却具有一脉相承的关系。早期主要表现在对集权政治的批判，旨在还原一种相对自由的社会政治环境，这是较为显性的；后期则表现在对文化异化的批判，异化以乔装的形式出现在现代日常生活中，以另一种方式操控着人们的行为举止乃至心灵灵魂，这是较为隐性的。

通过对科拉科夫斯基思想的总体梳理可以看出，他的思想并非是完全内部统一的，在他的研究中我们可以明显感受到他思想中的龃龉。这主要由两方面原因造成，一是由于他总是尽量站在一个客观的角度进行文化批判。当一个思想家能够摒弃偏执，站在中立的位置来看待问题时，无疑就增加了问题的可辨性和多维性，这也必然使对问题的理解更复杂，也更深刻。尽管科拉科夫斯基往往被贴上左翼激进的标签，但从纯粹的思想脉络及研究方法来看，科拉科夫斯基非但没有采取极端的批判方式，反而比大多数理论家更注重公正与思辨，在对理性进行批判的同时，他也对理性带来的进步予以了肯定；在对信仰发出呼唤的同时，他也没有忽视人自身的价值；在对艺术表示崇敬的同时，他也对艺术的救赎功能表示了深切的忧虑。二是由于在讨论现代性问题时，他在根本上并不认为我们现在所面临的现代性问题是可以跨越的。现代性的色彩在当代人看来是模棱两可的，科拉科夫斯基认为，现代事实上就是意旨"正在进行的时间"，但它却常常被赋予讽刺的意味，然而人们在论及现代科学与现代技术时，又往往给予了大力的肯定。正是这种摇摆不定，反映出人们面对现代性的矛盾态度——既欢迎，又恐惧；既渴望，又诅咒。[①]"正在进行"也就意味着不可规避，而现代性本身也并不是一个带有褒贬色彩的词汇，人们一切对它的评判都是建立在自身对它的感受之上的，也是摇摆而主观的。因此科拉科夫斯基所做的就是以一个边缘者的身份冷静地审视被我们无尽拷问的现代性，并尽可能地为人提供一条在这样的现代性世界中能够接近自由的道路。然而，事实就是我们并没有办法真正实现自身的

[①] Leszek Kolakowski. *Modernity on Endless Trial*. Chicago: The University of Chicago Press, 1991. p. 6.

完美,达到绝对的自由。这就使科拉科夫斯基的思想中充满了希望与失望,救赎与挣扎的矛盾,也正是这些看似矛盾的观点造就了科拉科夫斯基文化理论极大的张力,真实地反映出现代社会中我们所面对的文化困境。具体来说,科拉科夫斯基思想有以下三个明显的悖论之处:

首先,科拉科夫斯基的人本主义思想的最终目的是要消除异化回归人的本质,但他又认为这一终极目的是不可能真正实现的。科拉科夫斯基详尽研究了理性主义、拜物教以及文化异化等现代社会中存在的弊病,其目的必然是找到一条冲破这些障碍实现人的自由的道路,他一方面提出了艺术、宗教、创造行为等方法来弥补人的不完满,一方面又认为现阶段的人们不可能从根本上摆脱这些客观束缚达到真正的自由,一切只是乌托邦的美好幻想。人们试图用艺术来发出对自由的呐喊,但艺术却在不自觉中沦为一般意义的商品,其货币层面的价值遮蔽了审美层面的价值。因此科拉科夫斯基所倡导的仍然是一种实践的艺术观,通过实践这一中介将隔离的世界各部分连结起来,将被异化分裂的人之本质重新弥合起来;人们试图用神话来实现对信仰的救赎,但神话的虚无性却在事实上将人性悬置。科拉科夫斯基虽然对现代性的极速扩张、对人类精神文化造成的侵占表示出深重忧虑,但他也承认这是无法超越的事实。这也导致他后来转向宗教,将人对自由及生命本质的追认诉诸于宗教领域,认为只有基督教能拯救已经迷失方向走向沦陷的西方文化,也只有基督教能对抗理性主义的文化侵占,为自由留有一席之地。但站在马克思主义唯物论的角度来看,宗教本身也难逃虚无的本质。宗教属于形而上的意识领域,而理性的力量却实实在在操控着这个社会的运转,二者具有不同的质性,本来就具有不相交的平行性。所以这种投身宗教的超验世界去拯救现世的行为本身就是不恰当的,在面对经验现实时也不免显得些无力。"无论基督教以何种方式周密地论证自身,它都不可能自圆其说,更无法与理性相匹敌,因为基督教真正的核心乃是无条件的信仰而非经验性的证明。"[①]

---

① 胡蕊:《科拉科夫斯基对马克思思想的理论来源与文化动机的考察》,《学术交流》,2012年,第8期。

第四章　波兰哲学人文学派美学

此外，科拉科夫斯基虽然极度呼吁基督教的复兴，但其本人却并非基督教的信徒，甚至没有任何特定的宗教信仰。用这样的身份来倡导信仰宗教的意义虽然提高了客观性，但却不免缺乏说服力。

其次，人在追求自由的过程中必然表现出自身的矛盾性与局限性。科拉科夫斯基认为，人们总是把自由与责任对立起来，即人们注意到的总是自身的自由，而不是整体的自由，这是对于自由的片面的理解，但无奈也是现代社会中绝大多数人对于自由的理解。人们仍旧将自己视为孤独的个体，建立起整体分隔甚至对抗的关系，这也体现在人们有时为了获取自身的所谓更大范围的自由而去剥夺占有其他人的自由空间。这也就注定人类的总体性的自由是难以真正实现的。阶级斗争和权力斗争就是最明显的佐证，但这却是阶级社会中无法逾越的现实。早期马克思主义将"人"置于理论核心，但是后期的马克思主义却转向了阶级斗争。科拉科夫斯基选择并吸纳了早期马克思主义思想发展成其自身的人道主义的马克思主义，扬弃了马克思思想中造成对自由的压制的阶级斗争成分。马克思主义中对阶级斗争的不断强化也成为导致科拉科夫斯基与马克思主义最终的分道扬镳的根本原因。事实上，科拉科夫斯基曾提到，我们所出生的国家、家庭、时代因素都是不容我们选择的，我们不该为此承担责任，而事实上这却成为我们最无法背叛的束缚，说到底就是意识形态的束缚。

最后，科拉科夫斯基的文化理论中常常表现出人类个体与集体之间的微妙关系。每一个人都必定置身于一个或多个社会团体之中，个体即是认同该集体的，但又会常常表现出对集体的挣脱。一方面，集体责任将个体命运与集体的共同命运捆绑起来，使个体产生无私的信念，这一点体现出了浓烈的道德色彩。另一方面，个体乐于享受集体带来的权利远远多于承担集体所带来的责任。"享有集体的那些令人敬佩的业绩和成功要比分享集体的耻辱或集体的失败更加容易"[①] 而在真正需要承担集体责任时个体则往往急于从集

[①] 〔波〕莱泽克·科拉科夫斯基：《自由、名誉、欺骗和背叛——日常生活札记》，唐少杰译，黑龙江大学出版社，2011年版，第44页。

体的束缚中挣脱出来，"我们要求别人负责任，而我们却以不相信集体责任为借口来使我们推卸责任。"①集体中的人既有承担责任的义务，也可以享受到相应的权利，这种权利往往以优越感的形式表现出来，这种优越感来自于群体认同，科拉科夫斯基在对诙谐艺术的研究中发现，对常态的打破可以造成出色的滑稽效果，而这个所谓的常态即是被社会群体所认同的状态，当个体逾越常态时他便成为一个异化的存在，成为被嘲笑的对象。因此，笑被赋予了消除异化的功能。集体责任带来的权利还表现在集体的庇护功能。理论上人可以脱离集体而存在，但这种假设所带来的无集体责任的自由是要付出代价的，即当灾难降临时，个体不会受到集体的庇护。但在实际中，没有人可以完全脱离社会关系而存在。

科拉科夫斯基作为马克思主义的杰出研究者，为马克思主义研究开拓了新的视野，他对批判性理论的坚持与对马克思主义的扬弃也不能简单看作是对马克思的否定。从根本上来看，马克思主义与科拉科夫斯基思想都是紧紧围绕着"人"而展开的文化批评，都是一种关于人之未来的完美构想。不同在于马克思的构想是宏观层面的，是围绕大写的人展开的，其终极构想在现阶段是不可能实现的。科拉科夫斯基所否定的正是马克思这种宏观性，因而他转向当下，回到生活，在现代语境下对导致人类异化的因素进行考察，并期望通过还原审美、宗教与艺术等与人类精神家园紧密相关领域，来实现对现实世界中扭曲的人性的矫正，使自由真正回归到现代生活之中成为人之存在的价值。

---

① 〔波〕莱泽克·科拉科夫斯基：《自由、名誉、欺骗和背叛——日常生活札记》，唐少杰译，黑龙江大学出版社，2011年版，第45页。

结语：东欧新马克思主义美学对中国马克思主义美学建设的意义

本书研究旨在推进当代东欧新马克思主义文艺理论研究，重点涉及匈牙利的布达佩斯学派、南斯拉夫的实践派、捷克的存在人类学派、波兰的哲学人文学派等新马克思主义文艺理论与美学思想。本书的理论价值在于：东欧新马克思主义对文化与美学问题进行了多重维度的研究，提出了一些重要的文艺理论与美学命题，具有开创性，本书研究东欧新马克思主义文艺理论的核心问题，尤其关注其对实践观和人学的文艺理论以及反映论、异化理论的阐释与建构，分析社会主义美学在遭遇现代性时所进行的多维度的理论思考，把握人存在的异化与文艺理论的价值意义问题，可以深化马克思主义美学研究。

基于东欧与中国有相似的文化政治语境，通过东欧新马克思主义文艺理论的研究可以反观中国马克思主义文艺理论建设，为中国化的马克思主义文艺理论建设提供重要的理论资源。东欧新马克思主义文艺理论是基于对现存社会主义的反思而提出重要的文艺理论问题，这对我国社会主义的马克思主义文艺理论的建构，对中国当代的社会主义文化建设的反思与重建具有参照作用，可以突破马克思主义文艺理论研究的一些困境和僵化局面。东欧新马克思主义美学是一种新的人道主义美学，关注人的价值与尊严，敬重人的自由与个体性，实质上是一种伦理美学，这对中国社会主义美学的发展有参照意义，对社会主义核心价值观念即以人为本的当代人民文学理论建设提供了充实的阐释。

东欧新马克思主义美学思想对当代人民文学理论建构的启示是昭然的。延续 20 世纪的政治范式的人民文学论虽然在新世纪仍然存在，并在发挥重要作用，但是它更多地是形式上的意义，它难以有效地深入阐释当代中国文学现象。可以说，政治范式的人民文学论在当代文学经验中逐步边缘和去中心化，昔日充满激情与政治情怀的人民文学话语在当代文学环境中越来越淡化，以至于不少人不屑于谈及人民文学这一关键词，怀疑这个范畴在当下文学活动中的合法性。如此，是否还有必要继续人民文学的理论建构？是否这种理论濒临终结？而历史事实表明，人民文学的建构仍然是未完成的，它尚未走向最圆满的顶点，这就需要在新的时代精神和社会文化语境中继续反思与建构，以发挥其在新的语境中阐释文学的活力和生机。未完成的人民文学论的建构是多方面的，而其中一个重要的向度就是实现从政治范式向伦理范式的转型，以适应和表达当代人民的审美情怀，凝聚当代中国人民的心灵共同体。

理论的转型是建立于社会历史经验的内在结构之上的，情感结构的变化不仅影响到文学的表达，也促成文学接受的变化以及文学理论的阐释符码的演变。伦理范式的文学论的提出主要是考虑到当代中国社会结构与个人的生存经验的嬗变。首先，从社会结构和世界格局来看，中国与世界各国的关系主要不是热战、冷战的紧张局面，主要不再是两极格局的敌对关系，敌我关系被消解，中国人与世界各国人的关系转变为社会关系、生活关系，人与人的交往、接触不是通过暴力和肉体消灭，而是通过人与社会的普遍的规则，通过人的共同的心灵基础进行展开，这种社会结构与生存方式不是战争状态的政治模式，主要是伦理范式，这样，民族心灵的凝聚不是激情的宣扬，而是人的心性的认同与道德伦理的认可。因此，人民文学的当代发展不能忽视社会结构的经验性的变化，伦理范式的人民文学论则要深入挖掘当代中国人的民族凝聚的深层心灵结构与人之内心的认同的可能性。邓小平提出西方意识

结语：东欧新马克思主义美学对中国马克思主义美学建设的意义

形态的"和平演变"可以说在某种程度上是西方通过伦理精神来影响中国人的心灵。建立于伦理范式基础上的人民文学论可以挖掘当代中国人的心灵需求和整合的可能性，发掘文化价值的合理性基础，从而形成与西方意识形态的深层次对话与较量，而不是以政治范式与西方的伦理范式较量，最终是被消解在西方的普遍的伦理意识形态的文化认同之中。卢卡奇在20世纪20年代反思共产党的失误也是试图解决伦理学的基础问题，其积极加入共产党也是基于伦理的考虑，但是由于时代和社会的原因没有得到足够的重视，使得社会主义革命和建设面临了诸多困境与问题。通过中国几十年的建设经验，应该重新意识到卢卡奇提出的问题的重要性，这是深层次解决人民文学论的问题。第二，中国从新时期以来注重以经济建设为中心，物质财富和生产力得到了快速增长，尤其是1992年邓小平南巡讲话，奠定了社会主义市场经济制度，使中国人民处于逐步步入消费活动的语境中，全球经济化使中国进入世界经济体系。在短短三十余年中，中国人民经历了巨大的经济变化，走上了富裕的道路。但是主要的问题是精神信仰的缺失，伦理道德的沦丧，意义的枯竭。文学成为商品，作家沦为码字工人，语言转变为货币。个体的伦理责任与文学表达的伦理情怀在金钱面前显得格外羞涩，一种以货币为普遍标准的生活方式与文学价值评价消解了个体的内在真诚的心灵的交流，瓦解了一个民族的无言的共同的心灵结构。伦理范式的人民文学论将直接切入这些文学活动，在经济的现代浪潮中标举伦理价值的尺度，在欲望肆虐的社会中重铸当代中国人的价值感、意义感、幸福感，在没有责任性的言语行为中表达个体的责任伦理与个体尊严的人格魅力。第三，伦理范式的人民文学论可以形成与后现代主义思潮的深入对话，批判极端后现代主义文学思想的文字游戏与文化相对主义，同时也通过后现代主义伦理学的吸收，打造赋予个体尊严和人格的文学形象，从传统的文化积淀中推进中国人的精神理想的塑造，这不仅是集体理想的建构，而且是在个体伦理自由选择和价值认同的基础上实现集体自由的营造。

从这个意义上说，"以人为本""和谐文化"观念体现了当代人民文学论的重要内容，这些命题本身意味着人民文学论的伦理学奠基，意味着对启蒙现代性的道德性和传统伦理文化理想的充分吸纳。旷新年认为，"新时期文学"经历了一个从"人民文学"向"人的文学"不断退行和"人的文学"逐步吸收取代"人民文学"的过程。[①] 这种变化预示着新型人民文学论的形成。人民文学论的伦理学基础建构充分把人的文学的伦理潜力整合到人民文学的内核之中，从而实现从政治范式向伦理的嬗变。如果从伦理规范的角度来重新理解袁可嘉[②]40年代后期的尝试，其尝试就具有突出的意义。也就是说，在当代中国社会结构与文学现象中，伦理规范性基础是人民的文学与人的文学整合的不可或缺之中介因素。尽管这种规范性基础的建构有待进一步深入展开，但是中国当代人的社会经验与个体经验已经为伦理范式的人民文学论铺设了肥沃的土壤。如果文学是人民的创造也是人民所共享的，那么文学本身就是人民文学，文学本身是人民的生存体验和价值依托所在，这样就内在地向伦理范式的人民文学论敞开了可以深入阐释的空间。因此，从政治范式向伦理范式的嬗变意味着奠定人民文学论深厚而具体的人类学基础，一种有效的规范性基础，这可以说是卢卡奇所倡导的"日常生活的社会主义"[③] 的文学论，是基于日常生活的伦理的文学经验的理论建构，而不仅仅是崇高话语的超越式的迷醉。

[①] 旷新年：《人民文学：未完成的历史建构》，《文艺理论与批评》2005年第6期。
[②] 袁可嘉：《"人民的文学"与"人的文学"——从分析比较寻修正，求和谐》，《大公报》1947年7月6日《星期文艺》专栏。
[③] Lukács, Georg. "Lukács On His Life and Work", *New Left Review*, I/68, July-August 1971. pp. 49-58.

参考文献

Bryant, Chad. *Prague in black: Nazi rule and Czech nationalism*, Harvard University Press, 2007.

Danko Grlić. *Practice and Dogma*. Praxis No. 1, 1965.

Feher, Ferenc and Heller, Agnes. *The Grandeur and Twilight of Radical Universalism*. New Brunswick, NJ: Transaction, 1990.

Feher, Ferenc and Heller, Agnes. eds. *Reconstructing Aesthetics*. Oxford: Basil Blackwell, 1986.

Fodor, Géza. *Zene es drama*. Budapest: Magveto, 1974.

Gajo Petrović. *Reification*. The Autodidact Project, 1965.

Gajo Petrović. *Why Praxis*? Anarhosindikalistićka konfederacija, 1964.

Gajo Petrović. *I Confess*. Faculty of Philosophy at University in Zagreb, 1993.

Georg Lukács, *History and class consciousness*, trans. Rodney Livingstone. The MIT Press, 1972.

Georg Lukács, "Lukács On His Life and Work", *New Left Review*, I/68, July–August 1971.

George, Richard. T de. *Marxism and Religion in Eastern Europe*. Dordrecht: Kluwer Academic Publishers, 1976.

Gerson S. Sher. *Marxist Humanism and Praxis*. New York: Prometheus Books, 1978.

GORCUM ASSEN, The Netherlands, 1978.

Hanak, Tibor. *Neo-Marxism in Eastern Central Europe*. Studies in Soviet Thought, 1985.

Heller, Agnes Ed. *Lukacs Revalued*. Oxford: Basil Blackwell, 1983.

Heller, Agnes. *A Theory of Feelings*. Assen: Van Gorcum, 1979.

Heller, Agnes. *An Ethics of Personality*. Cambridge: Basil Blackwell, 1996.

Heller, Agnes. *Everyday Life*. trans. G. L. Campbell. London, Boston, Melbourne and Henley: Routledge & Kegan Paul, 1984.

Heller, Agnes. *Immortal Comedy*. Roman & Littlefield Publishers, Inc., 2005.

Heller, Agnes. *Renaissance Man*. Trans. Richard E. Allen. London, Boston, Henley: Routledge and Kegan Paul, 1978.

Kosik, Karel. *Dialectics of the concrete*. D. Reid Publishing Company, 1976.

Heller, Agnes. *A Philosophy of History in Fragments*. Oxford and Cambridge, MA: Blackwell, 1993.

Heller, Agnes. *The Time is Out of Joint*: Shakespeare as Philosopher of History. Maryland: Rowman & Littlefield Publishers, Inc., 2002.

Kolakowski, Leszek. *Culture and fetishes*. Warszawa: PWN, 1967.

Kolakowski, Leszek. *My Correct Views on Everything*. St. Augustines Press, 2010.

Kolakowski, Leszek. *The presence of myth*. University of Chicago Press, 1989.

Kolakowski, Leszek. *Is God Happy: Selected Essays*. Penguin Classics Press. 2012.

Kolakowski, Leszek. *Main Currents of Marxism: The Founders—The Golden Age—The Breakdown*. P. S. Falla. W. W. Norton & Company Press, 2008.

Kolakowski, Leszek. *Modernity on Endless Trial*. Chicago: The University of Chicago Press, 1991.

Kosik, Karel, *Dialectics of the Concrete—A Study on Problems of Man and World*. Dordrecht and Boston: D. Reidel Publishing Company, 1976.

Kosik, Karel. *The Crisis of Modernity*. Ed. James H. Satterwhite. London: Rowman & Littlefied Publishers, Inc., 1995.

Kurtz, Paul and Svetozar Stojanović. *Tolerance and Revolution*: A Marxist–non-Marxist Humanist Dialogue. Beograd: Philosophical Society of Serbia, 1970.

Marković, M. *Marxist Philosophy in Yugoslavia*: The Praxis Group. Reidel, 1976.

Marković, Mihailo. *Philosophical Foundations of Human Rights*. Praxis International, 1981, No. 4.

Marković, Mihailo. *Dialectical Theory of Meaning (Abstract)*. The Autodidact Project, 1961.

Marković, Mihailo. *Marx and Critical Scientific Thought*. 1968.

Marković, Mihailo. *The Idea of Critique in Social Theory*. The Praxis International Archive, 1983.

参考文献

Márkus, György. *Language and Production*. D. Reidel Publishing Company, 1986.
Márkus, György. *Marxism and Anthropology*, Trans. E. de Laczay and G. Márkus. Van
Radnóti, Sándor. *The fake: forgery and its place in art*. Trans. Ervin Dunai. Lanham: Rowman & Littlefield Publishers, 1999.
Rundell, John. *Aesthetics and Modernity*: *Essays by Agnes Heller*. Lexington Books, 2010.
Schaff, A. *Marxism and the human individual*. McGraw-Hill, 1970.
Sher, Gerson S. *Praxis*: *Marxist criticism and dissent in socialist Yugoslavia*. Indiana University Press, 1977.
Sindbaek, Tea. *Praxis and Political Priorities*: *Politicalticipation and Ideological Priorities Among the Belgrade Praxis Philosophers from 1980 to 1995*. School of Slavonic & East European Study. University College London, 2007.
Stallaerts, Robert. *Review by Gajo Petrović*. Praxis No. 1, 1965.
Stallaerts, Robert. *Why Praxis International?* Praxis International. 1981.
Stallaerts, Robert. Secessio, *History and the Social Sciences*. Brussels: Brussels University Press, 2002.
Supek, Rudi. *Freedom and Polydeterminism in Cultural Criticism*. The Autodidact Project, 1965.
Supek, Rudi. *Utopia and Reality*. Open Society Archive. 1971.
Supek, Rudi. *Explanation Supporting the Request for a Subsidy for the Korčula Summer School*. Open Society Archive. 1977.
Supek, Rudi. *Statement by the Yugoslav Members of the International Editorial Board of Praxis International*. Central and Eastern European Online Library, 1982.
Sviták, Ivan. *Man and his World: A Marxian View*, translated by Jarmila Veltrusky, Columbia U. Press, New York, 1971.
Sviták, Ivan. *The Czechoslovak experiment 1968-1969*, Columbia U. Press, New York.
Sviták, Ivan. *The Unbearable Burden of History*: *The Sovietization of Czechoslovakia* (*Volume 1—From Munich to Yalta*), Academia Publishing House, 1990.
Sviták, Ivan. *The Unbearable Burden of History*: *The Sovietization of Czechoslovakia* (*Volume 2—Prague Spring Revisited*), Academia Publishing House, 1990.
Sviták, Ivan. *The Unbearable Burden of History*: *The Sovietization of Czechoslovakia* (*Volume 3—The Era of Abnormalization*), Academia Publishing House, 1990.

〔以色列〕加利亚·戈兰：《改革时期的捷克斯洛伐克马克思主义》，吴三元摘译自《形形色色马克思主义》1977 年版,曹山校,《现代外国哲学社会科学文摘》,1982 年第 5 期。
《马克思恩格斯选集》,第 1、2、3 卷,人民出版社,1995 年。
阿多诺:《美学理论》,王柯平译,四川人民出版社,1998 年。
阿格妮丝·赫勒:《日常生活》,衣俊卿译,重庆出版社,1990 年。
阿格尼丝·赫勒:《现代性理论》,李瑞华译,商务印书馆,2005 年。
埃德蒙·伯格勒:《笑与幽默感》,马门俊杰译,中国人民大学出版社,2011 年。
埃里希·弗罗姆:《健全的社会》,蒋重跃等译,国际文化出版公司,2003 年。
埃里希·弗洛姆:《逃避自由》,刘林海译,国际文化出版公司,2000 年。
安·斯托伊科维奇等:《南斯拉夫哲学论文集》,生活·读书·新知三联书店,1979 年。
昂利·柏格森:《笑:论滑稽的意义》,徐继曾译,中国戏曲出版社,1980 年。
柏格森:《时间与自由意志》,吴士栋译,商务印书馆,1958 年。
保罗·库尔兹:《21 世纪的人道主义》,肖峰等译,东方出版社,1998 年。
鲍德里亚:《消费社会》,刘成富、全志钢译,南京大学出版社,2008 年。
鲍桑葵:《美学史》,张今译,广西师范大学出版社,2001 年。
本·阿格尔:《西方马克思主义概论》,慎之 等译,中国人民大学出版社,1991 年。
本雅明:《机械复制艺术》,浙江摄影出版社,1993 年。
程正民等:《20 世纪俄国马克思主义文艺理论研究》,北京大学出版社,2012 年。
戴维·弗里斯比:《现代性的碎片》,周宪、许均译,商务印书馆,2003 年。
戴维·麦克莱伦:《马克思以后的马克思主义》,李智译,中国人民大学出版社,2004 年。
戴维·哈维:《后现代的状况——对文化变迁之缘起的探究》,阎嘉译,商务印书馆,2003 年。
邓小平:《坚持社会主义,防止和平演变》,《邓小平文选》第 3 卷,人民出版社,1993 年。
杜娜叶夫斯卡娅:《马克思主义与自由》,傅小平译,辽宁教育出版社,1998 年。
冯宪光:《"西方马克思主义"美学研究》,四川大学出版社,1997 年。
冯宪光:《西方马克思主义文艺美学思想》,四川大学出版社,1988 年。
冯宪光:《西马文论是非论》,《文学评论》,2012 年第 3 期。
甫祎勒、李殿斌、杨剑:《文化哲学人类学述评》,《河北师范大学学报》,1989 年第 4 期。
复旦大学当代马克思主义研究中心编:《当代国外马克思主义评论》(第二辑),复旦大学出版社,2001 年。
傅其林:《宏大叙事批判与多元美学建构——布达佩斯学派重构美学思想研究》,黑龙江大学出版社,2011 年。

参考文献

高兵强:《新艺术运动》,上海辞书出版社,2010年。
郭春明:《艺术对抗异化——阿多诺的审美救赎之路与现代主义的终结》,《哈尔滨学院学报》,2010年11月第11期。
郭翠萍:《捷克斯洛伐克的改革岁月》,中国社会出版社,2013年。
郭艳君:《历史与人的生成》,社会科学文献出版社,2005年。
海德格尔:《存在与时间》,陈嘉映、王庆节译,三联书店,1999年。
何林编:《萨特:存在给自由带上镣铐》,辽海出版社,1999年。
赫伯特·马尔库塞著,刘继译:《单向度的人》,上海译文出版社,2014年。
黑格尔:《哲学史讲演录》,第1卷,贺麟、王太庆译,商务印书馆,1959年。
黑格尔:《哲学史讲演录》,第3卷,贺麟、王太庆译,商务印书馆,1959年。
黄继锋:《东欧新马克思主义》,中央编译出版社,2002年。
贾泽林:《当代南斯拉夫哲学》,中国社会科学出版社,1982年。
蒋承俊:《捷克文学史》,上海外语教育出版社,2006年。
蒋锐:《东欧人民民主道路研究》,山东人民出版社,2002年。
金雁、秦晖:《十年沧桑:东欧诸国的经济社会转轨与思想变迁》,上海三联书店,2004。
卡尔·柯尔施:《卡尔·马克思——马克思主义的理论和阶级运动》,徐温崇主编,重庆出版社,1993年。
卡莱尔·科西克:《具体的辩证法》,傅小平译,社会科学文献出版社,1989年。
卡莱尔·科西克著,傅小平译:《具体的辩证法——关于人与世界问题的研究》,社会科学文献出版社,1989年。
卡林内斯库:《现代性的五副面孔》,顾爱斌等译,商务印书馆,2003年。
康德:《判断力批判》,上卷,宗白华译,商务印书馆,2000年。
康德:《判断力批判》,邓晓芒译,杨祖陶校,人民出版社,2005年。
柯拉柯夫斯基:《与魔鬼的谈话》,杨德友译,华夏出版社,2007年。
科拉柯夫斯基:《马克思主义的主流》(一),马元德译,远流出版事业股份有限公司,1992年。
旷新年:《人民文学:未完成的历史建构》,《文艺理论与批评》2005年第6期。
拉·科拉柯夫斯基:《柏格森》,牟斌译,中国社会科学出版社,1991年。
莱泽克·科拉科夫斯基:《理性的异化:实证主义思想史》,张彤译,黑龙江大学出版社,2011年。
莱泽克·科拉科夫斯基:《自由、名誉、欺骗和背叛——日常生活札记》,唐少杰译,黑龙江大学出版社,2011年。
莱泽克·科拉科夫斯基:《宗教:如果没有上帝……》,杨德友译,牛津大学出版社,

1995年。
兰德曼著,阎嘉译:《哲学人类学》,贵州人民出版社,2006年。
雷蒙·威廉斯:《文化与社会:1780—1950》,吉林出版集团有限责任公司,2011年。
李宝文:《具体辩证法与现代性批判》,黑龙江大学出版社,2011年。
李萍、钟明华:《马克思主义人学视域中的现代人生问题》,人民出版社,2006年。
卢卡奇:《卢卡奇自传》,李渚青 莫立知译,社会科学文献出版社,1986年。
卢卡奇:《历史与阶级意识》,杜章智等译,商务印书馆,1992年。
罗国杰主编:《人道主义思想论库》,华夏出版社,1993年。
马·拉科夫斯基:《东欧的马克思主义》,钟长安译,三联书店,1984年。
马丁·海德格尔《林中路》,孙周兴译,上海:上海译文出版社,1997年。
马丁·海德格尔《演讲与论文集》,孙周兴译,上海:生活·读书·新知三联书店,2005年。
马尔科维奇、彼德洛维奇编:《南斯拉夫"实践派"的历史和理论》,郑一明、曲跃厚译,重庆出版社,1994年。
马尔科维奇、加约·彼得洛维奇:《实践——南斯拉夫哲学和社会科学方法论文集》,郑一明、曲跃厚译,黑龙江大学出版社,2010年。
马尔科维奇、彼得洛维奇:《南斯拉夫"实践派"的历史和理论》,郑一明等译,重庆出版社,1990年。
马尔科维奇、彼得洛维奇编:《实践——南斯拉夫哲学和社会科学方法论文集》,郑一明、曲跃厚译,黑龙江大学出版社,2010年。
马尔科维奇:《当代的马克思——论人道主义共产主义》,曲跃厚译,黑龙江大学出版社,2011年。
马克思、恩格斯:《马克思恩格斯全集》第1卷,人民出版社,1956年。
马克思:《1844年经济学哲学手稿》,中央编译局译,人民出版社,2000年。
马克斯·霍克海默、西奥多·阿道尔诺著,渠敬东、曹卫东译:《启蒙辩证法:哲学断片》,上海人民出版社,2006年。
曼海姆:《意识形态与乌托邦》,黎鸣、李书崇译,上海三联书店,2011年。
普弗兰尼茨基:《马克思主义史》,三联书店,1963年。
齐格蒙特·鲍曼:《作为实践的文化》,郑丽译,北京大学出版社,2009年。
让-保罗·萨特著,沈志明、艾珉主编:《萨特文集7·文论卷》,人民文学出版社,2000年。
让-保罗·萨特著《存在主义是一种人道主义》,周煦良、汤永宽译,上海译文出版社,2005年。
让-保罗·萨特:《存在主义是一种人道主义》,周煦良等译,上海译文出版社,2005年。

赛义德:《知识分子论》,单德兴译,生活·读书·新知三联书店,2002年。

斯通普夫,J,菲泽:《西方哲学史:从苏格拉底到萨特及其后》,世界图书出版公司北京公司,2009年。

苏珊·朗格:《艺术问题》,腾守尧等译,中国社会科学出版社,1983年。

孙伯镟:《卢卡奇与马克思》,南京大学出版社,2000年。

孙建茵:《文化悖论与现代性批判》,东欧新马克思主义理论研究丛书,衣俊卿主编,黑龙江大学出版社,2011年。

王秀敏:《个性道德与理性秩序》,东欧新马克思主义理论研究丛书,衣俊卿主编,黑龙江大学出版社,2011年。

威廉·M,马奥尼《捷克和斯洛伐克史》,陈静译,东方出版中心,2013年。

亚里士多德:《尼各·马可伦理学》,苗力田译,中国人民大学出版社,2003年。

亚里士多德:《政治学》,吴寿彭译,商务印书馆,1965年。

叶书宗、刘明华:《回眸"布拉格之春"——1968年苏军入侵捷克斯洛伐克揭秘》,社会科学文献出版社,2001年。

叶廷芳:《卡夫卡及其他》,同济大学出版社,2009年。

衣俊卿、丁立群、李小娟:《20世纪的新马克思主义》,中央编译出版社,2001年。

衣俊卿:《现代性的维度》,黑龙江大学出版社,2011年。

衣俊卿:《20世纪的新马克思主义》,中央编译出版社,2001年。

衣俊卿:《人道主义批判理论——东欧新马克思主义述评》,中国人民大学出版社,2005年。

于尔根·哈贝马斯等:《文化现代性精粹读本》,周宪编,中国人民大学出版社,2010年。

员俊雅:《被操控的世界及其出路——斯维塔克人道主义马克思主义初探》,《马克思主义与现实》,2012年第3期。

袁贵仁、杨耕总主编:《当代学者视野中的马克思主义哲学:东欧和苏联学者卷》,北京师范大学出版社,2007年。

袁可嘉:《"人民的文学"与"人的文学"——从分析比较寻修正,求和谐》,《大公报》1947年7月6日《星期文艺》专栏。

詹姆斯·萨利:《笑的研究》,肖聿译,中国社会科学出版社,2011年。

张严:《"异化"着的"异化"——现代性视阈中的黑格尔与马克思的异化理论研究》,山东人民出版社,2013年。

张一兵:《文本的深度耕犁》,第一卷,中国人民大学出版社,2004年。

赵勇:《文学介入与知识分子的角色扮演——萨特〈什么是文学〉的一种解读》,《外国文学》,2007年第4期。

郑莉:《理解鲍曼》,中国人民大学出版社,2010年。
中国社会科学院哲学研究所《哲学译丛》编辑部编译《南斯拉夫哲学论文集》,三联书店,1979年。
中国社会科学院哲学研究所编:《关于马克思主义人道主义问题的论争》,三联书店,1981年。
周宪:《审美现代性批判》,商务印书馆,2005年。
周宪:《文化现代性与美学问题》,中国人民大学出版社,2010年。
朱光潜:《西方美学史》,人民文学出版社,2004年。